本书的出版获天津市高等学校创新团队培养计划资助

中外生态思想与生态治理新论

靳利华 著

天津出版传媒集团

天津人民出版社

图书在版编目(ＣＩＰ)数据

中外生态思想与生态治理新论 / 靳利华著. –– 天津:
天津人民出版社, 2020.6
ISBN 978-7-201-15645-3

Ⅰ.①中⋯ Ⅱ.①靳⋯ Ⅲ.①生态文明 – 思想史 – 研
究 – 世界②生态环境建设 – 研究 – 世界 Ⅳ.
①B824.5-091②X321.1

中国版本图书馆 CIP 数据核字(2019)第 294651 号

中外生态思想与生态治理新论
ZHONGWAI SHENGTAI SIXIANG YU SHENGTAI ZHILI XINLUN

出　　版	天津人民出版社	
出 版 人	刘　庆	
地　　址	天津市和平区西康路35号康岳大厦	
邮政编码	300051	
邮购电话	(022)23332469	
网　　址	http://www.tjrmcbs.com	
电子信箱	reader@tjrmcbs.com	

责任编辑　王佳欢
特约编辑　佐　拉
封面设计　汤　磊

印　　刷　北京虎彩文化传播有限公司
经　　销　新华书店
开　　本　710毫米×1000毫米　1/16
印　　张　26.5
插　　页　2
字　　数　330千字
版次印次　2020年6月第1版　2020年6月第1次印刷
定　　价　108.00元

目　录

导　论
生态研究的探讨：学理与实践

　　全球生态危机的爆发，将人类推入一个生死存亡的边缘。工业资本主义发展模式带来的危害和弊端已经到了一个重要的历史分水岭。《寂静的春天》（又译为《寂寞的春天》）、《我们被偷走的未来》和《世界性饥饿：12大迷思》道出了过去两代人对这些环境问题的关心，为我们敲响了警钟。改变工业文明社会的生存方式已经刻不容缓。值得庆幸的是，人类已经开始行动。只要人类肯修正观念、改变方法，总有一天，生态系统会得以修复，自然环境也能恢复正常，我们一定能迎来生机盎然、万物繁荣的春天，人类将看到光明和希望，这就是生态研究的崛起。目前，关于生态方面的研究已经成为一个热门话题，不论是学术研究还是国际社会的实践活动都已逐渐展开。从学术层面来看，国内和国外产生的诸多研究成果对推动学科领域的发展具有重要的学术价值；从实践层面来看，世界各地相继组织的意义非凡的实践活动和各种行为对人类生存环境的良性发展具有重要的现实意义。

　　生态学作为一个专门学科，从19世纪60年代算起距今已有一百五十多年历史。众多的科学家、植物学家、动物学家、生物学家、生态学家等纷纷从自己的学科领域提出了关于生态的观点和理念，不断充实和推进生态思想和生态理论的演化，不断促使新生学科和交叉学科的出现，从而取得大批的研究成果，这给世界带来了重大的影响。

一、生态研究综述

根据中国知网文献资料的统计分析，目前国内关于生态方面的研究综述主要包含三个方面。

一是生态文明视角的研究综述。葛悦华的《关于生态文明及生态文明建设研究综述》（载《理论与现代化》，2008年7月20日），张佳佳的《关于生态文明及其建设问题研究综述》（载《才智》，2012年1月5日），王宏斌、王学东的《近年来学术界关于生态文明的研究综述》（载《中共杭州市委党校学报》，2012年3月28日），骆清的《关于高校生态文明教育的研究综述》（载《文史博览理论》，2014年2月28日），李长沙、苏小明的《近十年关于生态文明正式制度和非正式制度建设研究综述》（载《中共珠海市委党校珠海市行政学院学报》，2016年2月18日）。这些研究综述主要集中在生态文明及与其相关的建设、制度和高校教育层面，生态文明的研究也是国内关于生态问题研究的主流层面，目前取得的研究成果不论是著作、论文还是译著都是比较丰富的。

二是与生态相关具体实践领域的研究综述。主要有倪强的《近年来国内关于生态旅游研究综述》（载《旅游学刊》，1999年5月18日），廖荣华的《关于生态旅游系统理论研究综述》（载《邵阳学院学报》，2003年10月25日），章庆民的《关于我国生态环境保护的综述研究》（载《科技资讯》，2007

年1月23日），秦柯、李利的《关于生态与设计的综述》（载《现代农业科学》，2008年10月10日）；朱涛的《关于生态城市与绿色建筑的综述》（载《广西城镇建设》，2009年4月15日），吴朝丽的《关于城市河道生态景观建设的综述》（载《河南科技》，2013年1月25日），陈海军、陈刚的《近十年来国内关于农业生态补偿研究综述》（载《安徽农业科学》，2013年2月10日），郭平等的《国外关于生态补偿的研究综述》（载《石家庄铁道大学学报》，2015年3月25日），聂毓敏的《关于经济发展与生态环境关系的文献综述》（载《经贸实践》，2015年10月15日），王云航的《关于农村留守妇女生态权益保障研究综述》（载《环境与可持续发展》，2016年1月30日），肖海霞的《关于生态城镇发展综述》（载《品牌》，2016年2月2日）。这些综述主要将生态与具体的实践活动相结合，侧重于生态的实践运用层面。

三是与生态相关理论方面的研究。主要有章和杰的《关于生态哲学问题探讨综述》（载《党校科研信息》，1991年1月28日），许冬香的《生态伦理学关于人类中心主义研究的综述》（载《湖南师范大学社会科学学报》，2001年12月30日），唐正繁的《近年来我国关于政治生态问题的研究综述》（载《中国特色社会主义与贵州发展——纪念中国共产党成立九十周年理论研讨》，2011年7月23日），曹立华的《近年来关于福斯特对生态帝国主义的反思与批判的研究综述》（载《长春理工大学学报》，2011年8月15日），邓永芳、胡文娟的《当前国内关于生态社会研究的文献综述》（载《安徽农业科学》，2013年1月20日），王冬雪的《关于生态文化的研究综述》（载《佳木斯教育学院学报》，2014年2月15日），刘金凤的《关于生态位理论发展的文献综述》（载《经营管理者》，2014年8月15日），秦敏的《学术界关于党内政治生态的研究综述》（载《厦门特区党校学报》，2016年8月25日）。这些综述主要将生态与具体学科结合在一起，形成该学科的生态研究新视角，发展了相关学科的理论内涵。

二、生态方面的研究成果

国内外关于生态方面的研究成果非常丰富，不论是中文、中译文还是外文。国内学者从不同角度和层面取得了大量的研究成果。从论文成果来看，数量是相当大的。国外对生态方面研究的成果也是比较成熟和多元的。从对动物、植物以及有机体的存在权利的关注，到将人类与生物界联系在一个生存系统之中，并强调人类与生物界之间的相互依存关系。从动物学家、植物学家、生物学家、文学作家、诗人到生态学家，他们从不同自然模式的角度出发，对动物、植物或有机体等进行着具体研究或表达着关爱之情，这些都体现了人类对自身之外的生命体的存在价值的重视，给世人以警示，重新思考人类自身的生存方式。就像巴里·康芒纳（Barry Commoner）在《封闭的循环——自然、人和技术》中说的那样："错误在于人类社会——在于社会用来赢得、分配和使用那种由人类社会从这个星球上的各种资源中所攫取来的财富的方式。"①

(一)围绕生态文明及生态文明建设的相关成果数量颇大，研究也丰富

1. 生态文明方面

余谋昌的《环境哲学：生态文明的理论基础》、靳利华的《生态文明视域下的制度路径研究》、北京林业大学主编的《生态文明论丛》、陈家宽的

---

① ［美］巴里·康芒纳：《封闭的循环——自然、人和技术》，侯文蕙译，吉林人民出版社，1997年，第141页。

《生态文明：人类历史发展的必然选择》、张剑的《社会主义与生态文明》、陈金清的《生态文明理论与实践研究》、江泽慧的《生态文明时代的主流文化》、王曙光的《农本：生态文明与"三农"再造》、陈学明等的《生态文明论》、贾治邦的《论生态文明》、李世东等的《信息革命与生态文明》、王雨辰的《生态学马克思主义与生态文明研究》、刘宗超等的《生态文明理念与模式》、解振华和冯之浚主编的《生态文明与生态自觉》等著作从不同角度论述了生态文明的价值意义。根据中国知网数据的不完全统计，关于生态文明方面的论文总量已达三万篇，从1990年的第一篇开始到1999年的二十三篇，2004年开始超过一百篇，2007年首次超过一千篇，2007—2012年，每一年超过一千篇，2014年以来，每一年都超过两千五百篇。总的来看，生态文明已经成为学术研究的主流认知之一。

　　2. 生态文明建设方面

　　贾卫列等的《生态文明建设概论》、陈宗兴等主编的《生态文明建设》、郇庆治的《生态文明建设十讲》、李红梅的《中国特色社会主义生态文明建设理论与实践研究》、左亚文的《资源、环境、生态文明——中国特色社会主义生态文明建设》、向俊杰的《我国生态文明建设的协同治理体系研究》、沈满洪的《生态文明建设：从概念到行动》、李宏伟的《当代中国生态文明建设战略研究》、王舒的《生态文明建设概论》、李娟的《中国特色社会主义生态文明建设研究》、樊阳程等的《生态文明建设国际案例集》、赵成等的《马克思主义与生态文明建设研究》、杨启乐的《当代中国生态文明建设中政府生态环境治理研究》、程伟礼等的《中国一号问题：当代中国生态文明问题研究》等著作。根据中国知网的不完全统计，关于篇名含有生态文明建设方面的学术论文至今总数已达两万五千篇，从1994年的第一篇开始，到1999年的十篇，2000—2005年也只有十几到五十几篇，2006年首次超过一百篇,2009年达到一千五百多篇,2013年又是一个新高潮,超过四千多篇,2014年以来至今,每一年都三千篇左右。生态文明方面的研究已经成为学术领域的重要论题。由此可见,生态文明建设在中国已经成为最热门的研究课题之一。

(二)生态思想方面的研究成果

目前,学术界关于生态思想的研究主要集中在马克思主义或马克思恩格斯的生态思想、中国历代领导人的生态思想、中国道教、儒家、传统文化,以及西方文学、西方学者等的生态思想方面。据中国知网的不完全统计,篇名中含有生态思想的论文已超过四千篇。

相关研究成果主要包括三个方面:一是关于西方生态思想的研究。生态学的创始人——德国学者恩斯特·海克尔[①](Ernst Haeckel)的《宇宙之谜》一书揭示了生态学诞生的秘密。法国学者阿尔伯特·史怀泽(Albert Schweitzer)的《敬畏生命》一书首次提出关于敬畏生命的原则,并指出生态思想的内核。法国学者塞内日·莫斯科维奇(Serge Moscovici)的《还自然之魅》一书提出人类要恢复自然本有的魅力,奠定了当代生态主义运动的风格和走向。美国学者保罗·沃伦·泰勒(Paul Warren Taylor)在《尊重自然:一种环境伦理学理论》一书中直接表达了对自然的伦理情怀。美国学者奥尔多·利奥波德(Aldo Leopold)在《沙乡年鉴》、罗德里克·纳什(Roderick Frazier Nash)在《大自然的权利:一种环境伦理学史》、沃里克·福克斯(Warwick Fox)在《深层生态学与生态女性主义的对话和论辩》等著述中,都把道德关怀领域的扩展和赋予自然道德权利看作对道德抽象性和

---

① Ernst Haeckel有不同的翻译,分别为海克尔、赫克尔、黑克尔,本书统一采用海克尔。

普适性的最后完成。美国学者霍尔姆斯·罗尔斯顿(Holmes Rolston)在《环境伦理学:大自然的价值以及人对大自然的义务》一书中指出:"人在大自然中的地位并不是一个超然的理念观察者"①,"人们不可能脱离他们的环境而自由,而只能在他们的环境中获得自由"②。美国学者蕾切尔·卡逊(Rachel Carson)的《寂静的春天》一书是一部划时代的生态巨著。美国前副总统阿尔·戈尔对其给出的评价是:"犹如旷野中的一声呐喊,用它深切的感受、全面的研究和雄辩的论点改变了历史的进程。"③美国学者巴里·康芒纳在《封闭的循环——自然、人和技术》一书中指出:"当前的生产体系是自我毁灭性的,当前人类文明的进程也是自杀式的。"④日本学者岩佐茂对环境进行深刻研究,主要著作有:《环境思想研究——基于中日传统与现实的回应》《环境的思想——环境保护与马克思主义的结合处》,以及《哲学的现实性》《环境的思想与伦理》等。还有戴维·赫伯特·劳伦斯(David Herbert Lawrence)的《菊馨》,蒂莫西·莫(Timothy Morton)的《生态思想》,法利·莫厄特(Farley Mowat)的《再无狼叫》,彼得·辛格(Henry Salt)的《动物解放》,亨利·沙特(Henry Salt)的《动物的权利:与社会进步的关系》,古德洛维奇(R.Godlovitch)和哈里斯(J.Harris)的《动物、人和道德》,查尔斯·伯奇(Charles Birch)和约翰·柯布(John Cobb)的《生命的解放》,汤姆·雷根(Tom Regan)的《动物权利状况》和《空空的牢笼》,加里·弗兰西恩(Gary Francione)的《动物权利导言》等具有生态思想价值的著作。

---

①　[美]霍尔姆斯·罗尔斯顿:《环境伦理学:大自然的价值以及人对大自然的义务》,杨通进译,中国社会科学出版社,2000年,第477页。

②　同上,第454页。

③　[美]蕾切尔·卡逊:《寂静的春天》(前言),吕瑞兰等译,吉林人民出版社,1997年,第9页。

④　[美]巴里·康芒纳:《封闭的循环——自然、人和技术》,侯文蕙译,吉林人民出版社,1997年,第237页。

二是关于中国的生态思想研究。主要有赵杏根的《中国古代生态思想史》、乔清举的《儒家生态思想通论》、罗顺元的《中国传统生态思想史略》、白才儒的《道教生态思想的现代解读》、胡火金的《协和的农业：中国传统农业的生态思想》、方勇的《庄子生态思想研究》、杨莉的《中国特色社会主义生态思想研究》等。

三是关于人物的生态思想研究。主要有杨丽的《安妮·普鲁的生态思想研究》、申富英的《伍尔夫生态思想研究》、李繁荣的《马克思主义农业生态思想及其当代价值研究》、廖小明的《生态正义——基于马克思恩格斯生态思想的研究》、秦苏珏的《当代美国土著小说中的生态思想研究》等。

(三)生态哲学方面的研究

中国著作主要有王耕的《复杂性生态哲学》，唐代兴的《生态理性哲学导论》，卢风和曹孟勤的《生态哲学：新时代的时代精神》，佟立的《当代西方生态哲学思潮》，肖显静的《生态哲学读本》，苗启明、谢青松、林安云和吴茜等编的《马克思生态哲学思想与社会主义生态文明建设》，马兆俐的《罗尔斯顿生态哲学思想探究》，张进蒙的《马克思恩格斯生态哲学思想论纲》，沈立江的《当代生态哲学构建——"生态哲学与文化"研讨会论文集》，夏文利的《现代生态哲学视阈中的淮南子研究》，佘正荣的《生态智慧论》，黄远振的《中国外语教育：理解与对话——生态哲学视域》，袁鼎生的《生态艺术哲学》等。

德国生态学家汉斯·萨克塞(Hans Sachsse)的《生态哲学》、美国前副总统阿尔·戈尔(Albert Gore)的《濒临失衡的地球：生态与人类精神》，以及加拿大学者拉普朗特(K de Laplante)的《生态哲学概论》等。

(四)生态危机方面的研究

生态危机的出现促使学者们开始从制度的角度思考危机发生的根源。如英国学者戴维·佩珀的《生态社会主义:从深生态学到社会正义》,印度学者萨拉·萨卡的《生态社会主义还是生态资本主义》,美国学者福斯特的《生态危机与资本主义》,中国学者郑国玉的《生态社会主义构想研究》、余维海的《生态危机的困境与消解:当代马克思主义生态学表达》、靳利华的《生态文明视域下的制度路径研究》等著作。无论怎样,社会主义国家和资本主义国家都必须认真对待生态危机,同样,怎样认识生态问题也是每一种制度类型的国家需要应对的、不可逃避的问题。

(五)生态治理方面的研究

对环境问题的解决和生态危机的化解,需要运用生态的思维、技术和理念,生态治理不仅是解决环境问题的有效路径,而且这种治理理念也可以应用在其他领域中。生态治理已经成为一种具有生态理念和思维的新型治理。洪富艳的《生态文明与中国生态治理模式创新》,曹荣湘主编的《生态治理》,张学博的《生态治理能力现代化视野下的财税法学前沿问题研究》,张卫国、于法稳的《全球生态治理与生态经济研究》,张绍荣《走进精神场域:信息时代大学文化生态治理研究》,钱箭星的《生态环境治理之道》,施从美、沈承诚的《区域生态治理中的府际关系研究》,乔锦忠的《学术生态治理——研究型大学教师激励机制探索》。这些著述从不同角度研究了生态治理的理念、实践和适用领域。

三、马克思主义生态价值的学理研究

有学者提出,"生态学"按照词源的意思,是"家(household)的科学"或是一门管理与我们最为亲近的居家生活的科学与艺术。生态学的创始人德国学者恩斯特·海克尔在发明这个词语时是想说明,生态学家的工作不是在研究那些与我们日常生活无关的事情,而是研究我们伸手可及的家和生活在其中大大小小的居民(各种生命),生态学者应该去研究蕴含在有机体与其他有机、无机环境之间具有总体意义的关系构造。①生态学不是研究孤立的问题,而是进一步思考某一问题在特定的系统里的相互影响,整个生态系统被看作一个由多种元素组成的复合整体。马克思主义作为一种具有世界影响力的理论是否关注或研究过生态,换句话说,马克思主义理论中是否包含一定的生态理论或思想? 回答是肯定的。目前,学术界从三条学理路径推动马克思主义生态思想的研究。

(一)马克思主义的系统自然观内在地包含着生态自然观的寓意

马克思主义系统自然观是恩格斯在《自然辩证法》中提出来的。19世纪自然科学的"三大发现"②为人们描绘了一幅与自然界普遍联系、相互作用的清晰画面。恩格斯依据当时自然科学的最新成果,提出了自然是整体、体系的观点。20世纪的相对论、量子力学、分子生物学和系统科学等进一步证明,自然界是以系统的方式存在的。自然界的物质系统具有开放

---

① 黄瑞琪:《绿色马克思主义》,松慧有限公司,2005年,第19页。
② 三大发现是指进化论、细胞学说、能量守恒定律。

性、动态性、整体性和层次性的特点。不仅自然界整体是一个系统,而且自然界中的物质本身都自成系统。从微观基本粒子到宏观的总星系,从无机界到有机界,从自在自然到人化自然,宇宙间的一切事物都无一不自成系统。系统之间不是封闭隔绝的,而是持续地进行物质交换。

系统自然观是生态系统观的理论基础。恩格斯把生物及其非生物环境看作相互影响、彼此依存的统一整体。生态系统的范围有大有小,地球上最大的生态系统是生物圈,它包括地球上的全部生物及无机环境。在生物圈这个最大的生态系统中, 还可以分出很多子生态系统, 例如一片森林、一块草地、一个池塘、一块农田、一座城市等,它们都可以各自成为一个生态系统。系统自然观与生态自然观有内在的逻辑关系,系统自然观必然发展为生态自然观,"生态自然观是系统自然观在人类生态领域的具体体现,是辩证唯物主义自然观的现代形式之一"①。由此可见,马克思恩格斯的系统自然观内含着生态系统的理念, 自然界的各个要素之间是相互联系、相互依赖、相互制约的一个完整整体。

(二)马克思主义的人与自然物质变换思想中蕴含着自然物质循环理论

马克思主义思想中人与自然之间物质变换循环的关系是其思想的核心内容。这一思想为我们奠定了人与自然物质之间相互作用、相互影响的依存关系。近代以来,随着西方理性主义的创建,人从神的束缚下挣脱出来并获得了世界主体地位,从而出现了人类支配、控制自然,乃至征服、统治自然的思想观念和价值取向。这种观点认为,人类可以按照自己的需要

---

① 黄顺基:《自然辩证法概论》,高等教育出版社,2004年,第70页。

任意改造自然、装点自然,迫使自然听从人的意愿。对于这种观点,马克思主义认为,人与自然的关系不是征服者与被征服者的关系,人是从自然界而来,是组成自然界的一部分,自然是人生存的基础,是人的无机身体,人与自然之间实现的是物质变换。人与自然之间的物质变换是通过人的劳动转换来完成的,人的劳动既不能任意而为,也不能凭空创造,人要通过劳动把自然物质中"沉睡的潜力"解放出来,把"死"的"自在之物"变成"为我之物"。人在生产中只能像自然本身那样发挥作用,人在劳动转换中发挥的作用,在某种意义上说,人只是把物质元素进行分离和重新组合,造成了物质形式的变化,实现人与自然之间的物质变换。在这里,人改造自然的实践活动必须遵循自然规律,满足自然循环的需要。

有的学者认为,"物质变换"概念也可以用新陈代谢理论来解释。"新陈代谢"是生物学概念,指生物体不断地从外界获取生活必需的物质,并使这些物质变成生物体本身的物质,同时把体内产生的废物排出体外,并被外界环境吸收,由此形成自然的良性循环。马克思批判资本主义不合理的生产方式造成了新陈代谢的断裂,是导致生态环境破坏的直接原因。马克思指出,必须改变资本主义生产方式,实现人与自然合理的物质变换,恢复自然的良性循环,重建环境友好型社会。

因此,在马克思主义的理论中,物质变换和新陈代谢都体现了人与自然之间的辩证关系,体现了自然界中自然物质之间的循环原理,这种循环本身就是一种系统的自我运行。

(三)马克思主义关于人的对象性存在和对象性活动理论体现了人与自然的内在统一

当今的环境哲学中关于人与自然地位的排序成为争论的焦点，主要存在两种观点，即人类中心主义和非人类中心主义。西方近代以来，人类中心主义一直占据统治地位。人类中心主义者认为，理性是人的本质规定，理性是人与动物的本质区别。理性的属人性质决定了价值的属人性质，人是世界上唯一的主体，客体没有价值，主体把价值赋予客体，价值是客体属性对主体的有用性。人类中心主义将人类置于自然界的主人地位，人类可以控制和掌控自然界。自20世纪初以来，随着生态环境问题的日益突出和人们环保意识的觉醒，人类中心主义受到挑战，非人类中心主义崛起，并成为西方环境思想的主流。"在人与自然地位的排序问题上，非人类中心主义以生物进化论和自然的自组织理论为依据，把人降低为纯粹的自然存在物，将人'淹没'为自然界的一部分。"[1]非人类中心主义把马克思主义归属于人类中心主义，并进行了批判。

马克思主义是不是像非人类中心主义所批判的那样，在人与自然的地位排序上，把人类看作自然界的主人了呢? 当然不是。在马克思主义理论中，人的对象性存在和对象性活动理论是其理论依据。一方面，马克思主义反对把人等同于物，肯定人的主体地位，但又承认自然价值；另一方面，马克思主义克服了传统人类中心主义的机械自然观，主张尊重自然，遵循自然规律，保护自然生态系统。马克思主义对自然的研究重点是主体与自然之间的关系，"既然如此，我们就可以把这种研究人与环境之间的

---

① 杜晓霞:《论西方生态观的两种思潮与马克思主义生态思想》,《兰州学刊》,2013年第11期。

关系样态的学说，拿来对照生态学一词的创始人海格尔所标举的原始生态学定义。'动物的有机环境、无机环境之间的关系学'，稍微比较其定义，就可以发现两者之间的高度相似"①。实际上，马克思主义是对非人类中心主义和人类中心主义的超越。

四、生态寓意的社会实践

人们对生态的关注并非仅仅局限在思想领域的探索和理论上的研讨，而是将生态理念和思想付诸实践活动层面。20世纪以来，生态问题的严峻性和紧迫性促使人们开始积极行动起来，用不同方式和途径寻求解决方法。主要表现在：一是学者们走出象牙塔，通过举办全国性和国际性学术会议进行思想交流与交锋，向社会传递生态理念；二是个人或民间组织发起生态环境保护运动，这成为民众保护生态环境的直接实践形式；三是以联合国为代表的国际组织积极推动生态合作和宣传活动，从全球层面进行生态保护；四是国家实施生态环境治理是推动生态保护的有效行为。

(一)学术会议和学术团体推动生态思想的实践转化

具有生态意识的全球学者已经认识到，生态理论、生态思想需要与民众、与政府、与企业接轨、联系，对生态的认识不能仅仅局限于少数的知识分子、学术精英、思想家、哲学家和政治家，而应与社会大众相联系，向社会整体进行普及和传播。为此，学者们一方面通过举办大规模的学术会议和活动来加强彼此的交流与学习，推动生态思想的学理发展；另一方面，

---

① 黄瑞琪：《绿色马克思主义》，松慧有限公司出版，2005年，第222页。

通过组建学术团体加强学术研究的常态化和规范化，发挥生态研究学术的社会影响力。

生态学会的成立与发展极大地促进了全球学者的学术交流。英国生态学会于1913年创建，美国生态学会成立于1915年。国际生态学会(The International Association for Ecology)于1967年成立,每四年召开一次会议,在交流生态学术成果、讨论生态学热点问题、探讨生态学发展方向等方面发挥重要作用。中国生态学学会于1979年12月成立,1984年加入国际生态学会。中国环境保护协会(简称"中国环保协会")、中国环境科学学会、中国环境保护产业协会等在生态学术研究上发挥了重要作用。

1972年6月5日,世界各国的学者齐聚在瑞典斯德哥尔摩,召开了第一次世界性的环境会议,这是人类开始对环境问题觉醒的标志。会议通过了《只有一个地球》的报告,它向国际社会表达了人类活动对自身生存空间——自然体系的影响已经到了危险时刻，警醒世人开始改变现有的生存方式。2009年贵州省开始举办"生态文明贵阳国际论坛",在国内和国际都产生了重大影响,通过邀请国内外知名学者、企业家、政府官员等不同身份的人员参加,积极传播生态文明理念,对生态思想的实践转化发挥了重大作用。

(二)生态环保组织通过民间活动来主动维护生态环境

20世纪60年代以来,国际社会的生态环保组织在《寂静的春天》《生存的蓝图》《增长的极限》等著作的推动下开始展开环境保护的运动。1962年,美国学者蕾切尔·卡逊在《寂静的春天》一书中描述了使用农药带来的生态危害,呼唤公众关注对环境的保护。20世纪60年代末,一项维护人类生存环境,恢复和重建人与自然和谐关系的生态运动应运而生。该运动是以保护生态环境为目标,其早期形态是绿色运动。"生态运动的原始'本能'里有两种极为突出的特性:争取政府干预的行动性与重新定义伦理准则的自觉性。"①全球生态运动(Global Eco-movement)是以保护全球生态环境为宗旨的运动。绿色和平组织、绿党等民间组织、政党或学术团体在欧洲风起云涌,推动了生态运动的蓬勃发展。

20世纪70年代,社会民众开始参加环境保护运动,并得到联合国的支持。历史上较早的民间社会环保运动是1970年4月22日由美国哈佛大学学生丹尼斯·海斯(Dennis Hayes)发起并得到全美2000万人参加的保护环境的活动。这项运动覆盖的范围广、产生的影响大,极强地唤起了人们的环保意识。同时,这项民间社会环保运动对美国政府在环境污染治理上起到有力的促进作用。基于这项运动的强烈效应,得到了联合国的肯定。1972年,在斯德哥尔摩召开的人类环境大会把对生物圈的保护列到国际法之中,成为国际谈判的基础。1978年5月,中国环境科学学会成立,这是我国最早由政府部门发起成立的环保民间组织。

20世纪80年代,社会民众开始自发地组成各种具有生态环保性质的组织,并进行具有生态理念的活动。"1988年法国、英国、比利时、瑞士等西欧保护生态青年组织联合组成西欧保护生态青年,民主德国的青年组成自由德国青年,奥地利出现生态医生,意大利开始生产生态汽车"②,世界各地的民众采用不同的组织形式推动生态运动。生态运动包含了保护环境的所有团体。

20世纪90年代,非政府生态组织和团体以不同的方式推动世界环境

---

① 王耕:《复杂性生态哲学》,社会科学文献出版社,2008年,第3页。
② 李卓染、丁石雄、卢彧:《畅想生态极限运动营的概念设计》,《产业与科技论坛》,2013年第4期。

的保护。中国在世界环保浪潮中也是积极作为。"1991年辽宁省盘锦市黑嘴鸥保护协会注册成立。1994年'自然之友'在北京成立；1995年，'自然之友'组织发起了保护滇金丝猴和藏羚羊行动，这是中国环保民间组织发展的第一次高潮；1999年，'北京地球村'与北京市政府合作，成功进行了绿色社区试点工作，中国环保民间组织开始走进社区，把环保工作向基层延伸，逐步为社会公众所了解和接受。"① 21世纪以来，在世界大国领袖的推动下，环保组织的作用明显提高。中国环保民间组织发展到成熟阶段，2003年的"怒江水电之争"和2005年的"26度空调"行动，让多家环保民间组织开始联合起来，他们用实际行动来保护环境，将经济发展和保护环境联合起来，展现了民间环保组织的有效行为。

目前，世界上保护生态环境的著名非政府组织和机构主要有世界环保组织（IUCN）、世界自然基金会（WWF）、大自然保护协会（TNC）、全球环境基金（GEF）、国际绿色和平组织（INT）、地球之友（Friends of the Earth）。这些生态环保组织主要分为两种：一种是具有政治功能的政党。这种政党主要以社会正义为己任，他们主要采取政治游说和科学手段，更多的是强调道德，表现出较强的对抗性，具有严厉的立场。另一种是具有激进性质的组织团体。这类组织一般会采取破坏性或毁灭性的行为，对被破坏的环境直接采取行动。如绿色和平组织（Green Peare）、地球优先（Earth First）、地球行动 （Earth Action）、海洋守护者协会等支持预防原则（Precautionary Principle）和生物安全（Biosafety）、生物防护（Biosecurity）和生物多样性（Biodiversity）等强力的预防措施。这些团体通常具有直接行动的思想，甚至像无政府高尔夫协会（Anarchist Golfing Association）和地球解放阵线（ELF）

---

① 中华环保联合会：《中国环保民间组织发展状况报告》，《中国环境报》，2006年4月28日。

等组织,即使没有人或动物受到直接伤害,他们也会采取措施,甚至不惜让国家蒙受庞大的经济损失。此外,欧洲动物权利保护者、美国的动物权利者等通过加大社会活动,倡导素食运动,甚至一些动物维权主义者采取更加激进的手段,联合抵制那些与动物产品有关的行业、企业和产业,间接性地保护动物。

(三)以联合国为主的国际组织积极开展全球生态保护工作

联合国通过召开世界环境大会推动国际社会共同保护环境,促进世界各国加强国际合作。1972年12月,联合国大会通过了2997(XXVII)号决议,决定成立联合国环境规划署(简称"环境署")。环境署由理事会、环境基金和秘书处组成,理事会是环境署的理事机构,由五十八个成员组成。

20世纪90年代,联合国在保护环境的行动上有了历史性突破,将环境保护与社会经济发展联合起来,并开始承认发展中国家拥有发展权。具有标志性的会议是1992年在巴西里约热内卢举行的"联合国环境与发展大会"。在这次会议中,1987年提出的"可持续发展战略"得到了与会国成员的普遍赞同。会议通过了《里约环境与发展宣言》(Rio Declaration),又称《地球宪章》(Earth Charter),这是一个有关环境与发展方面国家和国际行动的指导性文件,确定了可持续发展的观点,第一次在承认发展中国家拥有发展权力的同时,制定了环境与发展相结合的方针。这次会议还通过了为各国领导人提供21世纪在环境问题上战略行动的文件。①非政府环保组织通过了《消费和生活方式公约》,认为商品生产的日益增多,引起自然资源的迅速枯竭,造成生态体系的破坏、物种的灭绝、水质污染、大气污染、垃圾

---

① 这些文件是《联合国可持续发展二十一世纪议程》《关于森林问题的原则声明》《气候变化框架公约》与《生物多样性公约》。

堆积,因此新的经济模式应当是大力发展以满足居民基本需求的生产,禁止为少数人服务的奢侈品的生产,降低世界消费水平,减少不必要的浪费。

2007年12月, 在印度尼西亚的巴厘岛举行的联合国气候变化大会通过的"巴厘路线图",确定了世界各国加强落实《联合国气候变化框架公约》的具体领域。2008年一百位学者在日本东京达成了"东京共识"。2009年12月在哥本哈根召开的联合国气候变化大会主要商讨《京都议定书》,决定成立哥本哈根气候基金。2010年11—12月在墨西哥的坎昆举行的联合国气候变化大会取得了坚持《公约》《议定书》和"巴厘路线图"等成果。2011年11—12月在南非德班会议上,对《京都议定书》第二期承诺、绿色气候基金等发展中国家最为关切的问题取得比较满意的结果。2012年6月,联合国可持续发展大会("里约+20"峰会)在巴西里约热内卢举行。这次大会作出了一项进一步加强环境署的决定, 内容包括建立环境署理事会普遍会员制,以及由联合国经常预算和自愿捐款为其提供可靠、稳定和充足的资金等。

2013年2月,环境署第一届普遍会员制理事会,即第27届理事会/全球部长级环境论坛在内罗毕举行。这次理事会通过了一项决议,邀请联合国大会将环境署理事会改名为联合国环境大会。2013年3月13日,联合国大会通过67/251号决议,将环境署理事会改名为联合国环境大会。决议同时规定,这一名称的变化并不改变环境署的任务和目的,也不改变其理事机构的任务和作用。2014年9月23日,联合国总部在美国纽约举行联合国气候峰会,这是有史以来规模最大的专门讨论气候变化问题的国际会议,同时也是全球应对气候变化的里程碑。2015年,近两百个缔约方在巴黎达成新的全球气候协议,即《联合国气候变化框架公约》(《巴黎协定》),这成为历史上首个关于气候变化的全球性协定。

(四)以国家为国际行为主体的活动成为全球生态保护的焦点

到目前为止,国家依然是世界上最主要的国际行为主体,全球性问题的解决也需要世界各国共同努力,尤其是世界大国的积极参与和合作。在全球性生态问题的影响下,世界各国共同保护生态环境是不可推卸的历史责任。1972年,在斯德哥尔摩召开的人类环境大会及之后签订的《斯德哥尔摩人类环境宣言》表明,发展中国家也成为保护世界环境的重要力量,环境保护已经成为全球的重要行动,并逐渐得到多国政府的承认与支持。

1982年5月10日—18日,在内罗毕召开的人类环境特别会议上针对世界环境出现的新问题,提出了一些各国应共同遵守的新原则,对各国在环境保护上的行为提供了基本的行为指导。1987年,以挪威前首相格罗·布莱姆·布伦特兰(Gro Harlem Brundtland)夫人为主席的联合国环境与发展委员会(WCED)在给联合国的报告《我们共同的未来》(*Our Common Future*)中提出了"可持续发展"(原文Sustainable development)的设想:"Sustainable development is development that meets the needs of the present without compromising the ability of future generations to meet their own needs。"译为,它对国家的发展提出了更高的要求,指出国家发展的可持续意义。可持续发展指既满足当代人需求,又不影响后代人的发展能力。

20世纪90年代,以《我们共同的未来》为标志,可持续发展成为国际社会保护生态环境的新起点。英国国会在皇家防止虐待动物协会的协助下通过了对动物保护的一些法案,通过法律来加强对动物的照料和保护,并规定不能履行义务者将受到法律惩罚。1992年,瑞士法律通过认定动物为"人"(beings),而非"物"(things)。2002年,德国将动物保护的条款写入宪法,德国的议会上院投票决定将"和其他动物"的字样加入宪法"国家为后代保护自然生命基础的"条款中。在以色列,法律禁止在中小学上动物解剖课和在马戏团进行驯兽表演。

2000年以来,以世界各国领袖参加的应对气候变化对人类的生存与发展影响的国际会议为标志,生态保护的国际合作开始成为世界各国合作的新内容。低碳与减碳的经济模式、循环经济模式、绿色经济模式等开始成为世界各国的主要选择。世界各国把保护生态环境与人类健康作为自己的主要目标之一。2012年中国共产党第十八次全国代表大会通过生态文明建设的伟大蓝图,在全国范围内进行生态治理,保护生态环境,营造人与自然的和谐关系。当然,由于国际社会的无政府状态,国家行为主体在保护生态环境和国际生态合作治理中的作为和不作为陷入了"公共产品"的困境。气候峰会是世界各国共同商讨解决全球变暖的国际性会议,由世界各国参加,但是美国的消极甚至是反向举动恶化了目前全球生态治理合作的环境。人类在应对全球生态问题上的道路是曲折而漫长的。

第一章
生态术语的解读：概念与应用

　　20 世纪以来发生的震惊世界的"八大污染事件"再次向人类发出警告：我们生存的环境已经到了自我毁灭的地步，人类正在慢性自杀。其实这并非危言耸听，让我们看看下面这一系列触目惊心的事例，污染给人类造成的危害使人胆战心惊，一串串刺人心痛的数据让人哑口无言，"一连串的生态灾难"①引发人类关注生态系统的安全健康。污染所到之处致使

---

　　① 1930 年 12 月 15 日，比利时发生的马斯河谷烟雾事件。1934 年美国的黑风暴事件。1943 年 7 月 26 日，美国洛杉矶矶光化学烟雾事件。1948 年 10 月 26—31 日，美国多诺拉烟雾事件。1952 年 12 月 5—8 日，伦敦烟雾事件。20 世纪 50 年代，日本的水病事件。20 世纪初期开始的日本富山骨痛病事件。20 世纪 30 年代期，北美死湖酸雨事件。20 世纪 50 年代起日本四日市哮喘病事件。20 世纪六七十年代，日本爱知县米糠油事件。1976 年意大利塞维索化学污染，导致事发时的多人中毒和事发后的出生婴儿的畸形率上升。1976 年墨西哥湾井喷事件，覆盖 1.9 万平方千米的海面区域生态环境严重污染。1977 年美国腊夫运河事件。1978 年 3 月 16 日美国卡迪兹号油轮触礁沉没，石油泄漏，被污染的海洋生态环境遭到难以估量的损失。1979 年 3 月美国三里岛核电站泄漏，使得周围 50 英里以内的约二百万人口处于极度不安之中。1980 年欧洲的"黑三角地带"事件。1983 年德国森林枯死事件。1986 年 4 月苏联切尔诺贝利核电站发生泄漏，周围国家遭到放射性尘埃的污染。1984 年 11 月墨西哥液化气爆炸致使上千人死亡，五十万人逃离。1984 年 12 月 3 日，印度博帕尔事件。1986 年 11 月莱茵河污染事件。1990 年 8 月 2 日至 1991 年 2 月 28 日海湾战争石油污染事件，毁灭了波斯湾一带大部分的海洋生物。2000 年 1 月多瑙河污染事件，等等。

生物死亡，岸边的鸟类、野猪、狐狸等动物纷纷死亡，植物枯萎，一些生物灭种，生态事故还引发国家之间发生政治纠纷。这些看似单一的环境污染、单一事故，其背后是人们在社会经济发展中对社会与自然之间生态系统的破坏，是缺乏生态意识、生态观念的后果。随着人类对自然界开发和利用的力度不断加大、深度不断加强，自然环境系统已经越来越遭到人类的侵蚀，人类自身的社会环境也因此而恶化。人类社会环境与自然环境之间的动态平衡系统需要从生态的角度给予维护和协调，本质上是人与自然和谐关系的构建。

一、生态的概念与生态学发展

（一）生态的概念与理解

首先，"生态"这个词最早起源于古希腊文，是由"Eco+logs"两部分组成，前一部分的"Eco"主要指家或环境，后边的"logs"表示的是一个学科及论述的意义。"生态"一词通常是指生物的生活状态，包括生物在一定的自然环境下生存和发展的状态，也包括生物的生理特性和生活习性。关于生态概念的界定，笔者提出生态概念具有广义与狭义之分："广义的'生态'是指人与自然、社会、自身等各种关系的和谐，也指与人类有关的各种关系的和谐。狭义的'生态'是指作为自然性的人类与自然环境之间的和谐，它包括人类在内的自然生态系统的平衡与稳定。"[1]本书使用的生态是广义的。

---

[1]　靳利华：《生态与当代国际政治》，南开大学出版社，2014年，第16页。

环境、自然、生态这几个概念也有不同。乔清举界定并区分了它们的关系,指出"所谓环境,指环绕人类周围的外部世界"①。"生态概念从内涵上便超出了'环境'的深度,进入了环境要素即生态系统之间的相互作用和某一系统内部诸要素之间的相互作用的层次。"②"环境和生态都属于自然。在不甚严格的意义上,可以说环境等值于自然。对于人类来说,自然就是环境,环境就是自然。"③"总之,作为自然界的自然,是一个自我诞生、自我发展、自我转化,无外力——即人类的力量——干预的独自的状态。"④不同术语概念的使用是需要界定和语境的,与研究者的研究范畴相关。

生态是生命体与无机环境之间相互关系的一种健康均衡状态。具体来说,这种生态均衡状态包含三个层面:一是人类与外界自然环境之间的相互依存状态,二是生物之间的物种均衡状态,三是生物与包括人类和自然界之间的健康循环状态。这里需要说明的是,生物是指包括动植物和微生物等生命有机体。自然界是包括生物(生物分为个体、群体和群落,统称为"生命系统")和非生物的完整环境系统。生命的标志在于具备物质和能量元素,新陈代谢是生物与非生物最本质的区别。

生态状态中的生态具有四种特性:一是物种自身具有独特生态特性。它是各种生物维持自身需要的物质、能量以及所适应的理化条件。二是物种之间具有相互依赖性。任何生物的生存都不是孤立的,而是彼此相互联系、相互影响、相互作用。三是物种之间具有互助争胜性。同一物种个体之间进行互助与竞争,个体之间的生存充满着争胜与斗争。四是物种之间具有互生共存性。植物、动物、微生物在整个生物圈存在着复杂的相生相克

---

① 乔清举:《儒家生态思想通论》,北京大学出版社,2013 年,第 10 页。

②③ 同上,第 12 页。

④ 同上,第 15 页。

的关系,通过复杂的交织作用和影响而形成动态的稳定生存系统。

20世纪80年代后期到90年代初期,生态危机的严峻性促使学者们更新对生态及生态系统的研究。"生态足迹"(Ecological Footprint,简称"EF")的概念最早是由加拿大的生态经济学家威廉·里斯(William E. Rees)和马希斯·威克那格(Mathis Wackernagel)等在1992年提出的,1996年马希斯·威克那格进一步完善,提出"生态赤字""生态盈余""生态承载力"等相关术语。1997年美国学者罗伯特·科斯坦萨(Robert Costanza)等在《全球生态服务系统与自然资本的价值》(The Value of the World's Ecosystem Services and Natural Capital)一文中提出"生态系统服务"(Ecosystem Services),并在中国学界产生极大的影响。国外学者在生态及生态系统相关概念和术语上的不断探究,推动了人们对生态的深入理解和研究。

目前在国内的生态领域研究中,已经在不同学科、不同领域出现了很多与生态相关的新生概念与术语,生态学的发展极大地拓展了人们研究的自然科学和社会科学的各个领域,丰富了研究方法,对人类社会的发展起到越来越大的促进作用。

(二)生态学的产生

"生态学"这个概念最早是由德国的生物学家海克尔在1866年的《生物体普通形态学》(或《有机体普通形态学》)一书中提出的。"生态学"指的是研究动植物及其环境间、动物与植物之间对生态系统造成的影响的一门综合性的学科。这是最早的一种关于生态学的界定。之后,丹麦植物学家约翰内斯·尤金纽斯·布洛·瓦尔明 (Johannes Eugenius Bülow Warming)、美国学者保罗·沃伦·泰勒(Paul Warren Taylor)、美国动物学家和动物生态学家沃德·克莱德·阿利(Warder Clyde Allee)、英国动物生态学家查尔斯·

埃尔（Charles Sutherland Elton）、加拿大动物生态学家查尔斯·克雷布斯（Charles J. Krebs）、英国生态诗人吉莲·克拉克（Gillian Clarke）等人从不同角度分析了生态的重要性和研究价值。这些学者都对生态学的研究进行探讨，但都没有超出海克尔的研究对象与研究范畴。

1971年美国生态学家奥德姆（Eugene Pleasants Odum）提出生态学是研究生态系统的结构和功能的科学，将生态系统作为生态学的研究对象。在这个概念界定中，奥德姆详细地指出了生态学研究的具体内容，尤其是突出生态系统的能量流动和物质循环，以及环境与生物之间的相互调节作用。

1979年中国生态学家马世骏提出，生态学是研究生命系统与环境系统相互关系的科学。中国学界对生态学的界定采用的基本是《现代汉语词典》中的解释，这是中国社会科学院语言研究所2012年编撰的词典当中的一个词条的概念：生态学是"生物学的一个分支，研究生物之间及生物与非生物环境之间的相互关系"①。

目前，世界上关于生态学的研究对象与范畴主要包括上述三个不同的方面。海克尔的生态学主要是以生物和其构成的环境关系为研究对象，奥德姆提出以生态系统为研究对象，中国学者突出以生命系统与环境系统的关系为研究对象。尽管关于生态学的具体表述有所差异，但是生物、环境以及生态系统已经成为生态学的主要研究目标，生态学也成为具有自己独立研究内涵的科学理论学科，这个学科突出了从生物个体与环境相互影响的小环境到生态系统不同层级的有机体与环境之间相互影响的大环境的演进，展现了人类研究思维的拓展与延伸，体现了人类理性关怀

---

① 《现代汉语词典》（第7版），商务印书馆，2016年，第1170页。

的新视野。

　　需要说明的是，关于生态学的界定中有的使用"有机体"，有的使用"生物"。关于生物的界定是指具有动能的生命体，包括动物、植物、微生物，与非生物相对。生物是在自然条件下，通过化学反应生成的具有生存能力和繁殖能力的有生命的物体。简言之，生物就是生命体。关于有机体的解释有不同定义。归结起来看，有机体是一个包含动物、植物、人类在内的生命体，但不包含微生物。在社会科学研究中有生物、有机体和社会有机体之分。由此可见，生物不等于有机体，生物不都是有机体；有机体不一定是生物，比如说蛋白质是有机体而不是生物。

　　从英文的角度看，英文"organism"译为生物、有机体；英文"Biology"译为生命体、有机体，是指有生命的个体。西方学者在使用上有自己的语境。在判断生态学的研究范畴与对象上，国内学者一般是以生物和其环境居多。生态学研究的任务"就是研究生物与环境之间相互关系的规律，一是生物个体与环境之间的生态关系；二是种群的数量、格局及其进化规律；三是生物群落与环境的生态关系；四是人类扰动情况下，景观的变化规律；五是地球系统的各组分之间的关系等"[①]。"生态学（ecology）是研究生物与周围环境相互关系的学科。"[②]"'生态学是研究生物及其环境关系的科学'的论断，是普遍被科学家们接受的。"[③]

　　生态学作为一门学科的发展，起源于生物学，是从生物学的概念范畴和相关研究中成长起来的。生态学的核心概念是生物，生物的发展变化与周围环境构成一个相互需要、相互依存的生态系统。生态学的研究强调生

[①]　李振基等：《生态学》，科学出版社，2014年，第4页。

[②]　张润杰：《生态学基础》，科学出版社，2015年，第2页。

[③]　戈峰：《现代生态学》，科学出版社，2016年，第1页。

物中人类的生态系统和其他物种的生态系统的互动和关联，将人类的需要与生物环境的共生共存联系起来，体现二者的相互影响。人类关于生态学的研究不断深入和发展，其应用的领域也逐渐多元化。"以生态系统为中心，以时空耦合为主线，以人地关系为基础，以高效和谐为方向，以持续发展为对象，以生态工程为手段，以整体调控为目标是现代生态学的主要特征。"①

通过上述的分析，有机体与生物相比范畴要更广泛，与生命体相比理解上要更清晰，现代生态学不仅要研究生物及其环境的关系，更是将人类纳入系统研究中，无论是生物还是有机体，在包含人类的范畴上，生命体显得更清晰，涵盖的领域也较广，与生命体相关的外部环境是没有生命体特征的环境，简称无机体环境。总的来说，生态学是一门专门研究生命体及其无机环境相互关系的科学。

(三)生态的科学发展

张润杰在其主编的《生态学基础》一书中将生态学的发展分为四个时期，即生态学的萌芽时期(公元前5000年至19世纪中期)、生态学建立时期(从19世纪中期至20世纪40年代)、生态学发展时期(20世纪四五十年代)、现代生态学时期(20世纪60年代以后)。戈峰在其主编的《现代生态学》一书中将生态学的发展分为经典生态学和现代生态学两个时期。经典生态学经历了建立前期和成长时期两个阶段，公元前5世纪到16世纪欧洲文艺复兴时期是生态学思想的萌芽时期，17世纪生态学开始成长，到20世纪50年代生态学趋于成熟。现代生态学开始于20世纪60年代。

---

① 戈峰:《现代生态学》,科学出版社,2016年,第7页。

不同学者在关于生态学的发展阶段划分上是存在差异的。

生态科学的发展是随着人类的认识能力与水平而不断演进的。根据人类关于生态学的研究成果和标志性著作来看，生态学的发展分为萌芽期、确立期、发展期、革新期四个时期。

1. 萌芽时期：从人类文明开始到 16 世纪

在此阶段，人类对生态学的认识与研究仅停留在对自然界的直观感性层面。在此阶段，人类对生态的理解是出于人类与自然界的抗争，人类为了自己的生存，对与自己生命息息相关的植物、动物、周围的自然环境和各种自然现象进行观察，寻求更加适合人类生存的自然环境，从而产生一些淳朴的自然观念，孕育出生态学的思想。例如，《诗经》中关于动物关系的描述，古希腊哲学家亚里士多德对动物栖息地的描述，毕达哥拉斯提出的宇宙秩序是和谐的，普罗提诺提出的宇宙是一个有组织秩序、相互影响、相互作用的整体，卢克莱修提出的过度破坏自然环境将不可修复等。公元前后出现的介绍农牧渔猎知识的专著，如古罗马 1 世纪老普林尼的《博物志》、6 世纪中国农学家贾思勰的《齐民要术》等均记述了素朴的生态学观点。早期的人们还对人类生存的空间从整体上形成认识，公元前700 年，老子的《道德经》表达了人类生存的地球中"水木金火土"五行相生相克的思想。《管子·地员篇》《春秋》《庄子》都记载有土壤性质与植物生长和品质的关系，以及动物的行为等。欧洲恩培多克勒（Empedocles）在 5世纪的著作中注意到植物与环境的关系；亚里士多德（Aristotle）按栖息地划分了动物类群，特奥弗拉托斯（Theophratus）提出植物群落含义以及动物体色是对环境的适应。还对生物与其环境形成了具有生态意义的认识，《吕氏春秋》《农政全书》《齐民要术》等著作，都不乏生物与环境关系的描述。生态学的萌芽阶段，是人类对自然环境、对宇宙、对动植物的一种初步认识,是一种浅显的生态意识。

2. 确立时期:从 17 世纪到 19 世纪末

不同学科的科学家都为生态学的诞生做了大量的工作。英国科学家波义耳(R·Boyle)于 1670 年发表了低压对动物物种的试验结果,标志着动物生理生态学的开端;昆虫生态学的出现丰富了人们对生态学的研究,典型的代表是法国昆虫学家列欧穆(Reaumur)对昆虫发育和温度环境的研究。托马斯·罗伯特·马尔萨斯(Thomas Robert Malthus)于 1798 年发表了他的《人口论》,阐述了对人口增长和食物关系的看法,生态具有了人的意义;从洪堡特(A. Humbodt)(1807 年)提出物种的分布规律到达尔文(C. Darwin)(1859 年)深化生物与环境的关系,再到海克尔(1866年)定义生态学以及莫比乌斯(Mobius)(1877 年)创立了生物群落概念,一步步地推动植物生态学研究的不断深入发展。瓦明(Warming)于 1895年发表了《以生态地理为基础的植物分布》,被认为是植物生态学诞生的标志;德国斯洛德(Schroder)1896 年提出了"个体生态学"和"群体生态学"两个概念。

3. 发展时期:20 世纪初期到 20 世纪 40 年代

20 世纪初期到 40 年代,生态学进入一个快速深入发展的时期,在诸多领域中取得了显著的研究成果。在动物种群生态学研究方面,分别在个体、种群、群落等层面展开。1920 年皮沃(Peral)和里德(Read)对描述种群数量变化的最基本方程 Logistic(逻辑斯谛)方程的再发现,洛特卡(Lotka 1925 年)和沃尔泰拉(Volterra 1926 年)分别对两个种群间相互作用的洛特卡-沃尔泰拉(Lotka-Volterra)方程进行分析,他们创立了运用数理方程研究生物的方法,从而对生物种群的研究具有科学性和检验性。埃尔顿(C.Elton)于 1927 年在《动物生态学》一书中提出了"食物链""数量金字塔""生态位"等非常有意义的概念；林德曼（R.L. Lindeman）于1942年提出了生态系统物质生产率的渐减法则。

植物生态学在植物群落生态学方面有了很大的发展，一些学者如克莱门茨（F.E.Clements）、坦斯利（A.G.Tansley）、魏塔克（R.H.Whittaker）、格利森（H.A.Gleason）、克拉彭（Chapman）等先后提出了诸如"顶极群落""演替动态""生物群落类型""植被连续性和排序"等重要的概念，对生态学理论的发展起了重要的推动作用。同时由于各地自然条件不同，植物区系和植被性质差别甚远，在认识上和工作方法上也各有千秋，形成了几个中心或学派。

一是以美国的克莱门茨（F.E.Clements）和英国的坦斯利（A.G.Tansley）为代表的英美学派从植物群落演替观点提出演替系列、演替阶段群落分类方法和演替顶级（Climax）的概念。

二是以瑞士的鲁贝尔（Rubel）、法国的布劳恩-布兰克特（Braun-Blanquet）为代表的"法-瑞学派"用特征种和区别种划分群落的类型，建立了严密的植被等级分类系统。

三是以瑞典乌普萨拉大学（Uppsala University）为中心的北欧学派，重视群落分析、森林群落与土壤pH值关系。

四是以苏卡切夫（V. N·Sukachev）院士为代表的苏联学派以建群种定名群丛，建立了一个等级分类系统。学派的发展推动生态学的专门性和系统性。美国两位著名的人物克莱门特（Clements）和谢菲尔德（Sheffield）在1939年曾经合写了一本《生物生态学》（Bio-ecology）。

4. 革新时期：20世纪50年代以来

第一，生态学研究从单一学科向整体学科方向发展，整体观得到发展。主要包括：一是动植物生态学由分别单独发展走向统一，生态系统研究成为主流。二是生态学不仅与生理学、遗传学、行为学、进化论等生物学各个分支领域相结合,形成了一系列新的领域,并且与数学、地理学、化学、物理学等自然科学相交叉,产生了许多边缘学科,甚至超越了自然科学的界限,与经济学、社会学、城市科学相结合,生态学成了自然科学和社会科学相接的真正桥梁之一。三是生态系统理论与农、林、牧、渔各业生产、环境保护和污染处理相结合,并发展为生态工程和生态系统工程。四是生态学与系统分析或系统工程的相结合形成了系统生态学。

第二,生态学研究对象的多层次性更加明显。生态学研究对象向宏观和微观两极多层次发展,小至分子状态、细胞生态,大至景观生态、区域生态、生物圈或全球生态,虽然宏观仍是主流,但微观的成就同样重大而不可忽视。而在生态学建立时,其研究对象则主要是有机体、种群、群落和生态系统几个宏观层次。

第三,生态学研究呈现国际性发展趋势。第二次世界大战以后,生态学问题往往超越国界,上百个国家参加的国际规划一个接一个。最重要的是20世纪60年代的国际生物学计划(IBP)、20世纪70年代的人与生物圈计划(MAB),以及国际地圈生物圈计划(IGBP)和生物多样性计划(DI-VERSITAS)。为保证世界环境的质量和人类社会的持续发展,如保护臭氧层、预防全球气候变化的影响,国际上签订了一系列协定。1992年各国首脑在巴西里约热内卢签署的《生物多样性公约》是后冷战时代对全球有较大影响力和约束力的一个国际公约,许多方面涉及了各国的生态学问题。

国际生物学计划(IBP):由联合国教科文组织(UNESCO)提出,1964年开始执行,包括陆地生产力、淡水生产力、海洋生产力和资源利用管理等七个领域,其中心是全球主要生态系统的结构、功能和生物生产力研究,共有97个国家参加,中国没有参加。

　　人与生物圈计划(MAB)：由联合国教科文组织 1970 年提出,是一个国际性、政府间的多学科的综合研究计划,是国际生物学计划的继续。它的主要任务是研究在人类活动的影响下,地球上不同区域各类生态系统的结构、功能及其发展趋势,预报生物圈及其资源的变化和这些变化对人类本身的影响,其目的是通过自然科学和社会科学这两个方面,研究人类今天的行动对未来世界的影响,为改善全球性人与环境的相互关系,提供科学依据,确保在人口不断增长的情况下合理管理与利用环境及资源,保证人类社会持续协调地发展。有近百个国家加入这个组织,我国已于1979年参加了该研究计划。

　　国际地圈生物圈计划(IGBP)：由国际科学联盟委员会(ICSU)于 1984年正式提出,1991 年开始执行,主要的目标是：解释和了解调节地球独特生命环境的相互作用的物理、化学和生物学过程,系统中正在出现的变化,人类活动对它们的影响方式,即用全球的观点和新的努力,把地球和生物作为相互作用的、紧密相关的系统来研究。共包括十个核心计划和七个关键问题。

　　生物多样性计划(DIVERSITAS)：由国际生物科学联盟(IUBS)在 1991年最早提出,并在环境问题科学委员会(SCOPE)和联合国教科文组织等国际组织加入以后,将生物多样性研究的各个方面加以组织和整合,正式提出"DIVERSITAS 研究项目"并开始执行。1996 年 7 月,科学指导委员会草拟并通过了当前"DIVERSITAS 操作计划"的最后版本。操作计划由十个方面的内容组成,其中五个为核心组成部分。"生物多样性对生态系统功能的作用"是其最核心的组成部分,生物多样性的保护、恢复和持续利用既是重要的研究内容又是研究所要达到的最后目的。

二、生态系统

(一)界定

"生态系统"一词由奥德姆(E.P.Odum)首次提出。1935 年英国生态学家坦斯利(A.G.Tansley)明确提出"生态系统"的概念,他将"生态系统"定义为由生物与环境构成的系统整体,系统内各成分互相影响、互相作用,是具有一定功能的有机整体。坦斯利认为:"基础概念是整个系统(从物理学中的意义来说),包括了有机体的复杂组成,以及我们称之为环境的物理要素的复杂组成,以这些复杂组成共同形成一个物理的系统……我们可以称其为生态系统,这些生态系统具有最为多种的种类和大小。他们形成了宇宙中多种多样的物理系统中的一种类型,而物理系统从宇宙整体到原子的范围。"[①] 1940 年,美国生态学家林德曼(R.L.Lindeman)发现了生态系统在能量流动上的基本特点,就是能量在生态系统中的传递不可逆转;能量在传递的过程中逐级递减,传递率为 10%~20%。这是著名的"林德曼定律",实现了生态系统从理论的概念到科学观测的转换。

生态系统(Ecosystem)是生命系统与无机环境系统的特定结合。生命是指植物、动物、微生物等各种生命类群,包括人类;无机环境是指自然界

[①] 原文为"But the fundmental conception is,as it seems to me,the whole system(in the sense of physics),including not only the organism−complex,but also the while complex of physical factors forming what we call the enviriment,with which they form one physical system... These ecosystems,as we may call them,are of the most various kinds and sizes. They form one category of the multitudinous physical systems of the universe,which range from the universe as a whole down to the atom. " Tansley A. G.,The use and abuse of vegetational concepts and terms. *Ecology*,1935,16(3),p.299.

的无生命成分;特定结合是指不同地域创造出的多样的生物类群,即不同
生态系统。生态系统是在一定时空范围内,人类、生物、非生物之间,通过
物质循环、能量流动、信息传递和相互作用、相互影响形成的一个动态稳
定健康的具有生态意义的整体功能单位。生态系统因其组成要素、功能和
结构的不同,可以划分为大小不等的生态系统,这些生态系统之间是相互
开放、相互影响的。

　　生态系统定义包含的主要内容有:"由生物和非生物成分组成;各要
素间有机地组织在一起,具有能量流动、物质循环、信息传递功能;生态系
统是客观存在的实体,有时空概念的功能单元;生态系统是人类生存和发
展的基础。"[①]

(二)特征

　　生态学解决的不是简单的不可简约的系统, 这种系统不能用一个简
单的实验去揭示这种关系, 而这种关系却能将一个简单的生态状况和一
个生态系统的所有环节和要素转移到另一个生态系统的不同状况下,因
此生态系统具有众多的相互作用的成分和不可检验的关系。这说明人们
在实验室中从有机体上割裂下来的有机体实验和在适当背景下的工作状
况是不一样的,通过简约形成简单关系来检验的部分功能累加之后,它们
的行为与各部分组成的整体性行为是有很大差异的, 这种差异的背后是
生态系统背后的进化潜能。生态系统本身包含变成其他形式的可能,这就
是适应和进化。进化潜能与微观自由的存在,用随机性和非平均数表示,
结果表明是多样的、复杂的、可变的。

[①]　戈峰:《现代生态学》,科学出版社,2016年,第352页。

中外生态思想与生态治理新论

关于生态系统的特征有不同的表述:在《现代生态学》和《生态学基础》中它被概括为:"一是有时空概念的复杂大系统;二是有明确功能和功益服务功能;三是有一定的负荷力;四是有自维持、自调控功能;五是有动态的、生命的特征;六是有健康的、可持续发展特性。"①丹麦学者约恩森(Sven Erik Jorgensen)在《系统生态学导论》中将生态系统的特性分为七个方面,即"生态系统是开放的系统;生态系统具有等级结构;生态系统具有很高的多样性;生态系统的强缓冲力;生态系统组件构成的生态网络;生态系统具有很高的信息量;生态系统显示了整体性系统特征"②。对此,生态系统的特征可以概括为以下七点。

1. 整体系统性

这是生态系统最突出、最基本的特性。生态系统的各个组成部分与系统整体之间是一个不可分割的有机整体,系统不仅仅是组合之和,系统内部也是一个完整的统一体。"生态系统不能看作是分子、细胞或物种的组合,而是一个具有独特整体性、自组织和自我调节能力的系统。"③

2. 动态稳定性

生态系统是一个有生命的有机体系,系统内部的任何一个生命系统都有一个从开始、发展、壮大、顶峰再到衰落、死亡的过程。每一个生命系统都是变化的,变化的同时也是永恒的。不同生命系统都是经过长期的历史发展形成的,是一个不可间断的过程。每一个生命系统在演变的过程中也是稳定的,只有这种稳定才能确保系统的长期发展。

---

① 戈峰:《现代生态学》,科学出版社,2016年,第355~356页;张润杰:《生态学基础》,科学出版社,2015年,绪论,第1~2页。

② [丹]约恩森:《系统生态学导论》,陆健健译,高等教育出版社,2013年,第5页。

③ 同上,第237页。

3. 反馈服务性

每一个生命系统与周围生命系统或环境系统之间是相互联系的、协同变化的,彼此之间存在作用与反作用,并引起自身加速或反向的变化。因为每一个生命系统的存在不是简单的生物分类,而是一个功能单元。它的存在为其他生命系统提供必需的能量流动、物质循环、信息传递等功能。也就是说每一个生命系统既为其他生命系统提供服务功能,同时也对受到其他生命系统的影响作出相应的反应。

4. 发展开放性

生态系统是在数十亿年的演进中发展起来的一个整体系统,发展是生态系统的永恒。在生态系统中因为自由能①的消耗,生态系统必须开放,而生态系统的高度复杂性使得生态系统本体对外开放。

5. 网络循环性

地球上的生命从开始出现就不是单打独斗,而是合纵连横。生态系统是一个由不同生命组成的网络,生态网络加强了生命各部件之间的协同,遵循物质能量中的守恒定律,所有生命的生长发育在没有循环的情况下都会停止。"在网络中,通过额外链接产生的更多耦合或循环增加了利用效率。网络形成为生态系统对物质和能量的利用提供了巨大的优势。"②生态网络是承载物质、能量、信息循环的前提条件。生态系统内部有物质、能量、信息等各种循环,这是由生命网络直接引起的。循环对生态系统相当重要,如果能量、物质、元素等不能循环或恢复,那么一旦出现最大限制的

---

① "自由能"(Free Energy),热力学中的一个概念,是指在某一个热力学过程中,系统减少的内能中可以转化为对外做功的部分,它衡量的是在一个特定的热力学过程中,系统可对外输出的有用能量。

② [丹]约恩森:《系统生态学导论》,陆健健译,高等教育出版社,2013年,第193页。

消耗,各种增长就会停止;失去循环,生命系统就不能延续下去,也不会有增长,不会有演化。

6. 调试负荷性

生态系统有一个阈值。在一定范围内,生命在外界的中度干扰下可以刺激生态系统的应急机制。一个自然生态系统中的生命与其他环境条件是经过长期进化适应,逐渐建立相互协调的关系。每一个自然生态系统都有一个自己的承载力,生态系统承载负荷的能力越强,可接受的外界的干扰能力也就越强。在生态系统过程中,各个组织层次的分布范围比较广泛,有较多的选择和对现状条件的适应能力。

7. 复杂多样性

生态系统的分合在一定时空下,不断发生变化。各个组织层次存在多种多样组分,生态系统有不断运行的流动和过程,这种状况增加了系统的复杂性。生态系统在各个组织层次上产生新的可能性来适应现状。多样性带来复杂性。生命在一定时空架构下,以生命为主体,呈现多维空间结构的复杂性。在系统中,多要素、多变量构成一个系统,不同变量及其不同组合,以及不同组合在一定变量动态中构成众多的亚系统或子系统。

三、生态思想的内涵与意义

思想一般也被称为"观念",属于理性认识。生态思想属于世界观层面的科学思想,"生态思想特指存在于生态学理论及其应用中具有形而上意义的那些宇宙观、价值观和技术观,是生态学内在的科学思想"[1]。白才儒

---

[1] 白才儒:《道教生态思想的现代解读》,社会科学文献出版社,2007年,第20页。

认为，生态思想有三个维度，即生态宇宙观、生态价值观和生态技术观。关于生态学与生态思想的关系，白才儒认为："生态思想对整个宇宙及其内在要素相互关系的理解为生态学理解'生物及其环境的相互关系'提供了理论框架，使生态学理论化；生态学把普遍存在于人类文化形式中的生态思想转化为可通过经验实验和数学方法加以处理的科学问题，把生态思想科学化。"[1]

从哲理层面上看，人的活动领域一般划分为自然、社会、精神三个领域。生态思想属于一种新生哲理，社会科学的研究是以人为中心的，这些哲理领域的生态思想也与人密切相关。从生态思想的产生来看，正是因为被人破坏了的自然环境的恶化、变质、系统的失衡等负面环境效应才引发了人们对生态的关怀，从而产生生态关切、生态伦理，生态思想就是围绕人与自然（包括动物、植物、空气、山川河流等）、人与社会（他人）、人与自身而形成的一种理性思考。从属性上看，生态思想包含社会、自然和精神等不同领域的属性。因此，生态思想从哲理层面上包括社会生态、自然生态、精神生态等具体领域，自然生态是人的基本属性，社会生态和精神生态是人的自我属性。

自然生态从狭义上说是人与自然界所形成的和谐关系，一种健康、平衡的生命系统结构；从广义上说，就是自然界的生物之间所形成的一种稳定、健康、均衡的生态平衡系统。本书采用广义的界定。自然生态是人类生态的自然属性，也就是人与自然的关系，是人的最基本属性。社会生态也就是人与社会所形成的一种和谐均衡的关系，是作为人的个体与他人交互关系中所形成的一种和谐而稳定的社会结构。社会生态是人类生态的

---

① 白才儒：《道教生态思想的现代解读》，社会科学文献出版社，2007年，第20页。

社会属性,主要包括社会中人与人之间的公平、公正、民主、自由、正义、贫富、教育公平、机会均等等。社会生态是人类追求的一种高级的社会状态,是人类社会生存的和谐状态。精神生态也是人的自我生态,是指人的身心实现有机的统一,即人的身体健康和心灵健康的有机整体。精神生态是人类生态的精神属性,表现为人与自身的和谐关系。在生态思想谱系中,人的精神生态既是基础也是追求的目标。人的精神生态是自然生态、社会生态的高级阶段,人的精神生态有助于自然生态和社会生态的形成。自由全面发展的人是马克思对人的最高要求,是社会所实现的理想状态。

　　生态思想为人类化解生态危机提供了理论基础,是人类应对生态问题的有力思想武器。美国社会生态学研究所(ISE)创始人默里·布克金认为:"生态思想不仅是破坏性的,而且是革命性和重建性的。"①西方生态思想和中国生态思想是世界生态思想宝库中的两大珍宝,为应对生态问题提供了诸多有益的思维理念。古希腊、古代中国的哲学家、思想家都对自然既崇拜又敬仰,把人看作自然界的产物。中世纪的欧洲开始崇尚神灵的超自然力,自然与人的本性开始从属于神灵。从文艺复兴开始,人们重新探索自然的真谛,破除宗教的神权禁锢,还原人性。马克思恩格斯更是提出人是自然的一部分。生态学的发展与思想的结合进一步说明人类的认识在逐渐科学化、理性化,更接近事物的本源。人是自然界的高级动物,是整个宇宙中的高级生命体。自19世纪60年代开始动物学家、植物学家、生物学家开始强调这些物种的生存权利和伦理道德,从而推动生态思想理念的发展。新中国成立以来的生态思想不断发展助推人类生态思想的发展。

---

① 郇庆治:《重建现代文明的根基——生态社会主义》,北京大学出版社,2010年,第184页。

四、生态学原理的应用

从 20 世纪 70 年代开始，生态学不再是一种单纯的理论研究，而是与人类的生活环境、生活质量和各门类生物生产领域连接在一起。在五十多年的发展中取得了突出的成效，主要体现在两个方面。

(一)生态与其他领域结合的应用

生态作为一种新的工作原理开始和传统的生产领域连接在一起，经典的农、林、牧、渔各业的应用生态学由个体和种群的水平向群落和生态系统的水平深度发展，如对所经营管理的生物集群注重其种间结构配置、物流、能流的合理流通与转化，并研究人工群落和人工生态系统的设计、建造和优化管理等。农业生态学、城市生态学、渔业生态学、放射生态学等都是生态学应用的重要领域。

生态学与环境问题研究相结合是 20 世纪 70 年代后期应用生态学最重要的领域。这不仅促进污染生态学的发展，还促进保护生态学、生态毒理学、生物监察、生态系统的恢复和重建、生物多样性的保护等方向发展。主要著作如安德森(Anderson)(1981 年)的《环境科学用的生态学》、帕克(Park)(1980 年)的《生态学与环境管理》、波卢宁(Polunin)(1986 年)的《生态系统的理论与应用》、世界自然保护联盟(IUCN)(1980 年)的《世界保护对策：生物资源保护与持续发展》等。

生态学与经济学相结合产生了经济生态学。虽然这是尚未成熟的学科，但国内外都给予高度重视。它研究各类生态系统、种群、群落、生物圈的过程与经济过程相互作用的方式、调节机制及其经济价值的体现。适宜生态学家读的可能是克拉克(Clark)(1981年)的《生物经济学》一书。

生态工程的出现是生态学原理具体应用的一个重要成果，它主要是根据生态系统中物种共生、物质循环再生等原理，在生产过程中设计出不同的层次，从而使得生产过程生态化，促进生态的系统应用。杰瑞尔·米奇(Jeryl Mitsch)(1989年)等的《生态工程》是世界上第一本生态工程专著。米奇(Mitsch)和约恩森(Jorgensen)2004年列出了用于生态工程或生态系统管理的"19项原则"①，这个原理对生态工程的发展有着重要的指导意义。

生态学应用的一大进步是将人类与环境结合起来，将人类和整个地球的命运连在一起。人类生态学的出现，将人类与环境连接在一起，并作为一个新的学科。从20世纪70年代开始，学者们开始关注人类生态这一范畴。主要代表有萨金特(Sargent)、埃尔利希(Ehrlich)和史密斯(Smith)等人。20世纪80年代，专门论述人类生态学的著作相继问世，如克拉彭(Clapham)的《人类生态系统》。之后的概念和主张不断出现，中国马世骏提出"社会—经济—自然复合生态系统"的概念，苏联马尔科夫提出社会生态学。学者们在对人类生态学的探究中，不断提升对人类与环境关系的认识。英国学者杰拉尔·G.马尔腾在《人类生态学——可持续发展的基本概

---

① "19项原则"具体是指:1)外界因子(在生态学中被称为"强制函数")决定生态系统的反应。2)可用的物质和能量库是有限的。3)在所有管理计划中都要考虑生态系统是个开放系统。4)生态系统是个具有许多反馈的自平衡系统。5)生态系统动态平衡需要生物功能和强制函数的化学成分间的一致。6)生态系统中的所有物质和能量都参与循环。7)生态系统是自我设计系统。8)生态系统有空间和时间的特征尺度。9)生态系统具有多样性和复杂性。10)群落交错区和过渡区对生态系统的重要新类似膜系统对细胞的重要性。11)由于开放性的存在,生态系统间相互关联。12)生态系统各组分之间相互关联,形成网络。13)生态冲突具有发育史。14)生态系统和其中的物种在边缘地带最容易受到威胁。15)生态系统是等级系统。16)生态系统是波动系统。17)物理和生物过程是相互作用的。18)生态系统是具有整体性的集成系统。19)生态系统在结构中储存信息。参见[丹]约恩森:《系统生态学导论》,陆健译,高等教育出版社,2013年,第247~248页。

念》中指出，人类生态学是一门描述人类与环境之间关系的科学。

由于全球性污染和人对自然界的控制管理的宏观发展，如人类所面临的人口、食物保障、物种和生态系统多样性、能源、工业及城市问题六个方面的挑战，应用生态学的焦点已集中在全球可持续发展的战略战术方面，与应用领域密切相关的，从研究层次分为宏观的景观生态学和全球生态学发展起来的新方向。前者如纳维(Naveh)1983年的《景观生态学理论和应用》、弗曼(Forman)等1986年的《景观生态学》。后者与全球性的环境问题和全球性变化有关也可称为生物圈生态学。盖娅假说(Gaia Hypothesis)即地球表面的温度和化学组成是受地球这个行星的生物总体Biota(一个地区的动植物)的生命活动所主动调节的并保持着动态的平衡，这是全球生态学的主要理论。目前主要著作有拉夫洛克(Lovelock)(1988)的《盖阿时代》、润布勒(Rambler)(1989)的《全球生态学走向生物圈科学》和波林(Bolin)(1979)、索斯维克(Southwick)(1985)等以"全球生态学"为书名的专著。

(二)生态治理

从英国工业革命开始，欧洲国家带领世界走上了工业文明的时代。工业经济在科技革命的推动下取得了极大的社会进步，物质财富获得极大的发展。但是工业经济发展方式造成的生态环境问题已经严重危及人类的生存和持续发展，生态危机的全球性引发世界各国重新考量本国的经济发展方式，关注本国生态环境的质量。超越工业文明，探寻人类发展的新文明形态——生态文明应运而生，运用生态学原理对环境进行治理的生态治理也随之产生。

从人的属性上来讲，生态治理包括三个领域，即自然生态治理、社会

中外生态思想与生态治理新论

生态治理、人的自我生态治理。当然这些领域的生态治理在具体实施上是不均衡的，操作上也是相当困难。自然领域与社会和人的自我领域相比具有较强的直观性，效果比较明显。本书的生态治理仅指自然领域，即自然环境的生态治理。所谓生态治理（Ecological Governance）是指运用生态学原理对有害生物、资源与环境等进行的宏观调控和管理，对受损或失衡的生态系统进行重建、改良、改进、修补、更新、再植等过程或活动，这些过程或活动应符合生态系统的基本法则或要求。西方发达资本主义国家从 20 世纪六七十年代就开始实施绿色环保、绿色运动。21 世纪以来发展中国家开始加强对本国环境保护的力度，出台一系列措施进行环境生态的保护。2017 年肯尼亚通过一项法律，规定生产、销售或使用塑料袋将面临一至四年的监禁或最高四百万肯先令（约合人民币二十六万元）的罚款。在环保时代，绿色成为人们的新要求。中国在现代化社会发展中，在经济发展和环境保护过程中也出现了二者的分离问题，幸运的是，中国领导人在中国经济发展过程中及时意识到生态环境、资源价值、人的幸福之间的整体关系，吸取古人的生态哲学智慧、运用现代的科学技术、国家的政策导向为中国设计出一条新型的生态发展之路。生态治理已经成为世界各国发展经济、保护环境、提升国民幸福的新型治理选择。美国过程哲学的领军人物小约翰·柯布 2017 年 10 月 10 日在中国浙江丽水市莲都区举办的首届"生态文明与绿色发展"莲都国际研讨会上表示，自己在中国的生态文明建设实践中看到了人类生态文明的希望。世界各国对生态环境问题积极实施生态治理，为解决人与自然之间的紧张关系提供了一条希望之路。

第二章
西方古代生态思想:纯朴与本原

　　西方古代是古希腊和古罗马的统称。西方古代是从古希腊文明开始到476年西罗马帝国的灭亡。古代西方生态思想源于古希腊文明。古希腊是指从希腊历史上公元前8世纪到前146年被罗马征服的这段时间的希腊文明。古代西方的先哲和思想家们对自然现象、宇宙星辰、河流山川等形成了有机世界意识,对人的行为、心灵、教育等进行考察和感悟,对国家社会形成了理想的思想认识。由于思维水平的历史局限和社会条件的限制,古希腊的哲学家、思想家在认识自然、认识宇宙、认识人性等方面的思考是模糊的、朦胧的,所萌生的生态意识也是原始的。就像恩格斯指出的那样:"在希腊人那里——正是因为他们还没有进步到对自然界进行解剖、分析——自然界还被当作整体、从整体上来进行观察。"[①]

　　在亚欧大陆,公元前16世纪至公元前12世纪,不断地有蛮族入侵,一次又一次地摧毁、重建希腊文明,整个希腊半岛经历了一段黑暗时期,

---

　　① 《马克思恩格斯文集》(第九卷),人民出版社,2009年,第438页。

民族迁移、瘟疫、战乱、蛮族入侵等灾害接踵而至。直至公元前 8 世纪,一个新兴的希腊城邦文明终于崛起。公元前 6 世纪至公元前 5 世纪,特别是希波战争以后,希腊半岛的经济生活出现高度繁荣,同时产生了光辉灿烂的希腊文化,这种状态从公元前 5 世纪持续到公元前 4 世纪,被称作"黄金时期"。在被亚历山大征服后,希腊化文明在地中海西岸到中亚的大片地区扩散。古希腊人在文学、戏剧、雕塑、建筑、哲学等诸多方面有很深的造诣。这一文明遗产在古希腊灭亡后,被古罗马人破坏性地延续下去,从而成为整个西方文明的精神源泉。西方古代的生态思想孕育在古希腊的思想哲学中,形成朴素的宇宙自然观。

公元前 371 年,亚历山大统治了希腊,希腊化时期开始。公元前 500 年,古罗马开始了独立城邦的生涯。经过三次的"布诺战争",古罗马早期帝国形成。在此后的两个世纪中,古罗马帝国的疆域达到最大范围,其文化处于极盛时期。古罗马共和国时期的继承、发展和传播,延续了古希腊文明,将古希腊文明通过古罗马人的新发展向周围国家和地区进行传播,对欧洲地区文明的发展带来深远的影响。

476 年西罗马帝国灭亡, 欧洲社会进入神权笼罩下的中世纪(476—1453 年)。在此后很长一段时间的历史长河里,西方世界失去了对自然界的本源、人的本性的探求,上帝成为人类命运的主宰者,自然与人都被置于宗教精神的麻醉之中,自然与人的关系已经失去了原本的关联,人性也被摧残。对自然之谜和人性的探求被放置于神话学和宗教式的语境中,多元化、泛灵论的人格之神给自然界一种夸大的力量,宗教式的一元论"上帝"成为统领人与自然的精神领袖,自然完全成为一元神的再现。古代文明中的生态理念在中世纪被割断了。

一、西方古代生态思想的产生与发展

古希腊生态思想于公元前 6 世纪至公元 5 世纪出现在希腊本土和地中海沿岸，特别是小亚细亚西部、意大利南部的生态思想理念，是西方生态思想最初发生和发展的阶段。

（一）产生的基础条件

1. 地理环境

古希腊位于欧洲巴尔干半岛的最南端，地处地中海东部，东临爱琴海，南隔地中海，西南濒临爱奥尼亚海，北与保加利亚、马其顿、阿尔巴尼亚接壤，扼欧、亚、非三洲要冲。古希腊的地理范围大致以希腊半岛为中心，包括爱琴海诸岛、小亚细亚西部沿海、爱奥尼亚群岛以及意大利南部和西西里岛的殖民地。整个古希腊地区的地理环境是多山、傍海，这导致古希腊人在对自然界的构成要素、本源探索、人与自然的关系、人与人的关系、自身的灵魂、心灵、德行等的探索过程中形成独特的理解和思考。希腊特殊的地理位置、特殊的地貌使得希腊人居住的空间比较分散，形成众多独立的城邦。希腊人需要发展海上交通来加强联系，而土地的贫瘠也促使希腊人保持开放的姿态，与外界进行联系满足需要。这一切都造成了希腊思想文化的多样性和开放性。地处地中海的古希腊地理环境对希腊人思考自然、宇宙、人的灵魂、社会伦理等产生深刻影响，促使生态多元思想的产生。

2. 经济方式

古希腊有大小城邦数百个，著名的有雅典、斯巴达、科林斯、阿尔戈斯、迈加拉、底比斯、米利都等，但是从未形成统一的局面。就其奴隶制经济发展的类型而言，城邦经济大体上可分为两种：一种是以阿提卡半岛上的雅典为代表的发展工商业和航海贸易，另一种是以拉科尼亚平原上的斯巴达为代表的重农抑商。由于自然环境和社会历史条件的差异，希腊各城邦的经济发展是不平衡的，方式也是多样的。一般说来，沿海地区各城邦以发展工商业为主，内陆各城邦以农业为主，有些地区也经营畜牧业。雅典的比雷埃夫斯港不仅是希腊地区，而且是东部地中海的重要商港。由于雅典所在的阿提卡半岛谷物生产不足，须经常从外地输入，同时用本地的金属、陶器等精美的工艺品和优质的葡萄酒等进行交换。与雅典不同，斯巴达统治者限制发展工商业（由边区居民经营，收取税金），不许贵金属和货币流通。这些措施在一定时期内曾抑制了社会阶级的分化。但随着生产力的提高和外界的经济影响，商品经济仍有所发展。与同时期的其他地区相比，整体上古希腊的商业经济发展比较成熟，经济结构使得岛上的居民很早便懂得发展航海进行贸易交换，形成比较活跃的思想，这使得希腊人在思考自然、人性、宇宙等的认识问题上比较自由。

3. 思维模式

古代希腊人最初的思维方式是在对神话的认知中形成的，具有明显的神话思维模式。关于这一思维模式的考证主要来自《荷马史诗》："神话是人们在想象中对自然现象背后的原因或支配力量进行理解和说明。"[1]单一的神话思维模式使得古希腊人对神的理解和思考陷入混沌之中，为了打破这种思维困境，古希腊人开始以经验来检验人们对事物的认识，于是形成所谓的经验思维。这种经验思维来自人们早期对《神谱》中"混沌之

---

[1] 谢文郁：《寻找实在性：古希腊哲学的思维方式问题》，《学海》，2013年第5期。

神"理解困境的引导。这种引导是人们形成的一种新思维方式,它强调从个人经验出发,从而"根据经验,他们质疑、放弃、甚至改变前人的说法。于是在经验思维的引导下,人们纷纷从不同的经验观察角度提出自己关于本源的看法,如'气''火''土'等。这便是神话思维向经验思维的转变"①。

　　神话思维向抽象思维的转换主要归功于巴门尼德。首先,在从神话思维向经验思维转换的过程中出现了万物本原的无休止争论。由于人们从感觉经验中寻找一种自己认为适合描述本原状态的物体而造成的本原的多元性、不确定性。在对本原的解释上,巴门尼德认为,"本原不是经验对象,而是思想对象"②,正是因为人们在谈论本原的时候直接把本原看作思想的对象,这就导致不同的本原产生不同的对象,从而出现了多元的本源、多元的对象和多元的思想。其次,思想对象的本原是实实在在的。巴门尼德指出,本原就是思想对象,思想与对象是并存的,本原有三个特征,即"不生不灭、独一无二且不运动、完满无缺"③。最后,通过概念确立抽象思维方式。巴门尼德认为,作为一个思想者在思考问题的时候,首先要界定概念,因为这是一个抽象性思维活动,在界定概念的基础上形成命题,然后推理论证,从而使得命题之间形成一致。之后,古希腊人开始重视以抽象思维思考问题。总的看来,古希腊人在社会经济发展的实践中,不断更新着自己的思维方式,逐渐以多元化的视角认识世界。

　　4. 政治制度

　　城邦源于希腊文"polis",译为城邦,有城市国家之意。在古代希腊人建立的众多城邦中,影响最大且最具典型意义的是雅典。雅典城邦是以其

---

　　①②③　谢文郁:《寻找实在性:古希腊哲学的思维方式问题》,《学海》,2013 年 5 期。

民主政治、经济发达和文化繁荣而著称。雅典城邦位于希腊中部的阿提卡半岛，主要居民是爱奥尼亚人和阿卡亚人。境内多山，矿产丰富，海岸线曲折，多良港，但缺乏良田，适于发展航海业和工商业，而不利于农业发展。公元前 8 世纪，阿提卡的全境开始形成以雅典城为中心的统一的城邦。以伯里克利时代为代表的雅典民主政治，是古代希腊城邦社会中先进的政治制度，它有利于调动城邦公民的积极性和创造性，有利于推动社会经济和文化的进步。这种民主政治有着时代的局限性。它只是一种特定群体的民主，它只局限于城邦内的成年男性公民享有，妇女、外邦人和奴隶都被排除在外。经济、政治、社会、意识形态统一体的城邦的产生和发展，对古代希腊的思想形成和发展带来深刻的影响。

希腊的城邦制在希腊形成公民至上的政治态势。希腊人认为，公民就是城邦。公民为统治者，最重要的任务就是保护国家，因此为了共同设计美好的国家蓝图，公民们便开始主动建立起普遍的法律与规则，这些原则的制定来源于人们的日常生活、行为、具体事物中，然后抽象出来，形成一般规律和本质。城邦的出现和长达数世纪之久的存在，促使希腊人在半岛上自由活动，为人们在广阔空间进行思想传递、观点表达提供了一个有益的制度保证。在这样的制度体制下，古希腊人形成开放而自由的思想观念，城邦制为思想文化的繁荣提供了制度上的保证，促使生态思想的形成。

5. 思想文化

古希腊的城邦制、商品经济、便利交通等使得希腊成为地中海文化的摇篮。古希腊人在哲学、美学、音乐、神学等领域形成早期的成就。关于美的和谐在古希腊文学创造了诸多独特的男性和女性的形象，他们的作品中男性充满非凡的力量，外形英俊，体魄健硕；女性则是容貌艳丽，身材标志，是一个俊男美女的画面。男性与女性的美是和谐之美。

第二章 西方古代生态思想:纯朴与本原

古希腊的自然哲学一改古希腊神话把握世界的传统方法,他们用经验观察和理性思维的方式把握世界,讨论"世界的本原是什么"的问题,并用"水本原说""无定本原说""气本原说""数本原说""火本原说"等试图解释整个世界,开启了整个自然哲学的大门。公元前8世纪开始兴起的希腊海外殖民运动,则进一步增强了多种文明交流。米利都学派就是在这个过程中发展起来的。这个由伊奥尼亚人于公元前11世纪建立的城市经过数百年的发展,成为当时沟通亚、非、欧三洲的大商港。苏格拉底和他的学生柏拉图及柏拉图的学生亚里士多德并称为"希腊三贤"。苏格拉底出生于雅典,被后人广泛认为是西方哲学的奠基者。柏拉图写下了许多哲学的对话录,并且在雅典创办了知名的柏拉图学院。亚里士多德在柏拉图学院生活了二十多年,在许多领域都留下广泛著作,包括物理学、形而上学、诗歌、生物学、动物学、逻辑学、政治、政府以及伦理学。工商业的发展随之带来的是殖民地社会秩序的改变,由此加速了古代城邦向古典城邦转变的政治进程。新兴的僭主政治也促使理性主义的政治思维开始发育并不断成熟起来,米利都的贤哲通过运用自己的政治智慧,使它得以在当时各种紧张的政治关系中免遭战争和攻击的威胁,保持长期繁荣,最终成为古希腊自然哲学的诞生地。

希腊人对于神的描述是以人为样本的,神是理想化了的人。古希腊的神与人一样是拥有情感和缺点的,但是他们拥有人不具有的神力。神同人一样,追求女色,争强好胜。希腊人重视个人价值,追求自由、享乐,因此希腊神话中经常出现半神般的英雄。

希腊人从神话时代开始,就对音乐与艺术极为重视。从公元前3200年至公元前1200年的"爱琴文化"时期,人们从当时的墓穴画里得知,那时人们的音乐生活多是用歌唱和乐器演奏相伴的歌舞。到公元前776年,第一届奥林匹克大会召开时,希腊及小亚细亚一带的音乐已经很发达,并开始了科学化的研究。此外,希腊人的绘画、雕刻等艺术也很发达,艺术水平也很高,出现了黄金比例的运用。

希腊人与其他民族相比,理性色彩还是比较突出的。"古希伯人"信奉上帝、埃及人崇敬太阳神、印度人膜拜神牛。希腊人对神的态度与其说是崇拜不如说是追求向往,人甚至敢开神的玩笑。这种理性主义使得苏格拉底可以为真理喝下毒酒。希腊人将这些运用到哲学,思考世界的本原,探讨悖论的逻辑;运用到科学,研究杠杆、滑轮、浮力,发现数的奥秘。

古希腊的地理位置和地中海环境、航海发达和贸易繁荣等促使来自不同地域的人们在这里汇集、交流。这个航海的民族在航海的过程中,不仅仅是通过交换商品维持生计,更重要的是跟埃及人、古巴比伦地区的人进行了深刻的文化交流,学到了先进的科学知识。这些文化的交流与科学知识的学习为古希腊最先的那批思想家、哲学家们提供了重要的经验观察和多元思考的便利条件。小亚细亚东方的伊奥尼亚地区是中东和希腊的交通要塞,东西方文化最初就在这里交汇。文化的大交汇,引发了思想的大撞击。这种思想的大撞击对古希腊生态思想的诞生无疑具有推动作用。

(二)发展阶段

西方古代生态思想在古希腊和古罗马的发展中,哲学家和思想家对自然界、宇宙、人的自身等都提出了原始的、朦胧的思考。因为时代所限、人的认识所限,古代的生态思想充满着朴素和求真的精神。古代的生态思想大致经历了三个发展阶段。

最初的希腊哲学家同时也是自然科学家,他们不满足于原始宗教和神话,根据自己的直观,以人类的常识为依据,用自然现象本身来说明世界;他们从无限多样的自然现象中看到它们的统一和联系,看到它们的不断变化和发展,看到它们的矛盾和对立。因此,最初的希腊哲学家都具有自发的朴素唯物主义或朴素辩证法思想。最初的唯心主义哲学是在阶级偏见、宗教影响和认识的片面性中发展起来的。早期的哲学家形成了整体的世界观,他们用"儿童"般的童真来观察世界,形成比较正确、淳朴而幼稚的思想观念。这种基础的理念为西方后期的思想发展奠定了重要基础。由德谟克利特、伊壁鸠鲁和卢克莱修发展起来的原子论学说,不但是以后的唯物主义,而且是近代科学的先导;以赫拉克利特和柏拉图、亚里士多德为代表的古希腊辩证法思想,对黑格尔辩证法思想的形成有深刻的影响;苏格拉底、柏拉图和亚里士多德创立的古代系统哲学,虽然大多是唯心主义的,但其中包含的理性主义因素,在以后西方的哲学和科学文化的发展中,发挥过重大的作用。同时,古代希腊哲学中还出现了形形色色的唯心主义和形而上学,如诡辩论、怀疑论、神秘主义、相对主义、折中主义,以及各种颓废没落的人生哲学,对西方的哲学思想、人文思想和科技发展等都产生了一定影响,其中的一些思想理念仍然为今天的人们带来一些有益的生态启发。

1. 朦胧的自然本原思想(公元前6世纪希腊城邦奴隶制的形成时期)

古希腊的早期,人们对自然界的认识处于一种原始的、朦胧的、直观的层面。这个阶段人们思考和研究的对象就是自然界的万事万物,是围绕在人们生存空间的一切自然现象。这一时期生态思想的重点是对自然的思考。希腊人最初最主要的哲学研究对象是自然,研究自然的目的是"拯救现象",为现象提供合理的根据和说明。希腊人看待自然不同于神学家的地方就在于,他们不是以幻想和想象的方式,而是以理性认识的方式看待自然,他们试图以自然的东西说明自然,这就形成了希腊哲学思想的早期形态,即"自然哲学"也被称之为"宇宙论"或"宇宙生成论",其研究的核心问题是宇宙万物的本原和生成演变过程。公元前 6 世纪,东方伊奥尼亚的一些哲学家开始提出世界的本原问题,他们反对过去流传的种种神话创世说。最早的唯物主义派别是以泰勒斯、阿那克西曼德、阿那克西美尼为代表的米利都学派和以赫拉克利特为代表的爱非斯学派。他们认为世界的本原是水、火、土、气等物质性的东西,用自然本身来解释世界的生成。赫拉克利特还提出了万物皆流、无物常驻等古代光辉的辩证法思想。最早的唯心主义派别是以毕达哥拉斯为代表的毕达哥拉斯学派和以巴门尼德为代表的爱利亚学派,他们提出了非物质性的抽象原则,前者认为抽象的"数"是世界的本原,后者认为"存在"是世界的本原。

最初的哲学家都围绕着世界本原问题展开了讨论,大多用构成万事万物的材料作为本原,哲学家对万物本原的认识是存在有定形与无定形之分。对于万事万物的无定形,一些哲学家认为构成万事万物的本原是多元的,例如水、火、土、气等,这些本原观体现了自然哲学家们一个朴素的观念:本原是无定形的。万物从一个东西即本原中产生出来,生灭变化之后又回归本原,本原变化万物但终归还要回归自身,所以本原是一切,但又什么都不是,没有任何规定性。当哲学家们用无定形的本原来解释自然万物的流动和变化的时候,就出现了不同的争论:一些哲学家们争论究竟什么是无定形的本原时,另一些哲学家以毕达哥拉斯学派和爱利亚学派为代表则认为,本原必须是有规定的。对于万事万物的有定形,一些哲学家认为本原是有形的,也就是万事万物的本原有规定性。毕达哥拉斯把"数"作为万物的本原,尽管"数"还不是一个思想观念,仍有感性的特征,但是与水、火、土、气相比,毕竟具有相当的普遍性和抽象性;巴门尼德和其他自然哲学家一样,认为世界的本原是处于时空中的对象,不同于以前的哲学家所说的本原具有"感性直观"可把握的形体和性质,如可感的物理性质以及可用数字符号和图形象征的数学性质, 而巴门尼德则说明本原的意义和性质只能是理性思辨和逻辑论辩所把握的"是者"。此后的自然哲学家为了解决巴门尼德提出的难题而采取了多元论的方式,最终形成了当时自然哲学的最高成就,即德谟克利特的原子论。哲学家从本原上思考万事万物,把世界上存在的物质及其形式通过抽象思维、理性思考和逻辑论辩上升到非物质哲理层面,对本原的认识立足在时空的范畴,具有整体的思维表达和关系的思考,具有原始的生态思维方式。

2. 初期的社会和人文理念(公元前 5 世纪至公元前 4 世纪城邦奴隶制繁荣时期)

这一时期生态思想除继续探讨世界本原问题之外,还注重社会政治、伦理和人的问题等方面的思考和研究。从单一地关注自然本原开始转向对社会、对人本身的研究。在社会政治的生态理念方面,雅典经过梭伦改革、伯利克里改革等民主改革后出现的民主政治体现了生态民主的萌芽。公元前 5 世纪,雅典已经经过几次民主改革,在反对波斯战争中成为希腊各城邦的盟主,并在伯利克里的领导下,实现了发达的民主政治,雅典成为古希腊世界的经济、政治和文化中心。由于民主政治的需要,出现了一批以教授演说的论辩术为业的思想家,他们被称为"智者"。他们讨论的中心不再是自然界宇宙生成等问题,而是集中在人自身的研究方面,将人从自然宇宙中转换到社会政治伦理的范畴中来,体现了人的社会性。智者的著名代表是普罗泰戈拉(Protagoras)。为了反对传统奴隶主贵族统治的制度和思想,他提出"人是万物的尺度"的著名命题,这里的人是特定时空下的人,是奴隶制社会中反抗奴隶制下的"人",倡导人是认识万物和判断是非善恶的主体,人在社会中的作用和尊严是不能忽视的。这种以人为主体的思想对破除神灵和宗教束缚，以及社会民主政治的发展有着一定的推动作用。

苏格拉底(Socrates)认为研究人类本身才具有社会意义，反对传统的世界本原的自然哲学观。他认为人类本身的正义、智慧、诚实、知识以及人类生活的国家是学者应该研究的主要对象。为此，他的思想被称为伦理哲学。这与古希腊的自然哲学决然不同。在对人的研究上，他主张运用论辩诘难、寻找对方矛盾的方法对青年人进行教育，用辩证的思维来思考问题，这是形成生态思维的雏形。柏拉图(Plato)的思想中存在生态萌芽思想，比如对大自然提出了形式(实物)与影子的关系，指出阳光照耀下的实物就是形式，我们感官世界感受到的则是其阳光投射的它的影子；在人与自然的关系上，他指出人们感觉到的种种变动的、有生灭的具体事物，只是现象；自然界有形的东西是流动的、变化的，构成这些有形的物质的形式则是永恒不变的。在人的性别关系上，他指出男性与女性是完全平等的，男性与女性有着平等的权利，形成了朦胧的性别生态平等思想。亚里士多德(Aristotle)的生态思想更加丰富。在世界的形成上，指出世界是由各种事物按照形式与质料的和谐关系组成的，各种物质自身是和谐的，这种和谐是建立事物自身在形式与质料的组合上。尽管他是用理念的方式提出来的，具有一定的唯心主义色彩，但是对世界的整体和谐思想有着重要的意义。他还提出地上的世界是由土、水、气、火等四种元素组成的，这些元素都由两种不同特性组合而成，这些特性彼此影响，相互依赖。亚里士多德对生物多样的现象及动植物的区别都有深刻的认识，提出了自然物是按照自身的性质进行活动的，形成的自然现象就是自然物的作用过程。同样，亚里士多德关注人的发展和教育，他将教育集中在奴隶主子弟身上，提倡国家应当实行公共教育，使这些受教育者在身体、德行和智慧等方面得到和谐发展；同时在师生关系上，主张学生勇于追求真理，敢于挑战老师的权威；在灵魂上提出理性和非理性之分，具有辩证思维；在公民权利上，倡导人有自己的权利，城邦和公民之间的利益要平衡。

以德谟克利特为代表的原子论唯物主义，是这一时期所取得的最高成就。德谟克利特的生态思想突出表现在宇宙世界、社会和人的问题等方面。在宇宙中的世界存在着发展变化，世界万物是不断生成与灭亡的，万物的本原是原子和虚空，宇宙中的万物是由原子构成的，原子是在虚空中运动的；世界上的万物是相互联系的，并受一定的因果必然性和客观规律性制约。万物相连、生死变化反映了事物之间的依存性和相互影响，形成了蒙昧的自然生态理念。在政治生态上，它主张国家的幸福和利益是第一位，公民的幸福和利益要服从整个国家的幸福和利益，如果没有了国家，公民也将失去一切。在人的发展和社会关系上，他强调教育对人的重要性，社会的发展可以通过对人的道德教育得到实现；在人的自我幸福实现中，主张人的幸福来自灵魂，人的善与恶来自灵魂，人要追求快乐和幸福通过人的思想和行动来实现。在德谟克利特看来，人是社会中的人，是有灵魂的、有道德的、有权利的，是人的固有需求，是自身生态的基本内容。

3. 自然与伦理的并存（公元前 3 世纪至公元 5 世纪城邦奴隶制衰落时期）

古希腊哲学思想从宇宙自然观到社会伦理的转变开阔了人们思考问题的领域，生态思想的萌芽从自然生态向社会生态发展。随着希腊社会的衰落，古希腊的思想开始向外传播，出现了各种思想的碰撞和发展。公元前 336 年，马其顿王亚历山大即位，他建立了跨越欧、亚、非三洲的大帝国。这个帝国虽然很快就瓦解了，但希腊文化以亚历山大里亚城为中心得到了广泛传播，无论是自然科学还是社会科学都得到迅速的发展，历史上称为"希腊化时期"。当时自然科学如数学、物理学、天文学、地理学、医学等均迅速发展，唯物主义哲学家伊壁鸠鲁为这些科学成就作出哲学总结，并建立了伊壁鸠鲁学派。伊壁鸠鲁克服德谟克利特否认偶然性存在的局限性，他接受并继承和发展了德谟克利特原子论唯物主义，认为原子除了具有形状、大小、秩序和状态区别之外，还有重量区别，从而提出了原子偏斜理论。伊壁鸠鲁的思想主要表现在对社会伦理和人的自身方面。他对人的自身发展提出了灵魂和行为同等重要的理论，认为人的灵魂是由原子组成，人的灵魂要获得安宁。人的灵魂安宁与肉体的无痛苦是人的快乐；人的行为是自由的，自由的行为才能获得道德评价；人的行为目的是获得快乐，获得快乐就是从痛苦和恐惧中获得解放；同时在人和神的关系上，认为人不用畏惧神，神和人的死一样不可怕，而且可以通过对自然和人生的认识来摆脱对死亡的恐惧。这种对人自身肉体与灵魂的认识有着人身生态的萌芽思想，为人的自身发展认识提供了重要的思想基础。在社会关系方面，他主张人与人的和睦相处、平等相待，这是社会稳定的基础。国家应该采取法律、制度等手段为公民提供必要的保障措施，消除人与人之间产生恐惧、对立、冲突、伤害等的可能性，从而社会就能实现和平稳定。伊壁鸠鲁学派在社会生态思想上主张幸福就是追求快乐，但反对纵欲；此外，斯多亚学派则主张相信宿命和禁欲是获得幸福的途径，主张顺从才是王道；怀疑主义则主张一切都不可信，对一切事物都不表态，以免引起烦恼。这些是社会生态思想的基本理念，对社会生态思想的发展有着一定的借鉴意义。

由于社会动荡，人们对自然的认识开始虚幻和神化。当时，人们对自然的认识是直观的、低级的，这就直接导致对认识自然的幻想、虚幻和抽象，形成神化自然观，从而人以神化的自然观念去屈从于自然的统治。"自然的存在不过是一元神的创造物，而人能够体悟到神的存在，并且能够替这个一元神管理世界万物。"①1世纪，宗教开始占据了人们的精神世界，上帝成为人们精神上的领袖。在《圣经·创世纪》中，上帝让人"要生养众多，遍满地面，治理这地，也要管理海里的鱼，空中的鸟和地上各样行动的活物"。

罗马的奴隶制是希腊奴隶制的继续，古罗马的哲学也是古希腊哲学的继续。古代罗马生态哲学在唯物主义和唯心主义的发展下出现分化。一方面是以卢克莱修和琉善为代表的唯物主义，他们坚持德谟克利特和伊壁鸠鲁的原子论学说，反对唯心主义和宗教迷信。他们推动了自然生态思想的继续发展，坚持了对自然万物的探究，反对唯心主义对自然万物的解释，反对用神的宗教方式理解世界。卢克莱修的《物性论》一书中系统地阐述了伊壁鸠鲁的哲学，是唯一保留下来的古代唯物主义哲学的完整著作。另外，在当时奴隶制已经进入没落时期的历史条件下，各种唯心主义哲学盛行，生态思想的发展逐渐脱离了社会的正常轨道。怀疑论和斯多葛主义继续流行，其中斯多葛主义甚至一度成为官方哲学，连罗马皇帝奥勒留也信奉它。此外，还产生了西塞罗的折中主义和以斐洛为代表的神秘主义哲学。罗马时期最大的唯心主义哲学派别是以普罗提诺为代表的新柏拉图学派，它实际上是将斯多葛主义、伊壁鸠鲁及怀疑论的学说同柏拉图、亚里士多德哲学的内容相结合的大杂烩。它的主要特点是发挥柏拉图学说中的神秘主义思想。普罗提诺认为，万物的本原是神秘的"太一"，它是绝对的、超存在的神，由它流出万物。正是这种神秘主义哲学为当时新兴的基督教提供了理论基础。罗马后期开始产生教父哲学，使哲学沦为宗教神学的工具。从此古希腊罗马生态思想中的本原观念开始被忽视，逐渐被中

---

① 陶火生：《马克思生态思想研究》，学习出版社，2013年，第21页。

世纪的神化世界和宗教精神所占据。

二、西方古代生态思想的主要内容

(一)关于自然、宇宙的本原认识

1. 世界万物本原的认识是双重的:物质性和神灵

古希腊的哲学思想发展经历了从唯物主义到唯心主义的发展，对自然、人的思考同样是具有明显的倾向性,从对自然的物质性本原探索到自然的神灵化认识,之后是唯物主义与唯心主义之间的论争。因此,古代西方的生态思想是具有双重认识的。一方面,对自然万物本原的认识上,存在着不同。有的哲学家认为世界的本原是一些物质性的元素,如水、气、火等。他们最早用自然本身来解释世界的生成,是西方最早的唯物主义哲学家。著名的代表有米利都学派的泰勒斯、阿那克西曼德、阿那克西美尼和爱非斯学派的赫拉克利特。意大利南部出现了具有另一种思想倾向的哲学学派,他们认为万物的本质不是物质性的元素,而是一些抽象的原则,毕达哥拉斯学派认为是"数",以巴门尼德为代表的爱利亚学派认为是"存在",并认为"存在"是不变的,不生不灭的,运动变化的只是事物的现象。他们提出的非物质性的抽象原则,对以后唯心主义哲学的产生影响很大。后来的自然哲学家在承认运动变化的同时，都企图在它们背后找出永恒不变的因素:恩培多克勒认为是水、火、土、气四种"元素";阿那克萨哥拉则认为是包含有各种不同性质的"种子",万物是由它们以不同的比例结合而成的;德谟克利特把万物的本原归结为最小的不可再分的"原子",它们没有性质上的差异,只有形状、排列、状态的不同,万物是由原子组合而成的。

另一方面,世界万物与神有着密切的联系。从古希腊时期开始,对万物的认识开始与神、灵魂等联系起来,突出万物有神、万物有灵。苏格拉底认为,天上和地上各种事物的生存、发展和毁灭都是神安排的,神是世界的主宰。他反对研究自然界,认为那是在亵渎神灵。泰勒斯认为万物都是由灵魂支配,"神就是宇宙的心灵或理智,万物都是有生命的并且充满各种精灵,正是通过这种无所不在的潮气,一种神圣的力量贯穿了宇宙并使它运动"[①]。赫拉克利特认为神是涵盖整个世界的事物,常常用逻各斯(Logos,即理性)一词来代替神,他相信世界上有"普遍的理性"来指导大自然发生的每一件事。柏拉图是一名理想主义者和理性主义者,他相信我们的物质世界其实是一个不完美的世界,在它的背后有一个完美的"理念世界"。他认为世界由"理念世界"和"现象世界"所组成。理念世界是真实的存在,永恒不变,而人类感官所接触的这个现实世界,只不过是理念世界的微弱的影子,它由现象所组成,而每种现象是因时空等因素而表现出暂时变动等特征。普罗提诺认为万物的本原是神秘的"太一",它是绝对的、超存在的神,由它流出万物。亚里士多德认为,我们对世界的认识是从我们的感官而来的。亚里士多德的思想包含了唯物主义和唯心主义,对自然、人性、社会伦理等充满了多元的思想,既有对自然的物质认知,又有神灵的期许。

2. 灵魂的宇宙是和谐的

古代西方的哲学家、思想家在认识自然、宇宙上,将自然、宇宙与人、神、灵魂等联系起来,形成人与宇宙、宇宙与生命等关系认识。

---

① 苗力田主编:《古希腊哲学》,中国人民大学出版社,1989 年,第 22 页。

中外生态思想与生态治理新论

(1)宇宙是有生命的,循环的

毕达哥拉斯是欧洲历史上最早的哲学家和科学家,他探讨万物本原时把整个宇宙看作有生命的,从对立中去寻找世界演化的动力。他认为存在灵魂不死和轮回转世;不存在绝对意义的新东西;一切事物都处于周而复始的循环中,一切生命是血脉相通的。在毕达哥拉斯学派的理论体系中,神的概念超越数的概念成为最高层次,成为和谐的终极根源,"神"规定了数,而"数"又是万物的范型,万物是数的摹本。

(2)宇宙天体是和谐的

宇宙的原意是"秩序"①,毕达哥拉斯学派首先使用宇宙来称呼世界整体,该学派重视数学、讲究数学传统,认为天体星球间有一定数目比例关系,这种关系造就了一种天体的"和谐"②。宇宙中的一切都存在着和谐,宇宙的秩序是以那种绝对的数的和谐为根据的。这种和谐使得苍穹无限的宇宙星空处于一种纷繁而不乱、多变而有序的永恒的运动之中,它很像一支气势雄伟又娓娓动听的交响乐,发出一种美妙而和谐的音响。各行星和地球之间的距离像琴弦的弦长一样成比例,从而奏出美妙的"天体音乐"。毕达哥拉斯学派认为:"数是万物的本质,宇宙的组织在其规定中通常是数及其关系的和谐的体系。"③赫拉克利特借用毕达哥拉斯"和谐"的概念,他认为在对立与冲突的背后有某种程度的和谐,而协调本身并不是引人注目的。

---

① 科斯摩斯,这个字原意是"秩序",但在公元前5世纪初就用作"世界、宇宙"的意思了。毕达哥拉斯认为,从地上的事物到天上的星体,都同样具有数的比例关系,是具有秩序的和谐的整体。

② 和谐(Harmonica),它最初的意思是将不同的事物连接或调和在一起,用于音乐就是将不同音调结合在一起,成为音阶,这种音乐意义的和谐在公元前5世纪初期就已建立起来了。毕达哥拉斯使用此范畴主要是指一定的数的比率关系。

③ 恩格斯:《自然辩证法》,人民出版社,1971年,第166页。

3. 万物归一

古希腊的思想家哲学家在认识自然现象世界中,看到众多的物质,在探索物质与世界的关系中提出万物是归为"一"的。这种思想中包含着生态统一体、命运统一体的朦胧理念。希腊哲学的"万物归一"是在与"万物为多"理念的长期的哲学争论中形成发展起来的。贤哲之士从实体的连续变化历程及生死的交替更迭中,想到宇宙有一个共同的本原,看出了必有某种恒存之物,那就是最初的某物。他们将这种认识上升到一个共同本原,这一本原是永恒的、最初的万物之本。为此,希腊的哲学家寻找到不同的本原,泰勒斯宣称是水,阿那克西美尼说是气,赫拉克利特说是火,他们虽然各执一词,但都认为万物的始源是物质的,而且相信它只有一个。在泰勒斯时代,希腊人生活在海边,天天与水打交道,他们也许注意到了太阳使水蒸发形成气,雾从海面升起凝聚成云,然后又变成雨落回大海这种自然现象,进而产生出水是构成世上万物的有原这种思想。

德谟克利特认为,万物的本原是原子①和虚空②,原子是由无空隙的、紧密的、坚固的物质所组成的,由于其坚固性而不可能再分割,它既不能从内部破碎也不能从外部破碎。万事万物都是由原子构成的,原子之间存在着虚空。如果空间都被充满,原子就无法运动,也就不能结合成具体事物。在虚空中运动的原子结合成万物,而原子分离时,事物就消亡。因此,虚空和原子都为万物生成的根本原因。

普罗提诺认为:"上帝是一切存在物、一切对立和差异、精神和肉体、形

---

① 所谓原子,希腊文的原意就是不可分割性。

② 德谟克利特把虚空视为原子存在和运动的根本,虚空是原子存在的容器和原子运动的前提。"虚空"概念的提出是德谟克利特的一大贡献,它是西方哲学史上首次出现"空间"这种理论范畴的萌芽。

式和物质的源泉,但是,他自己没有对立和差异,而是绝对的一、即排除了杂多和分歧的一。他是无所不包的太一,是无限的,是无因自成的初始因,从中产生一切,流射一切。"①"创造万物的'太一'本身并不是万物中的一物。所以它既不是一个东西,也不是性质,也不是数量,也不是心智,也不是灵魂,也不运动,也不静止,也不在空间中,也不在时间中,而是绝对只有一个形式的东西,或者无形式的东西,先于一切形式,先于运动,先于静止。"②

卢克莱修继承了古代的原子论学说,认为物质的存在是永恒的,提出了"无物能由无中生,无物能归于无"的唯物主义观点,他反对神创论,认为宇宙是无限的,有其自然发展的过程,人们只要懂得了自然现象发生的真正原因,宗教偏见便可消失。他批驳了宗教和神创论,论述原子与虚空,指责宗教蒙蔽人们的理智,贬低人的尊严,唆使人类做出不道德的行为,使人们陷于极端的贫困。他通过具体事例论证了原子和虚空的实在性,但没有用"原子"这个词,而是用"本原""原初物体""物体""种子""元素"以及"物质形体"来代替。与德谟克利特不同,他认为原初物体的形状是有限的,他从物体的多孔性和比重的不同论证虚空的存在。他把原子论和感觉结合起来,提出可能性表明性质,不可能性表明虚空。他认为宇宙是无限的,物质和空间都是无限的,宇宙中有无数世界在形成、发展和消亡,我们的世界并非唯一存在的世界。他阐述了原子运动的规律性,还说明了世界和万物形成的原因,指出了被德谟克利特所忽视的偶然性的存在。

4. 自然界是有机和谐的

古希腊哲学家把自然界看作一个有机的整体,"这种有机论的自然观,隐含着一种道德上的规范性约束,当人类将地球看作母亲时,自然会

---

① [美]梯利:《西方哲学史》(增补修订版),葛力译,商务印书馆,1995年,第137页。

② 苗力田主编:《古希腊哲学》,中国人民大学出版社,1990年,第462页。

联想到人类自己的母亲，这就从社会道德层面限制了人们对待地球的行动类型，即更多地给予地球以保护，而不是征服"①。"这种有机论的自然观，在近代以前一直占据着主导地位，主张人与自然之间是和谐相处的关系。"②

（二）社会生态思想

古希腊生态思想中的社会生态主要是指人在社会中存在的行为、品德、政治、民主、教育等方面表现出的和谐、公正、自由、正义等。古希腊思想家很早就注意到社会问题对人存在的重要性，并开始关注社会问题，尤其是对幸福、善恶、心灵、道德等方面。

1. 道德是美的

人是社会的人。古希腊思想家、哲学家对社会动荡、战争不已的现实进行思考。苏格拉底是古希腊第一个提出要用理性和思维去寻找普遍道德的人，是道德哲学的创始人。他重视伦理学，强调道德是由理性指导的，所以"美德就是知识"，他认为善出于知，恶出于无知。他认为一切都是神所创造与安排的，体现了神的智慧与目的；他提出了"自知自己无知"的命题，认为只有放弃对自然界的求索（因为那是神的领域），承认自己无知的人才是聪明的人，最有知识的是神，知识最终从神而来，真正的知识是服从神。他提倡人们认识做人的道理，过有道德的生活。在苏格拉底看来，人要过有道德的生活，获得做人的道理，就要服从神，从神那里获得知识，有了知识，也就有了美德。

德谟克利特特别强调教育的重要性，他主张道德可教，认为道德教育可以改变一个人的性格，形成人的第二本性，而教育方法应该以鼓励和说

---

① ②　吴平：《生态治理现代化的思想基础和理论共识》，《中国经济时报》，2016 年 8 月 10 日。

服为主。他也很注重个人的道德修养,强调要与自己的思想作斗争,每天都有新思想。这种斗争的胜利就标志着个人的道德进步,并能使人成为深思熟虑的人。

2. 关于幸福的丰富观念

德谟克利特的伦理思想是古希腊幸福论伦理思想的典型。一是德谟克利特认为幸福的本质是快乐,然而快乐又有肉体的、物质的、精神的、灵魂的区分。他认为对人来说最重要的是精神灵魂的快乐。完善的灵魂可以改变坏的身体,人生真正的幸福在于"高尚的快乐",而不是沉溺于物质生活的享受和情欲。他认为,人的幸福与不幸居于灵魂之中,善与恶都来自灵魂,每个人都有独立的意志和人格。人的自然本性就是求乐避苦,而道德的标准也就是快乐和幸福。能求得快乐就是善,反之即是恶。但是他所说的快乐并不是暂时的、低级的感官享乐,而是有节制的、精神的宁静和愉悦。他强调德行不仅是言辞,更重要的还是思想和行动,人们应该热心地按照道德行事,而不要只是空谈道德。二是德谟克利特认为,节制享受、灵魂安宁就是幸福。德谟克利特幸福观内容的第一点便提到了"节制欲望"。在他看来,人要获得精神上的快乐和灵魂上的幸福,就必须要"节制"。他认为节制是获得快乐的手段,是人的意志支配自己行为的一种精神力量,人只有通过有节制的宁静淡泊的生活才能够体会到快乐。德谟克利特又将快乐分为感官肉欲的快乐和灵魂至上的快乐。他并不反对人们追求这两种快乐,但严格区分了二者。对于节制自己的欲望,德谟克利特还提出了"适度"的原则,如果接受这一原则,你就能生活得更愉快,并且驱除了生活中不少的恶,包括嫉妒、仇恨和怨毒。他认为,人们通过享乐上的有节制和生活的宁静淡泊,才能得到愉快。

柏拉图采用"以大观小"的方式体现对人性、对个体幸福的终极关怀。

他采用虚拟的对话形式,在建构理想国的同时,借其师苏格拉底之口来体现他自己的幸福观。在他那里,幸福的界定可以归结为灵魂的一种和谐状态。柏拉图认为的灵魂有三个部分,即理智、激情和欲望。在人的灵魂中有一种自然的需要和本能的欲望,要想得到某种东西,饥要吃,渴要饮,欲望和对象是彼此相关的。同时还有一种阻止欲望的力量,要拒绝得到这种东西,克制着欲望的诱惑,这就是理智。正因为理智有可以阻止欲望得到满足的行为,所以理智的力量比欲望的力量要大。《理想国》中有这样一句话,我们建立这个国家不是为了某个阶级的幸福,而是为了全体公民的最大幸福。柏拉图曾提到过,节制是一种良好秩序或对某些快乐与欲望的控制。节制就是"做自己的主人",幸福的人最能自制。柏拉图尤其强调节制这一美德,而节制就是某种和谐。节制能把各方面都结合起来,形成和谐,就像贯穿整个音阶,把各种强弱的音符结合起来,产生一支和谐的交响乐一样。节制要求"做自己的主人",保持自己不被欲望所俘获,使得欲望由理智领导而不反叛。

伊壁鸠鲁学派认为幸福就是追求快乐,但反对纵欲。他们认为,人生的最终目的是获得快乐,将快乐划分为身体快乐和精神快乐、静态快乐和动态快乐。伊壁鸠鲁学派主张的快乐并非专门指物质享受,还包括精神上的快乐,而精神上的快乐要以一定的物质享受为基础,二者是密不可分的。友谊是获得个人快乐的主要方式,"在智慧所提供的保证终生幸福的各种手段中,最为重要的是获得友谊"[1]。在结交朋友或与人相处时,应持公正、宽容的态度。伊壁鸠鲁学派并不否定理性,认为理性也是获得快乐的方式之一。伊壁鸠鲁在《致美诺寇的信》中写道:"只有当我们痛苦而不

---

[1] 北京大学哲学系外国哲学史教研室编译:《古希腊罗马哲学》,商务印书馆,1965年,第365页。

快乐时,我们才需要快乐;当我们不痛苦时,我们就不需要快乐了,因为这个缘故,我们说快乐是幸福生活的开始和目的,因为我们认为幸福生活是我们天生的最高的善,我们的一切取舍都从快乐出发,我们的最终目的仍是得到快乐。"①伊壁鸠鲁曾提及:"当要求所造成的痛苦取消的时候,简单的食品给人的快乐就和珍贵的美味一样大;当需要吃东西的时候,面包和水就能给人很大的快乐,养成简单简朴的生活习惯,是增进健康的一大因素,使人对于生活必需品不加挑剔。"②

斯多葛学派则主张宿命论和禁欲主义,主张顺从,反对追求。在斯多葛学派看来,人的本性是理性,按照理性生活的人就是一种幸福,人类不应该被快乐、烦恼、欲望等感情控制,财产、衣物等都是微不足道的,肉体的痛苦也无关紧要。真正有智慧的人,即使身体遭受极度痛苦,心理也不会有不安和恐惧。对人的最高要求是服从上帝和命运,顺应自然生活,追求精神愉悦。快乐、幸福不是真正的善,只有德性才是唯一的善。

怀疑主义③对幸福的理解更加偏激,认为一切都不可信,主张对一切事物都不表态,以免引起烦恼。"没有任何事物是美的或者丑的,正当的或者不正当的,这只是相对于判断而言的。没有任何事物真正是这样的(像判断的那样),只是按照风俗习惯来进行一切活动。每一件行为都既不能

---

① ② 北京大学哲学系外国哲学史教研室编译:《古希腊罗马哲学》,商务印书馆,1965年,第365页。

③ 怀疑主义是以从建功立业的雄心壮志、为争权夺利而尔虞我诈,转变为寻求如何在乱世中安身立命、明哲保身的方法,并以这样的社会格调出现的。古希腊怀疑主义经历了早期以皮浪为代表的实践性怀疑主义、中期以蒂孟为代表的批判性怀疑主义和晚期以塞克斯都·恩批里可为代表的系统性怀疑主义三个阶段。希腊化时代是"一个有钱而没有权势欲望的人可以享受一种非常愉快的生活的时代",也许这时候的哲学家更需要像康德一样仰望"在我之上的星空"和俯视"居我心中的道德法则"。怀疑主义就是在这样的社会背景下,伴随着犬儒学派、伊壁鸠鲁学派和斯多葛学派出现的。"悬疑"是怀疑主义的手段,灵魂的"宁静"和"无纷扰"是怀疑主义者所追求的目的。

说是这样的，也不能说是那样的。"①幸福在怀疑主义那里是不存在的，是被质疑的。

3. 心灵可以净化，实现和谐

社会的稳定和谐，需要人的心灵的和谐。毕达哥拉斯学派内部有许多的礼仪规定，要求学派的成员遵守以此净化心灵。如禁止火化死者，尸体必须用白布包裹，予以土葬。该学派以一种自我约束的方式实现心灵的净化，达到人与自然的和谐一体。苏格拉底提出了对灵魂的新认识，在他看来，"灵魂是人的一部分，是人要认识及领悟知识的永恒对象（理性）所能凭借的唯一部分。因此，灵魂是一个整体，并且不包含理性或知性以外的任何功能。在每一个转弯处设下陷阱的是身体，它是意气、欲求、欲望与快乐的牢固基地"②。普罗提诺提出了灵魂净化、回归至善的思想。

柏拉图则提出灵魂是不灭的理性，"柏拉图不仅认为灵魂不死，同时认为它以某种密切关系联系着永恒的理性，因而是不变的、单纯的、完整的、始终如一的"③。此外，他所描写的"理性"主要指称心智与知性，对立的另一边是身体及其欲望与快乐；心智努力的目的是与身体完全分离，就像"理性界与感官界"完全分离一样。在此隐含了一个矛盾，因为哲学家若是热切渴望真理，他就不可能完全排除情感因素。具体包括：一是三分为理智、意气与欲望；二是"线喻"中的二分法再加以二分，成为知性与推理，信念与想象；三是认知与感觉二分。

亚里士多德关于中道（Mesotees）的著名说法，不仅仅是给行为方式提供一个准则，它还教导人们如何正确地对待痛苦和快乐。"在痛苦中反应

① 北京大学哲学系外国哲学史教研室编译：《西方哲学原著选读》（上卷），商务印书馆，1981年，第177页。

② 傅佩荣：《柏拉图哲学》，东方出版社，2013年，第2页。

③ 同上，第6页。

过度成为鲁莽,反应不及变做怯懦,只有中间的、适度的才恰到好处,表现为勇敢。对待快乐,如若过度了成为放纵,只有节制才是快乐方面的中道。"①所谓"中道"即德性,分为两类:即理智的和伦理的。亚里士多德的中道德性就是善,过与不及都是恶,也就是"伦理的德性即是中间性"。中道德性是相对性和绝对性的统一,对于恶与不当的情感和行为,它们的恶性质是绝对的,不存在中间的过渡,永远是罪过。中道的实现是不易的,但是可能的,这需要行为者具有知识,且需用理智去克服欲望。中道德性论对构建和谐社会具有启发意义,它有利于实现人与自然的和谐共生、人与人的和谐相处、人与社会的和谐共存。

4. 社会伦理与人的追求

公元前 5 世纪,雅典成为古希腊世界的经济、政治和文化中心,出现了一批以教授演说的论辩术为业的思想家,被称为智者。他们讨论的中心集中到人类社会政治伦理方面来,"人"成为研究的中心。智者的著名代表是普罗泰戈拉。为了反对传统奴隶主贵族统治的制度和思想,他提出"人是万物的尺度"的著名命题,认为判断是非善恶的标准,只能是个人的感觉和利害,为当时的民主制提供了理论根据。但他的思想也导致否认客观真理的存在。这种相对主义思想发展到极端,产生了智者高尔吉亚的怀疑论和不可知论。智者的思想在政治上虽然起过进步作用,但却是古希腊哲学最初的带有主观唯心主义色彩的哲学。

古希腊思想家对伦理方面的探讨还包括人生的目的是什么、幸福是什么等问题,这些问题具有社会意义,关乎社会向着什么样的方向发展,关乎将会出现或形成一个什么样的社会。伊壁鸠鲁学派从唯物主义立场

---

① 苗力田:《品质、德性与幸福——亚里士多德选集〈伦理学卷〉前言》,《中国人民大学学报》,1999年第9期。

出发,认为快乐是人们生活追求的目的,但他们反对放纵情欲,认为身体的健康和精神的宁静才是真正的快乐和幸福。他们反对宗教迷信、宿命论和目的论。斯多葛学派主张宿命论和禁欲主义,认为人生真正的幸福就是服从命运的安排,顺应自然而生活。他们宣传宗教信仰,反对追求快乐,主张克制一切欲望,甚至可以放弃自己的生命。以皮浪为代表的怀疑论认为,对事物不能有任何知识,甚至不能肯定它们究竟是存在还是不存在,最好对一切保持不肯定的态度,不作任何判断,以免引起无谓的争论和烦恼。皮浪则主张对一切要无动于衷,以求得心灵上的平静。

(三)关于人自身的认识

西方古代哲学家、思想家对人的认识是丰富的,不是单纯的认识人的肉体、人的本身,而是将人的肉体与灵魂、身体与心灵,人与动物、人与宇宙等联系在一起,形成对人的深刻思考。同时,还提出实现这些关系和谐的途径和方法。

1. 人的肉体与灵魂是一个合体

人是肉体与灵魂的合体。人的肉体是人存在的基础和前提。身体的健康对一个人来说是至关重要的。毕达哥拉斯有句名言:"不要忽视你的身体的健康,饮、食、动作须有节。"在普罗提诺的宇宙序列中,太一流溢出心智,心智往下流溢出灵魂,灵魂再向下产生万物。这个序列是由高级至次级再到低级的向下过程,他所理解的美也是遵从这一序列。"从善那里心智直接取得它的美:灵魂也因心智而美,其余如行为和事业之类的事物之所以美,是由于灵魂所授予它们的形式;而物体之所以能称为美,也是灵魂所使然。"①他说:"在自然中有一种理念,它是肉体美的原型;在灵魂中有一种更美的理念,它是自然美所从出的渊源。"②伊壁鸠鲁也同意德谟克利特的有关"灵魂原子"的说法,认为人死后,灵魂原子离肉体而去,四处飞散,因此人死后并没有生命。他认为,死亡和我们没有关系,因为只要我们存在一天,死亡就不会来临,而死亡来临时,我们也不再存在了。卢克莱修认为,人的心灵与身体是一起产生一起长大,一起衰老。"我们觉察到心灵和身体是同时出生的,并且一起长大和衰老。"③"正如肉体会遭到可怕的疾病和难看的痛苦,同样地心灵也有它的心痛的忧虑和恐惧。""肉体和灵魂的活力,只有在结合中才充沛旺盛。"④

2. 身体与心灵可以达到和谐

柏拉图认为,当心灵摒弃肉体而向往真理的时候,这时的思想才是最好的。而当灵魂被肉体的罪恶所感染时,人们追求真理的愿望就不会得到满足。当人类没有对肉欲的强烈需求时,心境是平和的,肉欲是人性中兽性的表现,是每个生物体的本性,人之所以是所谓高等动物,是因为在人的本性中,人性强于兽性,精神交流是美好的、是道德的。毕达哥拉斯学派把爱智慧化作净化心灵的思辨活动,注重人的心灵自身达到和谐的却是音乐与哲学。"音乐通过和谐音调的感染净化心灵,而哲学通过对数目的和谐的思考净化心灵。"⑤伊壁鸠鲁认为,人类行为的目的就是从痛苦和恐

---

① Plotinus, *The Six Enneads*, translated by Stephen Mackenna and B.S.Page, Great Books of The Western World 17, The University of Chicago, Reprinted 1980.I.6.p.6.普罗提诺:《九章集》,第 5 集第 1 章第 8 节,简为《九章集》。

② 《九章集》,[1,6,6]。

③④ [古罗马]卢克莱修:《物性论》,方书春译,商务印书馆,1982 年,第 160 页。

⑤ [英]安东尼·肯尼:《牛津西方哲学史》,王柯平译,吉林出版集团有限公司,2010 年,第 24 页。

惧中解放出来,求得快乐。快乐是幸福生活的目的和开始,是善的唯一标准。一切导致快乐的就是善,导致痛苦的就是恶。美德只有同快乐联系起来才有价值。伊壁鸠鲁的伦理学说认为快乐是生活的目的,是天生的最高的善。但是应当区分不同的快乐,解除对神灵和死亡的恐惧,节制欲望,远离政事,审慎地计量和取舍快乐与痛苦的事物,达到身体健康和心灵的平静,这才是生活的目的。伊壁鸠鲁还认为,人是以个人快乐为准则的生物。

3. 人要有德性

关于人的德性,西方古代生态思想中的德性与善相联系。毕达哥拉斯的德性体现在自身的行为和教化之中,他是一个克己自律的素食主义者,不仅自己不食用动物,还鼓励学生尊重动物,不要屠杀动物。他的德性体现在对动物的不杀害,他认为人与动物的灵魂可以互相转化,灵魂是不朽的。他的学员贯彻了不伤害动物和素食的行为规范,被认为是西方最早的动物保护团体。亚里士多德十分重视德性,他认为:"我们探讨德性是什么,不是为了知,而是为了成为善良的人。"[①]"人的善就是合于德性而生成的灵魂的限时活动,如若德性有多种,则须合乎那最美好、最完满的德性,而且在一生中都须合乎德性,一只燕子造不成春天或一个白昼,一天或短时间的德性,不能给人带来至福或幸福。"[②]在亚里士多德时期,"德性即是品质"[③]。德性实际上被用以泛指一切事物的优秀的性质或者品质,它能够提出和保存诸善,在许多事情上带来良好的效果。"人的德性就是使人成为善良,并获得其优秀成果的品质。"[④]

---

① [古希腊]亚里士多德:《亚里士多德全集》(第九卷),颜一译,中国人民大学出版社,1994 年,第 111 页。

② [古希腊]亚里士多德:《政治学》,吴寿彭译,商务印书馆,1983 年,第 70 页。

③ 同上,第 108~110 页。

④ 同上,第 105 页。

4. 人体与天体的和谐

在毕达哥拉斯学派看来,人的生活目的就是遵照宇宙的秩序,宇宙分为大宇宙和小宇宙,天体是大宇宙,人体是小宇宙,认为人的身体和宇宙天体一样,由和谐原则统辖,两者存在和谐共振的关系;天体大宇宙的外在自然的高度和谐,十分有助于克服作为人体小宇宙内在世界的高度不和谐;人体小宇宙内在世界的高度和谐,十分有助于克服天体大宇宙外在自然的不和谐。这种和谐原则使苍穹无限的宇宙星空,处于一种纷繁而不乱、多变而有序的永恒的运动之中,也使人体小宇宙得以在大宇宙中和谐地生存。毕达哥拉斯学派把人体与天体统一在宇宙中。伊壁鸠鲁认为,由于组成人的灵魂的原子具有脱离直线作偏斜运动的倾向,因而人的行为有可能脱离命定的必然性,获得意志和行为的自由。他斥责对神的崇拜和迷信,蔑视命运,强调事在人为。

三、西方古代生态思想的特征

(一)碎片性

碎片化表现为记载资料残缺,生态思想不完整。多数前苏格拉底哲学家创作了标志性的著作,但我们并没有任何一本著作的完整版本。在古希腊最著名的三个哲学家的思想成果记载中,柏拉图、亚里士多德的思想比较集中,著作成果比较可靠,记载比较翔实、准确。苏格拉底的成果相对模糊,没有明确的记录,他的思想主要是通过他的学生柏拉图写的对话篇保留下来。因此,对于苏格拉底和柏拉图的个人思想就难以明确区分。其他早期哲学家、思想家等的成果也是多半残缺、不可靠的。有的人的思想是在其他人的著作里,没有记载自己独立成果的资料;有的人的思想根本没有确切的记录,是依靠传说保留的。如泰勒斯的思想是靠传说而流传下来的。根据柏拉图的叙述,泰勒斯在科学之外,喜欢思考一些更一般性的问题。亚里士多德说他是第一个提出单一的宇宙物质基础的人。据希腊思想家阿波罗多罗斯称,泰勒斯生于公元前624年;希腊历史学家第欧根尼·拉尔修则认为他死在第58届奥林匹亚赛会期间,终年90岁。有关泰勒斯的记载是残缺不全的。希腊后人认为,泰勒斯是希腊科学、数学和哲学的创始人,但是却没有任何可靠的资料证明。西方古代的生态思想的记录或著述更是残缺不全,在分散的著作、相关的论述中呈现出朦胧的生态思想。

(二)例证性

西方古代的生态思想是在哲学家的论证过程中,通过感觉经验中呈现的个例所具有的判决性力量来说明。也就是通过简单举例的方式来证明自己的观点。赫拉克利特提出,万物是在一定尺度上燃烧、在一定尺度上熄灭的火。为了说明万物中每一个物体看似固定的,其实无时无刻不在变化,他举了河流的流动性。河流在不断流动,它看似一条河而实际上每时每刻都在流逝,因此人无法踏入同一条河流。万物变化如同河流,每个瞬间都在流动。阿那克萨哥拉也是依靠经验思维提出种子说,他认为万物都是由不同种类的种子按不同比例混合而成。为了说明他的种子说,他举出这样的例子,吃面包能够使人长肉长头发,原因就在于面包里面有肉种子、头发种子等。毕达哥拉斯和他的学派成员遵守自己的信仰,身体力行地对待动物,实现素食主义的信念。毕达哥拉斯学派强调内部成员以身作则,体现学派的思想灵魂。西方古代的思想家、哲学家在面对未知的知识、宇宙奥秘、神秘的自然的求解过程中,通过举例子和以身作则等方式实现生态思想理念。

(三)学派多种、思想多元

西方古代生态思想是在不断求证、批判、再建的过程中产生的,因此其生态思想的表述是断裂式的,各自为主,自行一派。在古希腊形成了很多的派别,唯物主义派别包括以泰勒斯、阿那克西曼德、阿那克西美尼为代表的米利都学派和以赫拉克利特为代表的爱非斯学派。最早的唯心主义派别包括以毕达哥拉斯为代表的毕达哥拉斯学派和以巴门尼德为代表的爱利亚学派。还有苏格拉底和他的学生柏拉图以及柏拉图的学生亚里士多德,都形成各自的学派体系和自身的思想学说。亚里士多德是古希腊哲学思想的一个集大成者,他对理性的认识、自然界有因果关系的存在、逻辑学的三段论、物理学方面"真空是不能存在的"、伦理学方面的"黄金中庸"、政治制度和政治民主等都有独特的见解和哲理思想。这些对后世的思想发展奠定了基础。每一学派都有自己的思想体系,有自己的门徒或学生和严格的门规。这些学派有自己独特的思想方式、思想观点、教授方式,他们之间经常进行着思想的争论和争辩。众多的学派和差异的思想学说对自然、宇宙、社会伦理、灵魂等形成独立的观念,使得早期的生态思想呈现多样化的特性,这些对西方生态思想的后期发展奠定了基础。

(四)启发性重于内涵性

西方古代生态思想的最大贡献是给后人开启很多思考的领域与问题。西方古代的思想家、哲学家提出的自然认知虽然不成熟甚至是错误的,但是他们探索自然奥秘的精神和敢于猜想的意志却鼓舞着后人不断在他们的基础上前进。泰勒斯第一个提出了宇宙是由什么组成的这个问题,并在回答时不涉及上帝和鬼神。他的答案是:宇宙的基本组成是水,而地球只是浮在浩瀚无边的海洋上的一个浮盘。这个回答在当时是最为合理的猜测了,因为很清楚,至少生命依赖于水。然而问题本身的提出远比回答重要得多,因为它激励了后人继续思考此类问题。阿那克西曼德、阿那克西美尼和赫拉克利特等都来思索这一问题,并提出新的观点,丰富了人们对世界的认知。毕达哥拉斯本人没有留下什么著作,而学派内部的发明创造是秘而不宣的,外人鲜知其详。天体与地球的距离以及运行的周期等大数据与和谐的音乐是合拍的。换句话说,天体运动就是在演奏音乐,有的信徒还牵强附会地说这种音乐只有毕达哥拉斯能听到,一般人是听不到的。17 世纪时天文学家 J.开普勒将这一思想加以发挥,说太空的运动是一部乐曲,它为智力思维所理解,而不为听觉所感知。有趣的是,1979年竟有人用现代电子技术将开普勒的天文数据译成音乐,并弹奏出来,使幻想居然变成了现实。

(五)抽象性

在人类对世界本原的探讨过程中, 抽象思维能力是逐步提高和发展的。泰勒斯的"水"、阿那克西曼德的"无定形者"、阿那克西美尼的"气"、赫拉克利特的"火"、毕达哥拉斯的"数"、巴门尼德的"存在"、德谟克里特的"原子"、柏拉图的"理念"、亚里士多德的"形式"。在古代希腊罗马时期的哲学家的探索中,对未知世界的求证是依靠人们的思维论证来实现的。古代生态思想是对自然、人、社会伦理等的感性认知和经验概括,然后用抽象性思维进行规律性的总结和归纳,抽象性的描述体现了人们的逻辑思维的发展和智力的发展。

(六)实践性

西方古代的哲学家、思想家在提出的思想中经常注重其实践性。这些思想不是单纯的抽象表述,而是与社会现实、政治制度、人的发展行为等有关,提出可以实行的措施和途径。古代生态思想的内容除了通过逻辑思维提出之外,其思想内容本身是具有一定实践价值的,尤其是在社会伦理和人的灵魂方面提出具体的实施途径,因而社会伦理和人的生态理念具有明显的实践价值。毕达哥拉斯学派的灵魂自身达到和谐的渠道是音乐和哲学,音乐通过和谐音调的感染而净化人的灵魂,哲学则通过对数目的和谐思考而净化灵魂。柏拉图认为,人的身体与灵魂是相互的,两者要协调一致,人才能上升到和谐的境界,要实现这种肉体与灵魂的和谐关系,需要通过教育,主要是公平化教育,男女平等教育、全面教育等来实现。亚里士多德是第一个从事广泛经验考察的人。普罗提诺认为"恶"存在于形体世界之中,灵魂要逃离必须离开形体世界,人不能依靠任何激烈的方式使灵魂从恶逃离,最好的办法是虔诚修行,养成德性,达到灵魂净化,使得灵魂回归。

四、西方古代生态思想的评价与启示

(一)评价

西方古代生态思想浓缩在大量的哲学、思想、文化中,这些原始的生态观念对后人研究生态提供了巨大的思想基础。对于发生于人类最初社会中的生态思想要给予客观公允的评价。

第二章 西方古代生态思想:纯朴与本原

1. 构建了西方生态思想的根基

古希腊生态思想产生于西方生态思想的幼年时期，它的所有思想和观念、思维和方法、理念和认知等,为西方生态思想的发展打下基础。文艺复兴时期对古希腊宇宙自然观和人性伦理的复兴，就证明了古希腊生态思想在西方生态思想发展中的基础性。哥白尼、布鲁诺、达尔文等对自然真理的追求不惜以牺牲个人生命为代价，展现了古希腊人探索真理的不屈精神。古希腊生态思想中对自然、宇宙、社会伦理、人性的基础观点,为欧洲复兴提供了丰富的思想来源。西方各种唯物主义和唯心主义、辩证法和形而上学的思想,都是从古希腊哲学思想中发展起来的。毕达哥拉斯学派的数量关系和谐、和谐造就美、和谐事物具有规律性、数量关系先于现实世界等思想对人们认识和了解"和谐之美"提供了重要的思想基础。由德谟克利特、伊壁鸠鲁和卢克莱修发展起来的物质本原论说,为人们摆脱宗教神的思想束缚,探究世界本原提供了重要理论指导;以赫拉克利特和柏拉图、亚里士多德为代表的古希腊辩证法思想,对黑格尔辩证法的形成有深刻的影响;苏格拉底、柏拉图和亚里士多德创立的古代的系统哲学,尽管大多是唯心主义的,但其中包含的理性主义因素,在以后西方的生态哲学和文化的发展中,起过重大的作用。在牛顿经典力学体系的大厦没有造起来之前,整个西方世界都被亚里士多德的物理学统治着。同时古代希腊哲学思想中还出现了诡辩论、怀疑论、神秘主义、相对主义、折中主义及各种颓废没落的人生哲学,影响着以后的各种消极思想,直到 20 世纪,两千多年前的古希腊生态思想,仍旧是西方生态思想不断进行研究的课题。

2. 辩证的思维和方法是西方生态思想发展的有力武器

古希腊生态思想中的辩证思想对西方生态思想的发展具有重要的意义。毕达哥拉斯的天体和谐思想就是典型的辩证思想。毕达哥拉斯提出的天体和谐中的和谐存在于对立中,"第一个数都与奇偶这组对立有关,都是奇偶两个对立面的统一,而奇偶两个对立面的统一就是和谐"①。因此,他的和谐即指奇和偶、有限和无限等对立面的统一状态。每一事物都是数的和谐,数本身又是对立面的统一。毕达哥拉斯哲学明确指出,对立是存在物的始基,如音乐是由不同声音的音符构成的和谐。没有对立也就没有这种和谐的音乐。正如汤姆逊所说,毕达哥拉斯是"将音乐的和谐描写为对立的协调,多的统一,意见冲突者的调和"。显然,毕达哥拉斯学派的和谐又显现为对立面的协调,是包含着原始的"有限者"和"无限者"对立在内的,是由一系列的对立成分和数的和谐所造成的新的和谐。世界万物都包含着对立协调,由一系列的对立成分和数的和谐组成。毕达哥拉斯学派用这种和谐的思维模式认识万物,为人们对美和善的世界的追求提供了具有生态思想的基本思维模式。这对后来的赫拉克利特、柏拉图和新柏拉图学派,特别是普罗提诺的辩证法思想是有一定影响的。

3. 理性和观察的精神推动西方生态思想的发展

古希腊思想家探究的理性和观察的探究方法对西方生态思想的发展起到了重要的推动作用。希腊自然哲学关于宇宙本原的概念后来发展为形而上学的最高原则。在探索决定的过程中,他们使用的不是科学或实验的方法,而是慎思明辨的理性,是直观到宇宙的同一。他们都飞越了经验观察所能指证的范围,但同时不以神话的假设为满足,而要寻求一个真正的同一原理,找出变化的原质。不同于神话那种虚构、传说和笃信地看待和研究世界的方式,用新的理性的眼光看待世界,思考世界的原因和秩序,这标志着人类思想的一大进步。古希腊的哲学家也是自然科学家,他

---

① W.Burkert, *Lore and Science in Ancient Pythagoreansm*, Havard University Press, 1972, p.12.

们用科学的求真精神，既发展了哲学的理性，也推动科学的发展。希腊哲学探讨的一与多的关系、运动与静止的关系、感性与理性的关系等问题，尽管在后来的哲学家那里探讨的方式和形态有所不同，但确是一再探讨的哲学问题。前苏格拉底学派的哲学家拒绝传统的神话对他们周遭所见现象的解释，而赞同更理性的解释。换言之，他们依靠推论和观察来阐明围绕他们周围的真实自然界，而且他们使用合理的论点突出他们的观点来告诉他人。尽管哲学家对关于理性和观察相关重要性尺度有所争论，但两千多年来他们基本上一致使用由前苏格拉底学派最早发明的方法。

（二）启示

特定的历史时代和社会背景使得西方古代生态思想在朦胧中发芽，在探索中发展。从当代人的视角审视西方古代生态思想，摒弃低级，发掘其思想深处的亮光点，为当代人类生态环境问题的解决、生态文明社会的建设提供智力支持和精神动力。

1. 敢于质疑，善于思考

从苏格拉底到柏拉图再到亚里士多德，师徒三代的哲学成就是在学生对老师的学习、尊重、质疑甚至批判的基础上形成的。柏拉图对苏格拉底学派的挑战、亚里士多德对柏拉图思想的挑战和创新，使得古希腊生态思想青出于蓝而胜于蓝。亚里士多德是柏拉图的学生，也是第一个公开批评柏拉图的人。他特别反对的是柏拉图哲学中有关数学的部分，也批评柏拉图的相对论。虽然他同意一个事物的"形式"是亘古不变的，但他认为这个"形式"本身并不存在，而是人们在感受到实物后形成的概念。因此，他认为"形式"其实就是事物本身的特征，这种追求思想、探求真理的精神是后人学习的宝贵经验和财富。人类的思想就是在这种继承、批判、创新的过程中得到不断进步、不断发展的。早期古希腊的唯物主义和唯心主义之间的争辩,推动了新的思想的产生,激发了人类的智慧。

2. 无畏探索,催人奋进

古代人们对世界本原、对人自身、对社会发展等方面的认识都是在空白的基础上开始的,都是零起点、是没有任何经验和样板的。但是古希腊的哲学家、思想家们不畏艰苦、孜孜不倦的求知精神为人类文明的开启创造了众多的第一。正是这种探索精神,经过两千多年辛勤的脑力劳动,终于促进了现代人类社会的发展。泰勒斯提出世界生于水的命题,也就是说,世间万物都有一个统一的来源——水,水是构成和派生万物的根源和始基。今天看来,这种看法无论作为一个科学假说,或者作为一种哲学理论,都是相当粗糙和肤浅的,可在那个时代却是十分大胆且难能可贵的。因为这表明,人们不再仅仅满足于肉体感官所提供的种种具体印象,而是超出了一般科学对各种具体因果关系的探究,开始努力去探寻万事万物背后最终的统一基础,把整个宇宙作为自己研究的对象。其意义在于,使人类认识跨出了关键性的一步,以把握普遍性和必然性为使命的哲学思维真正启动了。这也难怪亚里士多德和后人要把知之不详的泰勒斯尊奉为"哲学之父"了。

3. 理论实践,齐头并举

古希腊思想家的思想是理论与实践的结合,重视理论观念与实际社会的统一。柏拉图是西方客观唯心主义的创始人,他认为世界由"理念世界"和"现象世界"所组成。理念世界是真实的存在,永恒不变的,而人类感官所接触的这个现实世界,只不过是理念世界的微弱的影子,它由现象所组成,而每种现象是因时空等因素而表现出暂时变动等特征。柏拉图认为人的一切知识都是由天赋而来,它以潜在的方式存在于人的灵魂之中。因此,认识不是对世界物质的感受,而是对理念世界的回忆。教学的目的是为了恢复人的固有知识。教学过程即是"回忆"理念的过程。在教学中,柏拉图重视对普遍、一般的认识,特别重视学生思维能力的培养,认为概念、真理是纯思维的产物。同时他又认为学生是通过理念世界在现象世界的影子中才得以回忆起理念世界的,承认感觉在认识中的刺激作用。他特别强调早期教育和环境对儿童的作用。认为在幼年时期儿童所接触的事物对他有着永久的影响,教学过程要通过具体事物的感性启发,引起学生的回忆,经过反省和思维,再现出灵魂中固有的理念知识。

第三章
西方中世纪生态思想:神教与回归

　　西方的中世纪①是一个宗教社会的开始。1世纪中叶在罗马帝国统治下的巴勒斯坦地区形成众多在下层民众中广泛传播的宗教，基督教是其中一个派别。后来经过西亚传入希腊、罗马，并在整个罗马帝国境内传播产生重大的影响。基督教并不是一种单纯的学说，而是一种被压迫者的反抗运动，是人民群众自发创造出来的、自我解救的一种精神理念。"基督"

---

　　① 中世纪(The Middle Age)一词最先是由意大利人文主义史学家比昂多于15世纪提出来的。他把西欧5世纪至15世纪的那一千年叫作中世纪，意为古典文化与文艺复兴这两个文化高峰之间的一段历史时期;17世纪末德国史学家凯列尔在其所著的《世界通史》中，第一次把人类的全部历史划分为古代、中世纪、近代三个时期;到18世纪，"中世纪"一词被欧洲历史学家普遍采用。由于概念不同，对世界中古史的起止年代的认识也不同。国内过去传统上规定上限为476年西罗马帝国灭亡，下限为1640年英国资产阶级革命，这是以革命夺权为标准画线，现多不用。现在教科书定为下限15世纪末地理大发现之前，但上限仍为5世纪。英国剑桥中世纪史对上限介绍了十二种说法，它以284年罗马皇帝戴克里先即位为世界中世纪史的开端，下限采用1453年拜占庭帝国灭亡为界。此说在西方较流行，《欧洲中世纪简史》《世界文明史》《全球通史》等作者在划定时限时，下限都是15世纪，上限则为3世纪至5世纪不等。本书的历史时期采用比较常见的上限，即476年的西罗马帝国灭亡，下限为15世纪。

一词来自希伯来语的"弥赛亚"，意思是"受膏者"，之后成为"救世主"的同义语。早期的基督教集中反映了当时受罗马统治者奴役的被压迫的各族人民的共同心愿，还打破了犹太人的狭隘民族界限，它宣言只要信仰上帝，灵魂就可以得救。因此，基督教成为所有受苦受难者共同寻求灵魂救赎的信仰理念，播散在整个罗马帝国的疆域之内。基督教主要的文献就是《圣经》，包括《旧约》《新约》两部分。今天流传的《圣经》是二者的合体，是在397年迦太基宗教会议审定的。

基督教的产生对罗马帝国的政治生态、社会生态、自然生态等思想产生极大的冲击。由于罗马帝国的残酷统治，使得人们对宇宙本原的探求和对人与自然的关系的探索开始衰落，人们开始运用虚幻的人造之神——上帝（耶稣）来解救人的灵魂，将自身的苦难诉诸上帝，灵魂的救赎依赖于上帝。476年日耳曼人攻占罗马帝国，利用基督天主教开始神权政治的统治。一直到13世纪，整个欧洲处于基督教的神权统治中，神本主义的思想占据着整个社会。查理·哈斯金写道："历史的连续性排除了中世纪与文艺复兴这两个紧接着的历史时期之间有巨大差别的可能性，现代研究表明，中世纪不是曾经被认为的那么黑，也不是那么停滞；文艺复兴不是那么亮丽，也不是那么突然。意大利文艺复兴运动之前，有一个类似的运动，即便它不是那么广传。"[1]

14世纪欧洲的文艺复兴运动开始了一场新文化运动，推动近代资产阶级意识形态和资本主义精神的形成，人们开始回归对人和人的价值的探索。人们的思想开始从神的统治下解放出来，走上人本主义的道路。文艺复兴、启蒙运动、宗教改革等重新点燃人们对自然的本原、人的本性的

---

[1] 《基督教对中世纪欧洲的影响》，https://wenku.baidu.com/view/0e2a662258fb770bf78a556e.html。

探索。中世纪末期,欧洲出现了一些与神权进行抗争的思想家,他们开始重新正视自然的价值、人的价值。古代生态思想对本原、本源的探索在中世纪的 13 世纪之前被上帝取代,走上了神与人的关系的探求,直到文艺复兴运动重新复兴古希腊罗马文化,才回归人和人的价值。

一、西方中世纪生态思想发展的社会基础

(一)基督教神学思想的确立

基督教早期是出现于受压迫、受奴役的社会下层人民的反抗运动,但是运动的发展、规模的扩大不能仅依靠现有人民,它需要宣传、鼓动更多的阶层参与进来,尤其是社会经济地位较高的人加入。罗马帝国境内,不仅穷苦民众对罗马帝国的统治不满,而且社会的中上阶层也存在对社会现状的不满情绪。面对社会的动荡不安不能被改变的情况,他们的悲观、失望、烦恼、厌世、忧虑、恐慌等情绪难以化解。基督教教义中对"千年王国"的描述,对这些中上阶层人来说具有精神解脱的诱惑力;基督教也想吸收这些人,利用他们的知识、金钱、社会地位和影响力来提高基督教的社会地位。于是,基督教信徒的阶层结构发生变化,基督教的性质也发生改变。大约 2 世纪,一大部分社会上层人物皈依基督教并在教会事务中取得主导地位,篡改了基督教教义,编成《圣经·新约》。从此,基督教变成了社会各阶层所接受,甚至更适合有钱有势的人,更符合罗马统治阶级需要的宗教了。311 年,罗马皇帝加列里阿颁布"禁止对基督教迫害"的敕令。313 年罗马皇帝君士坦丁堡一世正式宣布"任何人不论选择任何信仰,都

有充分自由"①。基督教成为罗马的合法宗教,基督徒从被迫害者变为迫害者。392 年罗马皇帝狄奥多西一世宣布基督教成为罗马帝国境内的唯一合法宗教,并成为罗马的国教。基督教的神学思想成为西方思想领域的新价值观念、思维方式的新标杆,从此人们思考问题的立场、态度、方法被基督神化了。

(二)日耳曼人的入侵,西欧文明社会受到双重影响

日耳曼民族的入侵中断了罗马帝国原来的发展流程和社会结构,带来重大的挑战与变化。突出表现为现有文明社会的完全后退。日耳曼人476 年攻占了罗马帝国,各个分支在罗马帝国的废墟上建立了自己的统治,出现了众多的蛮族国家。日耳曼人的征服把古典文明彻底推向黑暗的深渊,使得西欧文明从罗马文明倒退到经济、政治、文化全面落后的时代。罗马时期的城市商业经济被乡村自给自足的农业经济取代,罗马共和国的公共权力政治体制被契约的封建专制制度取代,罗马世俗和高素质的多元文化被宗教和低素质的一元文化取代。这为基督教的神权地位提供了条件,教会得到空前的发展。在整个社会中,教会成为人们生活的全部,人的思想笼罩在神的统治之中。教会神学的万流归宗实际上最终奠定了天主教的神圣地位,形成以罗马教廷为中心的、按照"教级制度"组织起来的权力体系。罗马天主教会是以农业文明为基础的,在天主教的世界里,约 1/3 的土地归天主教会所有,教皇成为最大的土地领主。在西欧社会中,神是万物之源,是永恒的真理、理念的最高的体现者,自然万物被神化,人与自然的关系被人与神的关系取代。日耳曼民族的入侵对西欧社会的整体发展带来

---

① 刘玉安等:《西方政治思想史》,山东大学出版社,2003 年,第 100 页。

历史性的转折:一方面,使得社会的整体发展出现实质性倒退;另一方面,为西欧社会发展注入新鲜的血液,促使欧洲封建制度的建立与发展。

(三)文艺复兴运动,回归人本社会

文艺复兴带来的人文主义思想把人和人的价值重新带回到人们的视野。人文主义者从古希腊罗马的思想中寻找理性的光芒。中世纪的基督教文化将上帝视为万能的主,人变为充满罪恶和卑贱的群体。正如费尔巴哈指出的那样:"为了使上帝成为一切,人就成了无。"①文艺复兴运动将人从无带回来,从虚幻的天堂回到现实的人间,强调人的独立性和价值,在承认人的价值的基础上,人自然也就具有了理性。在人文主义者看来,理性就是人的自然本性,"自然是为能运用理性的生物而创造的。这些生物就是神和人,他们当然是世界上最完美的生物"②。文艺复兴运动肯定了人的价值,重视人性,反对神性,为人们冲破中世纪的专制统治提供了有力武器。

文艺复兴运动倡导的人文主义把人还原到自然的世界里,人应当按照自然指引生活,不应该被超人的力量所约束和支配。人文主义重视知识的力量、歌颂知识的力量,注重用知识开启人的视野、启发人智慧,用知识认识世界、探索自然。达·芬奇指出,人们决不能爱或恨一件事物,除非人们先认识它。拉伯雷主张把人培养成"博学的人""全知全能的人"。③人文主义者在文艺复兴时期开始歌颂爱情和人体之美,以取代基督教文化限制和抑制人的肉体欲望的精神。文艺复兴对爱欲和性感的追求并没有带来

① [德]费尔巴哈:《基督教的本质》,荣震华译,商务印书馆,1984年,第60页。

② 北京大学西语系资料室编:《从文艺复兴到19世纪资产阶级文学家艺术家有关人道主义人性论言论选辑》,商务印书馆,1971年,第44页。

③ 刘玉安等:《西方政治思想史》,山东大学出版社,2003年,第141页。

类似于罗马时期的放纵肉欲的生活,而是通过展露男女裸体的雕塑和绘画的艺术形式来表达对人性的解放。意大利诗人彼特拉克(Petrarch)的《短诗集》中就描述了关于爱情和融入现世的幸福观,它提倡人性反对神性、人道反对神道、人权反对神权,通过对人体的美的追求,摆脱神的控制。

(四)宗教改革,动摇罗马教廷地位

1054 年以希腊语地区为中心的东方教派公开与罗马教廷分裂,成为拜占庭帝国的国教。1095 年至 13 世纪中叶,罗马教廷成为欧洲天主教的最高权力机构,其在欧洲各国内建立了管理体系并获得大量的地产。在商品经济不发达、自然经济占主导地位的封建时期,罗马教会将反对和禁止高利贷作为教会敛财的重要内容,并将教士的说教变成基督教的伦理道德观念。随着商品经济的发展,各国教会利用高利贷发财致富,成为西欧最大的高利贷主。于是,罗马教会成为高利贷交易的特殊利益群体。教廷的腐败使基督教信徒对罗马教皇的信仰产生危机。中世纪后期,罗马教皇为修建神彼得大教堂而敛财激起民愤和抗议,罗马教廷与欧洲各国之间的矛盾进一步激化,教会的腐败使其逐渐失去了在欧洲各国的合法性,一些国家的君主开始反对罗马教廷在宗教事务上的统治,开始寻求自己对宗教的控制权。

在这种情况下,出现了对正统天主教进行改革的新宗教,主要分为三派,即马丁·路德创立的路德派、加尔文创立的加尔文派、德国闵采尔创立的闵采尔派。宗教改革的实质并不是反对宗教本身,而是为了适应资产阶级发展的需要。因此,宗教改革的内容主要体现在三个方面:一是从大一统的天主教改为各民族的自我宗教,罗马教廷不再统治各个国家,各国的教会由各国管理,使得宗教与本民族和本国的需要结合在一起;二是改革

后的教会不再干涉世俗的政权,将教会置于国王的统治之下;三是宗教由集体信仰改为个体信仰,个人对宗教的信仰在本国教会管理范围之内。宗教改革从宗教本身的体制内瓦解了罗马教廷神权政治的根基, 也对基督神权思想给予致命打击。宗教改革的"因信称义""先定论",否定了教皇的绝对权威,使人获得精神上的自由和灵魂得救的自主权。

(五)君主专制权力加强、民族国家兴起

9 世纪以后欧洲的封建"采邑制度"①开始衰落,采邑逐渐变成了世袭领地,到了 11 世纪采邑制基本上已经废止了。一些君主国开始寻求国王超越教皇的权力,削弱教廷对君主国的统治权,意大利的马基雅维利、法国的布丹、英国的菲尔麦等从理论上提出加强君主权力的观点。随着城市商品经济的发展,产生了一批新生的经济利益体,他们和国王结成共同反对教皇的利益同盟,并形成"民族和国家利益至上"的共同思想。1302 年法国国王腓力四世(Philippe Ⅳ)召开法国历史上第一次由三个等级参加的会议,会议赞同国王对教皇博尼法斯八世(Philippe Ⅷ)支配。法国国王的此举不仅得到国民的支持和拥护,也得到英国、德国、意大利人民的默认。1309 年教廷迁往法国的阿维尼翁,出现国王控制教皇的局面。1327 年教廷重回罗马,但是教廷的地位已经下降,王权得到加强。一些新教国家不再承认教皇对世俗国家之间争端的仲裁权。14 世纪至 15 世纪,中世纪后期的欧洲社会出现极大的变动,王权不断得到加强。人们的思想逐渐摆脱教廷控制,向人的世俗社会发展。

---

① 采邑制是西欧封建土地所有制形式之一,中世纪在西欧实施的一种土地占有制度。采邑一词的拉丁文为 beneficium,原意是指西欧中世纪早期国王封赏给臣属终身享有的土地。

二、西方中世纪生态思想的发展阶段

(一)神权控制阶段(5世纪至13世纪)：神本主义的生态思想

基督教早期的生态思想集中体现在以奥古斯丁为代表的新柏拉图主义。在这个思想中，针对人的肉体与灵魂，提出了上帝是世界万物的根源，世间万物是依附上帝的，因此上帝赋予肉体以灵魂，灵魂是独立的，人通过认识上帝，借助信仰而实现。这种神本主义生态思想将上帝和信仰作为认识人的肉体与心灵的根本。在此期间的神学和经院哲学家们用神学的形式把道德思考和伦理学研究从古希腊注重个人德性、人际关系和现实生活方式等方面，引向人和神的关系以及拯救个人的灵魂方面，从而使道德宗教化，伦理神化导致了西方传统的伦理道德思想发展出现历史性转折。

在此阶段，最突出的就是意大利哲学家和神学家托马斯·阿奎那，他被誉为神学界之王，被基督教会奉为圣人。他生活在13世纪，对亚里士多德的哲学进行改造吸收，替代了奥古斯丁哲学作为神学的支柱。他将理性与信仰、君主与上帝、世俗与教会、永恒法与自然法、自然法与人法的关系进行调和与合理安排，神本主义的生态思想向着上帝、人、自然的协调完整发展。他将自然与神结合在一起，倡导自然神学。

第一，他依据亚里士多德的观点提出自然哲学。他用质料与形式的不同结合来说明物体，并分析物体的四种变化，包括位置的变化、数量的变化、性质的变化及本体的变化，也就是物体的生成与毁灭。他认为在变化中保持不变的是原始质料，它使这一个事物与其所演变成的另一个事物之间保持连续性。在说明变化的时空范畴时，他认为，时间是物体运动的尺度,位置是物体静止时的局限。他进一步认为永恒是一种与时间不同的延续,它无始无终,其中也没有事件的时间先后,一切都同时存在。

第二,他主张世界是上帝从虚无中创造出来的,断言世界的创造是有时间开端的;同时,上帝创造了一个等级制的宇宙系:最低层是大地及由水土火气四种元素构成的一切物质,之上是植物、动物和人,再上是天体,再之上就是整个世界所追求的最高目的——"三位一体"的上帝。

第三,他认为人的灵魂是不死的,人的尘世生活的幸福并非最高幸福,最高幸福是对上帝的静观,从而使灵魂得救。对于无法解释灵魂如何进入人体,他只能认为是神从无有中创造的。他从神性出发,认为人的本质是由形式和质料结合而成的肉体和精神的统一体,人除了有理性认识能力以外,还有自我保存、生长欲求和意志活动的能力,而人的行为、活动则有趋乐避苦的自然倾向。但他又认为,人并非神的最高创造物,作为纯粹精神实体的天使才是最高的,构成宇宙间最高的一层。

第四,他认为人的一切德性都是人本性中的自然倾向的表现,这种自然倾向的根源在于上帝赋予人类内心的一种行善避恶的道德自然律,道德就是理性创造物向着上帝的运动,达到与上帝的融合,上帝就是道德价值的标准。他把德性分为实践的、理智的和神性的三种德性,前两种统属于自然的、世俗的道德,后一种属于超自然的、神学的道德。实践的和理智的德性相结合就能使人达到德性的完善。而要达到至善的目的,还必须要有属于神学道德的神性的德性。这种神性的德性就是对上帝的热爱、信仰和服从,它不能靠理性能力获得,而必须依靠上帝的启示和恩典。他指出,自然的道德生活可以使人得到尘世的幸福,但这种幸福是暂时的、虚幻的,只有神性的德性生活,才能使人获得永恒的、真正的幸福,即来世的天国幸福。在他看来,幸福不是美德本身,而是美德的最终报酬,它在本质上是对人类本性能力以外的上帝抱有无限的希望。

第五,承认人有自由意志,但只是在日常生活范围内,而在道德领域的个人意志必须服从上帝规定的道德律,即"上帝法"。他强调,个人必须抛弃尘世的欲望,自甘贫困,寄希望于来世;同样,社会的秩序、人与人的关系,也必须遵循上帝的目的,按照严格的教阶和封建等级阶梯,严格服从封建教会和国家的利益。总的来看,他将人、自然与上帝连接在一起,在基督教教义基础上改造了亚里士多德的伦理学说,从而把奥古斯丁以来的神学伦理思想,发展成为完整的理论体系。

在罗马天主教占据社会思想阵地的同时,从 10 世纪开始到 15 世纪,在欧洲社会中还存在着与国教相对立的学派和思想, 他们的观点更接近人的现实状态, 其生态思想表现在对社会中人拥有的财产与人之间的关系。10 世纪以后,随着基督教会的腐败和资本主义的萌芽,与罗马天主教的官方国教相对立的教派开始出现。12 世纪至 15 世纪的欧洲, 代表市民、平民和农民的各种非官方的"异端"教派思想得到蓬勃发展,他们开始要求将"上帝儿女的平等"推论到现实社会的人与人的平等。11 世纪初流传于意大利北部的所谓纯洁派宣布一切财产为大家共有,提倡公有观念。12 世纪 70 年代,法国里昂的商人彼得·韦尔多创建了富人帮助穷人的"韦尔多学派",要求实行共产主义。1260 年,在下层民众中创建了"使徒兄弟会",提倡教徒之间以兄弟姐妹相称,财产平等,有财产者加入组织后舍弃自己占有的财产交给兄弟们共同使用。12 世纪末在欧洲的纺织工业中心尼德兰产生了"伯歌德派"①,该派主张成员在有生之年可以支配自己的一定数量的私有财产,死后财产全部归集体所有。基督教发展到 15 世

---

① "伯歌德"是从古萨克森语中的"beg"一词演化来的,意为"求乞"。

纪初,波西米亚塔伯尔城产生了"塔伯尔派",宣称建立一个理想社会:人间不再有君主,上帝将亲自担任人类的君主,不再有统治者,政权将交给人民掌握,也不再有臣仆,所有人都是兄弟姐妹。

在基督教多元教派的发展过程中,出现了教徒平等、权力下降的思想,这对神化思想的禁锢是种挑战。尽管这种思想没有成为基督教思想的主流,但对社会思想的进化是有益的。

(二)复兴演进阶段(14世纪至15世纪):人本主义的生态思想

从14世纪开始,意大利地区兴起的文艺复兴运动开始恢复人本意识,去除神的笼罩,将人从虚幻的天国世界恢复到世俗人间,开始注重对人的本身思考,解放人的本性;新的领域成果使人摆脱愚昧,重新认识自然万物,包括人的身体。人从上帝的圣坛上走下来,回归到本身的特性上来,人、自然、社会开始回归到人们的视野。

中世纪末期(14世纪至15世纪),欧洲社会处于大变动时期,教廷实力削弱,王权兴起。中世纪后期,欧洲的城市和工商业再次兴起,市民阶级作为一种新的政治势力开始进入欧洲国家的政治舞台,欧洲社会的政治格局开始发生变化,欧洲进入到从中世纪文明到近代资本主义文明的过渡时期。欧洲发生一系列的政治改革,主要体现在王权得到普遍强化,政治思想开始关注君主专制政体的性质、作用、维持与完善等问题。在这一时期,意大利学者马基雅维利提出权力政治观,法国的让·不丹提出国家主权理论,这些理论思想对教权进行激烈的抨击,为国家从神权的统治下解放出来提供了理论依据。王权兴起、教权衰落,体现了人们对社会现实的理性思考和应答。

由中世纪到近代的过渡期是一个逐渐重视人性、回归人的本体和对宗教改革的时代。人们的思想从空幻的彼岸世界回到了现实的此岸，从清净的僧院走到了纷扰的尘世，从而发展了自然，也发现了人自身。自然的规律、人的身体和感官、宇宙星空等重新成为人们思考和探究的领域。这种意识和精神促使人们在人文和自然两个领域展开积极的研究，并以此为基础形成了人文主义和自然哲学两个重要的思想潮流。14世纪起源于意大利的文艺复兴运动得到快速的发展，15世纪传播到西欧其他国家，这场长达几百年的文艺复兴运动横扫欧洲的神学圣坛，将人文的思想注入社会的哲学、文学、艺术、教育、生活方式等各个领域，产生一大批人文主义者；同时推动一些新学科的发展，如天文学、物理学、建筑学、心理学、医学、生理学、地理学等。

　　人文主义者以研究古代文化和各种哲学流派为开端，提出人是一切研究的对象，发起了维护人的利益的思想文化运动。这场人文主义者发起的文艺复兴运动是以资产阶级人道主义为核心的反封建、反神学的新文化运动。文艺复兴的先驱但丁认为，古希腊、古罗马时期是人性最完善的时代，中世纪压制人是违背自然的，宣称人是高贵的，上帝在造万物之初就赋予人自由意志。意大利诗人彼特拉克提出以人的思想代替神的思想，把人和现实生活放在中心地位，认为人高贵不在人的地位而在人的行为，追求人间幸福和永恒幸福是一致的。乔万尼·薄伽丘主张幸福在人间，在《十日谈》中提出禁欲主义是违背人性和自然规律的，人有权享受爱情和世间幸福。人文主义的主要代表人物还有柏拉图派的希腊人普莱索、贝沙里扬和意大利人M.费奇诺，亚里士多德派的P.彭波那齐等。自然哲学的代表人物主要有库萨的尼古拉、B.特莱西奥和G.布鲁诺。这些自然哲学家在15世纪下半叶兴起的近代自然科学的基础上，用自己的唯物主义反对经院哲学的唯心主义，用经验观察的科学方法反对经院哲学的推演方法，用辩证法的思想反对经院哲学的形而上学。不过对自然的研究往往与魔术、炼金术、占星术等具有虚幻、神秘的事物纠缠在一起,新科学尚未完全获得独立。

文艺复兴期间的天文学、物理学、地理学等科学的发展推动了人们对自然世界的探索,重新理性地认识自然万物,认识人类存在的外部世界,从神化的虚幻中走出来。波兰天文学家哥白尼的《天体运行论》、意大利思想家布鲁诺的《论无限性、宇宙和诸世界》和《论原因、本原和统一》、比利时维萨留斯的《人体结构》、英国解剖学家哈维的《心血运动论》等的著作是那个时代的典型代表成果。他们从宇宙中星体之间的关系、时间与空间的限度、星体的运行规律到人体自身的结构、血液循环、心脏功能等都做出了跨时代的巨大成就,对人类自身生存的外部世界以及人自身的肉体认识都有了重大的历史性突破。

文艺复兴时期对人的理解在文学中强调的是世俗人和宗教人的本我意识,并非是人的无所顾忌的、无所限度的欲望,这里的人是现实世界的活生生的人,有信仰、有思想的欲望有限的人,并非完全脱离宗教、完全远离神的无限放大的人。在某种意义上,文艺复兴时期的文学与中世纪的基督教文化是有着联系的,并非完全的脱离和特立独行。15 世纪的欧洲开始强调理性与秩序,这主要在于君主专制的兴盛将文艺复兴时期以人权反对神权的思想文化运动扩展在政治领域。因此,古典主义文学中对人的理解与王权结合在一起,强调了王权的重要性,尤其是逐渐提倡王权与教权的分离,且王权高于教权,从而将"人与神"逐渐分离开来。古典主义文学通过对王权的歌颂,表现了对"人间上帝"的崇拜,体现了"人"的观念的世俗化,在人间上帝与信仰上帝的选择上,更倾向于前者,从而使古典主义文学中的"人"比人文主义文学中的"人"更疏远了上帝,也更加显得理性与成熟。因此,到 15 世纪,人本主义思想得到极大的推进与发展,人的个体本位的思想得以确立,开始将人的自由意志、利益、欲求等作为人自身考察、思考和判断万物是非的标准和尺度。人的独立性、自主性、尊严与价值等开始作为人们追求的目标。

三、西方中世纪生态思想的主要内容

(一)从信徒一律平等发展到人人平等

　　灵魂的超然、强烈的复仇心理。早期基督教是基于反抗罗马统治者的残酷统治而生的,"是被压迫着的运动:它最初是奴隶、穷人和无产者、被罗马征服或驱散的人们的宗教"①。早期基督教中表现出仇恨、蔑视权贵,主张人人平等,由于不能改变现实,宗教只能对社会权贵诅咒,借助神灵来实现对现实世界的改变。《马可福音》中说:"依靠钱财的人进神的国,是何等的难哪。骆驼穿过针的眼,比财主进神的国,还容易得多呢。"②《路加福音》中说,神将"叫有权柄的失位,叫卑贱的升高,叫饥饿的得饱美食,叫富足的空手回去"③。

　　早期基督教主张改变人人不平等的现实社会, 思想中呈现强烈的人与人的平等思想。基督教宣扬所有的信徒都是兄弟姐妹,都是平等的。《哥林多前书》中提道:"肢体虽多,仍是一个身子,基督也是这样。我们不拘是

---

　　① 《马克思恩格斯全集》(第 22 卷),人民出版社,1964 年,第 525 页。

　　② 《马可福音》第 10 章,第 25 节。转引自刘玉安等:《西方政治思想史》,山东大学出版社,2003 年,第 97 页。

　　③ 《路加福音》第 1 章,第 52~53 节。转引自刘玉安等:《西方政治思想史》,山东大学出版社,2003 年,第 97 页。

犹太人、是都利尼人、是为奴隶的、是为主的,都从一位圣灵受洗,成了一个身体,饮于一位圣灵。"①《加拉太书》中也说:"你们因信基督耶稣,都是神的儿子,你们受洗归入基督的,都是披戴基督了,并不分犹太人、希利尼人、自己的、为奴的,或男或女,因为你们在基督耶稣那里,都成为一了。你们既属于基督,就是亚伯拉罕的后裔,是照着应许承受产业的了。"②基督教成为罗马的国教后,逐渐成为世界性的宗教,其影响范围遍及全球,其神学思想控制了整个社会,改变了对人的现实的权利的要求,将人的社会关系寄托于理想的天国。基督教宣言的人人平等不是在现实世界中而是在天国,"基督徒认为自己是与众不同的人,是新的种族,是真正的以色列人……他们认为自己不再是罗马公民,而是天国耶路撒冷的居民"③。

在中世纪后期,人们开始要求从神的笼罩下脱离出来,还原神职人员的本来身份,从特权的层级上降下来,恢复其人的本原身份。马西略提出神职人员也是人,他们所从事的宗教事务与农夫、商人、工匠等提供物质产品以及士兵和官吏维护国家的和平与秩序是一样的,都是社会分工的不同,他们的工作本身没有高低之分,神职人员不能因为从事的是宗教事务就比其他人更高贵、更有特权。神职人员与国家的其他人员是一样的公民,应与其他公民具有同样的待遇,并且服从国家的法律和政府的命令。在世俗的法律面前,僧侣和神职人员同样要遵纪守法,违反者也要受到世俗法庭的约束。这样,信徒和神职人员在世俗社会中具有同等的身份和地

---

① 《哥林多前书》第12章,第12~13节。转引自刘玉安等:《西方政治思想史》,山东大学出版社,2003年,第97页。

② 《加拉太书》第3章,第26~28节。转引自刘玉安等:《西方政治思想史》,山东大学出版社,2003年,第97页。

③ [美]威利斯顿·沃尔克:《基督教会史》,孙善玲等译,中国社会科学出版社,1991年,第47页。

位,人与人的平等不再因为神的存在而不同。

还原人的真身,去除神化色彩,是生态思想的一个基础。换句话说,就是在人与自然的两个关系对象上还原其本来面目。人是一种相同的生命体,没有高低贵贱之分,人不因身份的不同而不同,在现实的世俗世界里人与人是平等的。基督教通过信徒的平等实现人与人的平等,体现了对人的认识的历史进步性,从而为人与自然关系的判断提供了基本的条件。

(二)神化的社会生态思想

基督教会是宗教信仰者的社会,它之外的世界是罪人的共同体。在社会中,人们寻求的真正的美德要求的是仁慈而不是自傲,在此问题上,基督教的思想胜过古希腊罗马的思想。"奥古斯丁劝告希波的修女们,真正的自豪是从事有道德的工作,建立在对上帝之爱基础上的真正的正直是不同于那些需要人们赞扬的美德。"①奥古斯丁认为的美德包括四个方面,即自我克制、坚韧、正义和审慎。这些美德根据爱来确定,其实现在于来世。奥古斯丁的"上帝之城"提供了关于希望与幸福的度量。

基督教所宣言的美好社会是在天国,是在一个虚幻的世界里,建立的是一个神与人同在的理想国家。在《圣经》中表达的是,作恶的,将扔进"火湖",永远不可再生;为善的,则进入新天新地,即新的"千年王国"。在这个新的"千年王国"中,"神要亲自与他们同住,做他们的神,神要擦去他们的一切眼泪,不再有死亡,也不再有悲哀、哭号、疼痛,因为以前的事,都过去了。坐宝座的说,看哪,我将一切都更新了"②。在这个神化的世界里,没有

---

① [美]肯尼斯·W.汤普森:《国际思想之父》,谢峰译,北京大学出版社,2003年,第53页。
② 《启示录》第21章,第3~4节。转引自刘玉安等:《西方政治思想史》,山东大学出版社,2003年,第98页。

婚姻,没有死亡和买卖,在那个千年王国里,没有任何烦恼、没有任何忧愁,人们在光明中漫步,一切不洁净的有可憎虚慌之事的人都不得进入这个王国。

阿奎那认为,一个社会的幸福和繁荣在于保全它的团结和一致、和平与安宁。世俗社会的成员要实现快乐,就需要一个好的政体,而这个世俗的政体是不能依靠自己的天然德性来达到目的的,这时候必须通过既是人的又是神的君主——耶稣基督来指引人们达到这个目的。为此,他指出人要过有德行的生活,但这不是最终目的,最终目的在于享受上天的快乐。在他看来:"人在尘世的生活之后还另有命运;这就是他在死后所等待的上帝的最后幸福和快乐……人类社会的最终目的不会与个人的最终目的有何不同。因此,社会生活的最终目的将不仅是德风广播,而且还要通过有德行的生活以达到享受上帝的快乐的目的。"①世俗社会要在好的政体的统治下达到幸福繁荣的目的,离不开神的指引。

但丁·阿利盖里是中世纪末期的人文主义思想家,他提出人的幸福有两种目标,即尘世的幸福(第一目标)和永生的幸福(第二目标)。这两种幸福分别有两个目标和两个实现途径。第一目标的实现要靠人的理性,第二目标的实现要靠神的圣灵。由于人的贪欲蒙蔽了世人的双眼,因此,要实现人类幸福的双重目的需要由两个骑手来为世人指引方向,一个是教皇,他引导人类走向永生的幸福;另一个就是帝王,他引导人类走向尘世的幸福。

(三)肉体与灵魂的合一

基督教教义的提倡者奥古斯丁认为,真正的正义存在于天堂之城,人

---

① [意]托马斯·阿奎那:《阿奎那政治著作选》,马清槐译,商务印书馆,1963年,第83~85页。

间之城中的公民必须遵纪守法,但不要求他们放弃自己的信仰。满意自己的微薄财产、家庭、邻居的家境普通人和所受痛苦煎熬、无法满足贪欲而受折磨的人相比会更加幸福。奥古斯丁指出:"具有一般的气质和健康,不比成为卓越人物更好吗……当你成为卓越人物时,你就不能止步不前,并且会感到更痛苦。"①

人文主义者认为,灵魂与肉体是不可分割的,没有离开人的肉体而存在的灵魂;人是有生有死的生物,人的肉体一死,灵魂也就会随之死亡。彼特拉克对此指出:"我不想变成上帝,或者居住在永恒中,或者把天地抱在怀抱里。属于人的那种光荣对我足够了。这是我所祈求的一切,我自己是凡人,我只要求凡人的幸福……一个人可以盼望享受天上的另一种更灿烂的光荣,当我们到达了那里,而不再关怀或愿有地上的光荣时。因此,我想这是符合真实的秩序的,就是凡人先要关怀凡间的事物,而在无常的事情之后,永恒的事物是会继之而来的。"②

四、西方中世纪生态思想的评价

欧洲中世纪的大部分时间是农业社会,封闭、分散、自给自足的"采邑制"农业经济构成了神权政治的经济基础。古希腊罗马时代的商业经济、城邦制度已经被宗教的神权专制取代了。11世纪末期,商业开始在地中海的城市复兴,市民基层、农民、商人等开始形成新的反正统宗教的思想。中世纪可以说是生态思想的冬天, 人们的思想完全被禁锢在神的虚幻世

---

① [美]肯尼斯·W.汤普森:《国际思想之父》,谢峰译,北京大学出版社,2003年,第57页。
② 北京大学西语系资料室编:《从文艺复兴到19世纪资产阶级文学家艺术家有关人道主义人性论言论选辑》,商务印书馆,1971年,第11~12页。

界里,失去了对自然、对人的基本探索。当然,也不能完全否定其存在的历史意义。毕竟,在这个漫长的一千多年的历史长河里,它的承接与续展为下一个历史时期提供了重要的思想基础。始发于14世纪的文艺复兴运动则是一个新的历史发展时代,解放人性、探索自然,将人与自然、人与社会、人与自身的关系开始拉回到生态研究范畴。

(一)生态思想的传承作用不容否定

尽管在这段时期,教廷的黑暗和宗教的神化占据了社会的主流思想和空间,但是其中一些行为却依然保存和延续了一些有益的文化思想,为文艺复兴和新时代的发展提供了必要的基础。美国学者桑戴克就认为:"基督教引起古代文化之衰败者少,而填充古代文化衰败所产生之空隙者多。"[①]在中世纪的基督教依然是官方的意识形态,在社会文化发展和知识传承上发挥着重要作用,基督教中的僧侣们垄断知识教育,使得教会收集和翻译古希腊、古罗马时期的作品,并编写史籍,不仅保存了罗马帝国晚期衰退的拉丁文化传统,还将其中的部分生态理念以特殊的方式传承下来,否则后人是不可能再次领略到古希腊、古罗马生态思想中的精神。中世纪基督教对欧洲各民族的思想、文化、意识影响是深远的,这些民族的许多历史歌谣、神话传说和英雄史诗也都以不同形式与基督教相结合,从而得以保存和流传。从8世纪英格兰的《贝奥武甫》英雄史诗把本氏族社会的命运观与基督教的上帝观相混同,到11世纪法国的《罗兰之歌》英雄史诗对本民族英雄和基督教信仰的颂扬,无不打上基督教的烙印。基督教的神权统治尽管在思想上禁锢了人们对人自身的探求、中断了对人与自

---

① [美]L.桑戴克:《世界文化史》,陈廷璠译,上海文化出版社,1989年,第19页。

然关系的思考，形成了特殊的宗教社会现实，但是基督教中还有一些教派依然在人与自然、人自身的世俗欲求等方面给予关爱。

文艺复兴运动是以恢复希腊罗马古典文化名义向基督教的愚昧神学发起的一场资产阶级思想文化运动，对基督教的神学思想发起挑战，逐渐将人与神分离出来，从神化的人到世俗的人，还原人的生命个体，为生态思想的发展提供必要的条件。文艺复兴时期在文学、医学、美学、物理学、心理学等众多领域开始了对人的不同研究和思考，人们开始从宗教的外衣下慢慢探索人的价值，人开始成为社会关注的中心，人开始作为一个独立的个体、一个具体的存在，不再依附于上帝，不再生活在虚幻世界里。人作为生态思想的关键性对象开始具有独立性、自主性，为进一步发展人与自身、人与人的社会关系、人与自然的关系研究提供了理性逻辑基础。生态思想的精神在以复兴古希腊、古罗马的古典文化名义下得以传承。

（二）人性从压抑到解放，生态思想出现历史性反转

中世纪的基督教在长达近千年的漫长岁月里逐渐将人的本性泯灭，将人与自然的本源联系隔断，将人的现实追求神化和虚幻，从而将人的自身发展、人与自然的关系的生态思想切断，古希腊、古罗马时期的生态思想被虚幻的神化思想取代，生态思想之花在逐渐枯萎、凋谢。神学家把国王的奴役制度看作是上帝对人类犯罪施行的惩罚，人世间的不平等是上帝的安排，人的灵魂只有在上帝那里才能得到救赎，让人鄙视自己，忍受奴役，对压迫逆来顺受。显而易见，这样的思想是对人性的压抑甚至是消灭，但是这种主张却适用于奴隶主，同样也适用于封建主，有利于维护统治。中世纪以后的基督教教义无须经过多少加工改造，就符合封建贵族阶级的要求，使基督教成为统治服务的工具。在日耳曼人建立的国家中，如

西哥特、法兰克、盎克鲁-撒克逊、伦巴德等，先后皈依了西部正统的天主教派，基督教逐渐成为日耳曼王国的依赖对象和统治工具，基督教的教义也成为人的精神枷锁，人性在基督教的神学家和国王统治的合力下被压抑了。

文艺复兴运动宣扬人性反对神性，把人性从宗教的束缚中解放出来，把人们的思想从封建中解放出来，人们开始意识到平等自由是权利，为实现人的平等提供条件。文艺复兴的意义在于发现了人的价值和伟大，肯定了人的价值与创造力，提出将人从神的控制下解放出来，强调人有自由，有权利追求现实的幸福和爱情。文艺复兴运动是一个解放人性，实现人的自然回归的过程。只有人性得以还原，人才能重新回到自然的世界里，生态思想才能重新萌芽，回归到新的发展轨道上来。

(三)生态思想的社会基础从教会社会到世俗社会

任何一种思想的产生都离不开特定的社会基础。有什么样的社会生活就有与之相适应的文化思想。禁欲运动和修道院制度极端地将人的肉体与灵魂对立起来，宗教的极端主张使一切肉体的欲望和感情无情地被摧毁，最可靠的解救方法是隐居或在寺院生活，借以摆脱尘世及其种种诱惑，摒弃一切社会交际和社会责任。这种主张将人的世俗生活无情地埋葬了。中世纪的欧洲社会笼罩在神权统治下的基督教世界中，基督教成为整个社会的中心，教廷是权力中心，教会是建立在一种教义上的社会组织。在基督教信徒的眼中，教会成员是生活在具有相同价值和信念的一个共同体内，他们的地位取决于其宗教信念和生活方式。基督教宣扬的"救世史"被认为是衡量一切有限事物的标尺，从而人与社会的关系问题被人与上帝的关系问题所代替。在基督教主导下的社会中，人是起源于上帝的，人与人之间的关系是因信仰和价值观而形成的，人的个体价值是不存在的，是依赖上帝的。人与自然的天然联系被上帝取代，自然被神化，人要信仰上帝，因而人–自然–社会的生态思想被上帝虚化，教会社会将人从现实生活中脱离出来，变成一种虚幻的思想。

文艺复兴运动则是将人们从神权统治的社会中解放出来，还原到世俗的现实世界中来。在现实世界里，人有自己追求爱情、幸福的自由与权利；人对自然万物的认识也逐渐摆脱神的意志，还原事物的本来面貌。文艺复兴中提倡理性、人性、本性，这些都对基督教的教会世界是一种全新的思想和认识。天文学的发展使得人类对自然界的认识更加科学。生理学和医学的研究开始科学地认识人的身体。人们在文艺复兴运动中的新成果不断地挑战基督教的愚昧，不断与教廷的控制与打压进行抗争，为追求一个新的世俗世界而奋起搏斗。重返世俗社会的路途中充满了荆棘、鲜血，尽管很多人为此牺牲了生命，但是历史进步的车轮是无法阻挡的。

第四章
西方近代生态思想：人性与科技

　　欧洲文艺复兴以及随之而起的启蒙运动为人类开启了一个新的时代。欧洲人从中世纪束缚人性的黑暗中走出来，开始寻求人类自身存在的光明，这道亮光冲击着神权。科技像一把利剑划破了欧洲黑暗的上空，将人类带入到一个新的世界。正如阿伦·布洛克认为的那样："启蒙运动的了不起的发现，是把批判理性应用于权威、传统和习俗时的有效性，不管这权威、传统、习俗是宗教方面的、法律方面的、政府方面的，还是社会习惯方面的。提出问题，要求进行试验，不接受过去一贯所作所为或所说所想的东西，已经成为身份普遍的方法论。"①在这个新世界里，人们打破中世纪的宗教枷锁，对自然、宇宙开始了颠覆式的探索，产生了诸多的新理念、新思维。在这里，资本主义开启了一种新的生产、生活、消费方式，"资本主义被解释为个人大规模的行动，控制着大量资源，由投资、贷款、商业企划、海盗行为与战争，使主持人受到丰润的收获，这是旧事，与人类历史一

---

①　[英]布洛克：《西方人文主义传统》，董乐山译，生活·读书·新知三联书店，1997年，第84页。

样久远。资本主义被视为一种经济系统，以法律上自由的工资收入者的组织为基础。由资本家及其经理人组成，以赚钱为目的，并且使社会上任何一部分都受它的影响，这是现代新现象"①。在人们疯狂地追求人的自由的旅途中，人们失去了方向，陷入另一个极端的深渊，将人从神的奴役下解放出来一跃而起变成了自然的主宰者，征服自然、控制自然，再一次将人与自然的关系推入一个极端。

　　资本主义生产方式在欧洲的确立，标志着西方社会进入近代资本主义社会。从 1566 年开始直到 1609 年，荷兰的尼德兰革命以共和国的独立而结束。1640 年英国资产阶级革命和 1789 年法国大革命促使一个新的时代开始。美国独立革命的胜利更使资本主义的发展进入一个更快更高的阶段。从 17 世纪开始到第一次世界大战结束，西方社会将人的主导性地位无限制地放大，并将人与自然进行分离，使得人类成为自然的主宰者。人与自然的关系出现严重的分离。在这个自然被异化、人类至上，追求利润、资本获利的工业模式下，再加上科技的助推，人与自然的关系被严重分离了，自然和人的生态思想遭到严重的摧残。在近代西方生态思想中，哲学家和科学家将人从神的禁锢和束缚中解救出来，运用理性主义、经验主义、科技主义将人从自然中分离出来，并将人置于自然的主宰地位。近代西方的哲学家、科学家、思想家、资本家、探险家、文学家、政治家等开始了对自然界的穷尽式追寻、开采、思考、掠夺、探求和占有。这样的乾坤转移带来的环境灾难是一发不可收拾的。这种后果在 20 世纪开始连续爆发，并危及人类的生存。资本主义生产方式对自然界的残忍掠夺和无止境的伤害，使一些思想家开始思考非人的世界的存在权利，提出了初级

---

① 黄仁宇：《资本主义与二十一世纪》，生活·读书·新知三联书店，2006 年，第 273~274 页。

的对动植物和生物等权利的思考。

一、西方近代生态思想的社会基础

(一)文艺复兴、宗教改革,奠定了资本主义人文思想的基础

中世纪末期,欧洲处于大变动时期,教廷实力削弱,王权兴起。欧洲的城市和工商业再次兴起, 市民阶级作为一种新的政治势力开始进入欧洲国家的政治舞台,欧洲社会的政治格局开始发生变化。到 16 世纪,欧洲进入从中世纪文明到近代资本主义文明的过渡时期。欧洲发生一系列的政治改革,主要体现在王权得到普遍强化,政治思想开始关注君主专制政体的性质、作用、维持与完善等问题,在这一时期的意大利思想家马基雅维利提出权力政治观、法国的让·不丹提出国家主权理论,这些理论思想对教权进行激烈的抨击,大力提倡主权、君权,是国家从神权的统治下解放出来的理论依据。王权兴起、教权衰落,体现了人们对社会现实的理性思考和应答,为资本主义人文思想的发展奠定了基础。

14 世纪起源于意大利的文艺复兴运动得到快速的发展,15 世纪传播到西欧其他国家,16 世纪达到顶峰。这场长达三百多年的文艺复兴运动横扫欧洲的神学圣坛,将人文的思想注入社会的哲学、文学、艺术、科学、教育、生活方式等各个领域,产生一大批人文主义者。资产阶级思想、资本主义文化开启了寻求人的自我权利模式:自由、平等、博爱。这是资产阶级与封建思想斗争的思想武器,同时也是人的自身发展的要求。人与人的平等、人与人的博爱、人与人的自由,显然是对人的社会存在价值的描述。人在国家中的政治平等权利通过自然权利延伸而来。人文思想成为近代社

会的主流思想文化。

(二)启蒙运动促使资产阶级思想文化的形成

在文艺复兴运动的推动下,自然科学取得很大进展。科学家们揭示了许多自然界的奥秘,天主教会的很多说教不攻自破,人们有了更多的自信。人们要求摆脱专制统治和天主教会压迫的愿望日益强烈,首先在思想领域展开了反对专制统治和天主教会思想束缚的斗争,由此掀起了一场轰轰烈烈的空前的思想解放运动,历史上称之为"启蒙运动"。这里的启蒙运动是特指17世纪至18世纪欧洲资产阶级的民主思想文化运动,主要内容是以自然科学的进步和理性为武器,反抗封建传统思想,特别是反抗封建宗教思想,推崇理性,鼓吹理性至上。作为一场广泛而持久的思想文化运动,启蒙运动涉及哲学、伦理、经济、教育、宗教、文学、艺术、自然科学、政治等各个领域,它从"人的眼光出发",以理性、自然法、自然权利、社会契约论等为武器,向封建的宗教思想、封建专制制度发起猛烈的进攻。法国启蒙思想家从天赋人权出发,特别是鼓吹人人生而自由、平等的主张达到家喻户晓的程度,代表人物有孟德斯鸠、伏尔泰、狄德罗、卢梭等思想家。1776年的美国《独立宣言》承认了这一原则:我们认为这些真理是不言而喻的:人人生而平等……1789年法国的《人权宣言》直接宣布:在权利方面,人们生来是而且始终是自由平等的。

这次运动的核心思想是"理性崇拜",它有力地批判了封建专制主义,宗教愚昧及特权主义,宣传了自由、民主和平等的思想,为欧洲资产阶级革命做出了思想准备和舆论宣传。在这次运动中,一批先进的、新兴的思想家对专制制度及其精神堡垒——天主教会展开猛烈抨击,对未来的社会蓝图进行展望和描绘。这场持续近一个世纪的思想解放运动,开启了民智,为欧美革命做出了思想上和理论上的准备;这场运动传播到世界,成为强大的社会思潮,为民族解放斗争做出了贡献。

(三)自然、科学和自然哲学的出现割裂了人与自然的关系

古希腊时期的哲学家将自然置于宇宙之下,对自然的认识是比较淳朴的,具有一定的自然性。但是到了近代,文艺复兴、宗教改革和启蒙运动等一系列思想领域里的冲击,自然界与人类的依存关系开始逐渐走远。莱布尼茨将世界演绎为一个单子与由单子组成的世界,整个自然是一个充实(Plenmu),到处都有单纯实体,它们由于各自的活动而实际上彼此独立,它们不断地改变其关系;每个重要的单纯实体或单子,构成一个复合实体的中心(如动物)和它自己的统一体的原则,它被其他无限众多的单子组成的群(Masse)所围绕,它构成这个中心单子的形体本身,同时按照它的形体的特性,单子像在一个中心那样,表现着外在于它的事物。根据这个原理,世界可以被分解、区别以至于隔离成许多单纯的空间。人在哪里呢?人与自然已经被分别放置于不同的空间之中。不同空间中的人和自然是没有交集的,也是没有关联。人与自然是两个不同的空间里的群体。斯宾诺莎指出:"一切事物不是在自身内,就必定在他物内。一切事物,如果不能通过他物而被认识,就必定通过自身而被认识。""神,或实体,具有无限多的属性,而它的每一个属性各表示其永恒无限的本质,必然存在。"[1]科学的理性将自然界划分为不同的独立的分子、原子、中子,这些不同的单纯实体可以无限地分割下去,发展下去,人们对科学理性的崇拜推延至人的精神领域。莱布尼茨、斯宾诺莎等人提出的科学理性从空间上将

---

① [荷兰]斯宾诺莎:《伦理学》,贺麟译,商务印书馆,2015年,第2页、第9页。

人与自然的关系推远了，将人与自然分割为不同的实体或群体。

（四）资本主义的到来，促使个人利益成为社会主要追求的目标

　　资本的本性决定着早期资本主义国家的对外掠夺和扩张，欧洲国家利用殖民政策开始实施海外的侵略和掠夺。资本主义市场经济的建立，促使世界市场、国际分工的形成，资本家实现全球市场的建立，利用全球资源获取尽可能的利润。资本主义的到来加快了人类对自然破坏的等级和力度，它使全世界的人类形成一个新的欲望同盟，用科技利剑隔断自身与自然的纽带。这种欲望是不计后果的，不可遏制的，这里的后果主要是对自然加以盘剥的后果。"可是那些人类的劣行早已存在，资本主义的兴起，打破国际力量之均衡，于是初期资本主义的国家利用其优势力量，使上述劣行更为彰著。"①

　　资本主义的行径逐渐将人与自然的关系越推越远，资产阶级的个人利益成为整个社会的主要行为指向。"他们的目的主要是自我保全，有时则是为了自己的快乐；在达到这一目的的过程中，彼此都力图摧毁或征服对方。"②达尔文的"自然选择"提出明确的界定。他说："我把这种有利的个体差异和变异的保存，以及那些有害变异的毁灭，叫作'自然选择'或'最适者生存'。无用也无害的变异则不受自然选择的作用，它或者成为彷徨的性状，有如我们在某些多形的物种里所看到的，或者终于成为固定的性状，这是由生物的本性和外界条件来决定的。"③在这里，达尔文对自然选择提供了两种不同的路径：一种是有利的个体，另一种是无用也无害的。

① 黄仁宇：《资本主义与二十一世纪》，生活·读书·新知三联书店，1997年，第493~494页。
② ［英］霍布斯：《利维坦》，黎恩复、黎廷弼译，商务印书馆，2016年，第93页。
③ ［英］达尔文：《物种起源》，周建人等译，商务印书馆，1995年，第95页。

自然选择是有条件的选择，也就是自然选择的是有利的个体，无用也无害的则不被自然选择。为此达尔文进一步解释道："人类只为自己的利益而进行选择，'自然'则只为被她保护的生物本身的利益而进行选择。"①在这里人类与自然的选择差别一目了然：人类的选择是为了人类本身的利益，是从有利于人类自己的立场出发作出的，自然的选择是为了被它保护的生物的利益。这种选择或许可以从各自外作用的性状来解释。正如达尔文所指出的："人类只能作用于外在的和可见的性状：'自然'——如果允许我把自然保存或者适者生存加以拟人化——并不关心外貌，除非这些外貌对于生物是有用的。'自然'能对各种内在器官、各种微细的体质差异以及生命的整个机构发生作用。"②

(五)科技革命和产业革命增强了人类在自然界面前的主导和控制能力

马克思认为，科学技术是"最高意义上的革命力量"。17世纪欧洲的科技革命和产业革命促使人类社会经济获得突飞猛进的发展，生产力水平得到极大提高，社会物质财富在短时间内迅速聚集。人类对科技的应用在自然界面前获得极大的成就感，对自然现象、自然规律、自然环境的认识能力和水平获得极大提高，人类在自然面前的主动性得到明显提升。人类利用技术手段可以较好地主导自身的行为活动，并从自然界获得更多有利的资源。科技成果促使人类的自主意识、自我意识获得发展，促使自然界臣服于人类的主体性，人类主体能力愈完整也就愈发显示出对自然的占有欲和控制欲。

---

① [英]达尔文：《物种起源》，周建人等译，商务印书馆，1995年，第98页。
② 同上，第97~98页。

二、西方近代生态思想的发展阶段

目前关于西方近代史的上限划分是有分歧的，存在四种不同观点：一是以 1492 年地理大发现为起点。此观点来自美国进步历史学家福斯特《美洲政治史纲》这本书中，他认为哥伦布发现新大陆可作为世界近代史的开端。二是以宗教改革和德国农民战争为标志。依据是恩格斯在《社会主义从空想到科学的发展》一书中将宗教改革和德国农民战争称为资产阶级反对封建制度的第一次大起义。三是以意大利文艺复兴时期为界限。依据来自恩格斯在《共产党宣言》1883 年意大利版序言中所说的一句话，即意大利文艺复兴时期的诗人但丁是中世纪最后一位诗人，同时又是新时代的最初一位诗人。四是以 16 世纪尼德兰革命为开端。综上所述，本书认为，作为一种具有某种特质的生态思想是从文艺复兴时期随着人文思想的出现，以及人们对基督教的批判和改革而出现的。15 世纪中期为西方近代思想的开端，也同样是同时期生态思想的开端。因此，西方近代生态思想是从 15 世纪中期开始到 20 世纪第一次世界大战结束初期。分为三个时期：第一个阶段是 15 世纪中期到 16 世纪。近代资本主义思想文化的出现、资本主义生产方式的确立，生态思想中强调自然对人的重要性。第二个阶段是 17 世纪至 18 世纪末。在近代生态思想的中期，资本主义得到进一步发展，出现了对自然科学分门别类的研究，社会政治思想得到极大发展，现实世界成了可以由人类把握的对象，生态思想主要体现在生态思维、生态政治方面。第三个阶段是 19 世纪初到 20 世纪初（1919 年俄国十月革命胜利）。生态思想在人文、政治等领域进入一个相对成熟的时期。

中外生态思想与生态治理新论

(一)西方近代生态思想的科技自然观和人性解放(15世纪中期
　　至16世纪)

　　中世纪后期，西欧社会中开始出现对古希腊罗马人文精神的恢复的运动,史称"文艺复兴"运动。此时的人们思想开始从空幻的彼岸世界回到了现实的此岸世界,从清净的僧院走到了纷扰的尘世,从对上帝的笃信走向人性的回归。文艺复兴运动将人们从神的世界解救出来，重新回到自然,回到人的自身。探索自然宇宙、追求科学知识,要求个性解放,反对宗教桎梏,人们的思想具有了冲破神灵的新精神。对自然和人的研究重新成为人们思考的对象，于是形成了具有人文主义和自然哲学两个既互相联系而又有一定区别的思想领域。这两个领域的各自发展将西方古代的人与自然相联系的思想分割开来,弱化了人与自然的关系,远离了生态的基本层面。

　　人性解放归功于人文主义者的大力追求。人文主义者提倡一切从人的立场和角度出发,探究人的本性、欲望、感情、权利等属人的因子,并将这些纳入到资产阶级文化的核心。人文主义者在这种探究过程中是通过重新挖掘古希腊和古罗马文化哲学等来实现的。他们发起的这场复兴古希腊和古罗马文化的运动实质是一场反对神学理念、反对封建思想的新文化运动。这场运动的主要代表人物有普莱索、贝沙里扬、M.费奇诺和P.彭波那齐等。他们以古希腊和古罗马文化思想为武器,对宗教的神展开猛烈的批判,大力宣扬人性的价值和意义,推动社会的人性化发展。科学自然观的产生得益于15世纪下半叶兴起的自然科学。自然科学的发展推动了一批自然哲学家和自然科学家的产生。自然哲学家运用经验观察自然界和宇宙万物,进行辩证思考,摒弃了宗教僧侣的经院探究方法和唯心理念,崇尚唯物的研究方法和哲学基础,形成了朦胧的科学意识。尽管如此,此时的科学自然观并没有完全脱离与魔术、炼金术、占星术等的联系,在科学自然观上还保留着一些神秘的意识。主要代表人物有尼古拉、B.特莱西奥和 G.布鲁诺等。

16 世纪的欧洲,人们的哲学思想和研究方法逐渐呈现出人性的、辩证的和唯物的等明显的一面,为近代资产阶级文化思想的形成提供了一定的基础,自由、个人至上、人本中心主义等思想逐渐形成。

(二)西方近代生态思想在哲学与政治方面获得极大发展(17 世纪至18世纪)

1. 生态哲学思维表现为唯物与唯心、经验与唯理之间的斗争

这个时期,资本主义进一步发展,出现了对自然科学分门别类的研究,现实世界成了可以由人类把握的对象,这一时期的生态哲学思维主要体现在三个方面。

一是主体与客体的关系、思维与存在的统一问题上。17 世纪至 18 世纪末,是近代生态思想的哲学思维斗争时期。自"文艺复兴"和宗教改革以后,近代自然科学日益脱离神学而繁荣昌盛。1600 年前后的一百年左右,出现了哥白尼、开普勒、伽利略等许多科学伟人。17 世纪是近代自然科学取得辉煌成就的世纪,这时科学的标准不再是古代的柏拉图、亚里士多德学说或基督教的教义,而是自然本身;科学的方法是以观察和实验为基础的归纳法和数学的演绎法。这些推动了人们哲学思维模式的变化,从神灵主导到因果必然,从上帝世界到机械宇宙。

二是哲学认识上的经验与唯理论之争。近代科学的方法肇端于伽利略,他与 F.培根在哲学认识论上表现为经验论与唯理论之争。经验论认为

哲学的研究方法只是以实验、观察为基础的归纳法,知识只限于感官经验中的东西。经验论者轻视或否认超经验的玄学问题。唯理论则依据数学演绎法,认为思维独立于感官经验,思维可以把握超经验的东西。唯理论者注重玄学问题的研究。经验论者和唯理论者从两个相反的角度去求得思维与存在的统一。经验论者重视感觉中个别的东西,重多样性,其思想源于中世纪的唯名论;唯理论者重视思想中普遍的概念,重统一性,其思想源于中世纪的实在论。经验论的代表人物是培根、霍布斯、洛克、巴克莱和休谟,唯理论的代表人物是笛卡尔、斯宾诺莎、莱布尼茨和沃尔夫。

三是有神与无神、唯物与唯心之间的论争。17世纪至18世纪的经验论与唯理论的争论通过唯物主义与唯心主义、无神论与宗教之间的斗争表现出来。到18世纪,法国哲学中才出现公开的唯物主义与无神论。代表性人物有拉美特里公开宣布唯物主义是唯一的真理,狄德罗拒绝承认上帝的存在。他们在关于物质与思维的关系上,明显地倾向于承认物质实体的存在,思维只是物质的属性,相信事物之间的因果必然性,完全排斥偶然性;在人的认识上,完全摆脱神的控制,认为人只是一架机器。因此,他们承认物质、承认人的真实存在,否认上帝、否认神,反对唯心主义的主张。

此期的生态哲学思维是一种二元式的、对立式的思维模式,并不是真正意义上的生态思维,但是对生态思维的确立提供了初期的、朦胧的关系基础。

2. 政治层面的生态思想得到发展

西方近代的生态思想从17世纪开始表现出明显的政治性和哲理性。17世纪的西方社会,资本主义经济、政治、文化等开始得到快速的发展。资本主义生产方式的产生,推动了资本主义国家的建立。资产阶级的政治思想文化得到快速发展。英国的培根、法国的笛卡尔、荷兰的斯宾诺莎等哲学家的思想对政治思想产生重要影响。中世纪以后，西方国家的思想家开始用政治学的语言直接、公开地讨论政治权利问题，进入 17 世纪以后，思想家们在解释国家和法律起源的时候，把当代的自然法和自然权利思想结合在一起。在他们看来，在国家成立之前，人们生活在一种自然状态中，每个人都是自由、平等的，但每个人又是自私的，也是涉及自己利益纠纷的判决者。17 世纪荷兰的格劳秀斯的自然法和社会契约论、斯宾诺莎的自然权利说、社会契约说和思想自由权，英国的霍布斯的人性论、自然状态说、自然法学说和整体理论，洛克的自然状态与自然法、自然社会与政治社会、法治与分权等；18 世纪法国的伏尔泰对封建等级制度的批判思想、孟德斯鸠的社会起源自然说、分权学说，卢梭的平等理论、人民主权思想；美国潘恩的人权理论、代议制理论，杰斐逊的自然权利观、人民主权和人民革命理论，汉密尔顿的人性恶、民主共和、联邦制等思想。他们提出的这些思想和理论中包含了人与人的权利平等思想，表达了国家政治生活中人民所拥有的权利平等观。

(三)西方近代生态思想的文学和政治表达(19 世纪至 20 世纪初)

1. 文学生态思想的发展

资本主义在发展过程中对自然原始风貌的破坏引起文学作家们的纷纷描述，包含着文学生态的思想。1789 年，英国的生态学家、文学家吉尔伯特·怀特的《塞耳彭自然史》一书问世，标志着工业技术革命后世界历史上最早的生态思想的诞生。《塞耳彭自然史》是以书信的方式记录塞耳彭村的鸟兽鱼虫等自然生态变迁的历史，具有极为重要的生态学价值，包括从分类学到生物气候学、季节变化的研究，以及动物行为学。怀特还超出了日常观察和娱乐的层次，把塞尔彭近郊视为一个复杂的处在变换中的统一生态体。之后，一批描述自然环境、乡村景色、动物行为的文学作品开始出现，体现了一些早期的生态文学作家的生态关切。

怀特是一位开创性的纯粹的生态思想家。受到怀特生态思想的影响，19世纪大量欧美生态文学出现，相互影响与共同发展。欧洲的生态思想是美国生态文化思想的基础和源泉，美国生态文学和思想的发展也推动了西方生态思想文化的大发展。19世纪西方近代的生态思想表现出大量的人文生态气息。"事实上，由于怀特及其生态思想的诞生，塞耳彭成了欧美世界生态主义学的圣地，怀特的生态思想则从英国到欧美，乃至整个世界都产生了极其深远的影响。"①

19世纪美国浪漫主义思潮的代表人物梭罗，是一位诗人和生态自然主义者，其生态思想中蕴含着鲜明的浪漫主义特征，主要体现在对动植物生命的看法上。他认为，存在着"超灵"（Oversoul）或神圣的道德力，它渗透于自然的每一事物中。梭罗非常尊重生命的存在，强调不仅要尊重人的生命，而且要尊重动植物的生命。梭罗在《缅因森林》中写道：每种动物都是活的比死的好。凡物，活的总比死的好；人、鹿、松树，莫不如此。梭罗崇拜自然生活，他将对自然环境的关心完全融入他所提出的"好的生活"概念。②从1845年开始，梭罗独自在瓦尔登湖畔的一座小木屋内隐居了整整26个月，他试图站在一个完全客观的位置，远离尘世，从而真实地记录一个远离人类世界的大自然。③梭罗的《瓦尔登湖》《种子的信仰》等著作多以优美的散文体并结合诗歌而著成，表现了他时刻与大自然亲密接触，表现了他对自然的伟大礼赞，更表现了他探索自然中诸多存在现象的内在关联。

---

① 于文杰：《怀特的生态思想》，《学海》，2006年第3期。
②③ 参见于文杰、毛杰：《论西方生态思想的历史演进》，《史学月刊》，2010年第11期。

2. 政治生态思想的发展

19世纪，随着资本主义的发展，政治思想在政治制度确立后的国家社会发展中出现新的发展。法国大革命后，法国的国家政体在社会革命中进行着检验，政治思潮风云突起，法国社会中出现了多样化的社会思想，包括空想社会主义思想。圣西门、傅立叶、孔斯坦、孔德、托克维尔等，他们的政治思想都倡导政治自由、个人自由、自由民主等。19世纪英国工业革命后，休谟的哲学对社会思想产生极大的影响，伯克提出的代议制、边沁的功利主义思想、密尔的自由思想、斯宾塞的社会有机论和个人主义等思想促进政治思想的发展。

三、西方近代生态思想的主要内容

西方近代生态思想从神权控制下将自然、人解放出来，进行反思与思考，开始关注生态问题。在长达四百多年的时间里，西方学者从哲学、文学、政治、科学、天文学、力学、逻辑学等领域纷纷探寻自然界、宇宙和人的奥秘与规律，逐渐产生了生态意识和生态思想。生态思想的火花是微弱的，在人类中心主义思想的巨大威力下，生态思想是非主流的、潜在的、隐形的存在。

（一）重新回归人与自然界的关系

人是自然界的一部分。达尔文指出在人与生物的关系中，在长期的演化也就是进化中，人类已经站在了自然生物的顶端，这是人类这一适者生存的结果，"人是从某种低级形态传下来的，尽管，到目前为止，人和这低级形态之间一些联系的环节还没有被发现,这个断言还是站得住的"①。在人和自然界物种的进化中,达尔文突出强调了人的变异,从而高于其他物种,这使得人类可以继续生存下去。"人的身上容易出现数量上很多而在花样上很繁的种种轻微的变异,而和低于他的各种动物比起来,诱发出这些变异的一般原因和控制这些变异、传递这些变异的一般的法则,都是彼此相同的。"②事实上,"从过去的事实来判断,我们可以稳妥地推想,没有一个现存物种会把它的没有改变的外貌传递到遥远的未来;因为依据一切生物分类的方式看来,每一属的大多数物种以及许多属的一切物种都没有留下后代,而且已经完全灭绝了"③。人的繁殖速度是快的,如果要在自然界继续生存下去,就要参与不断竞争,从而人类作为竞争中的优胜者在自然界中继续繁衍。这样,人类经过竞争而生存下来,为了生存而再次竞争,在这样的循环层级中不断递进不断优越。斯宾诺莎认为,人是自然界的一部分,人同自然界的其他事物一样,不仅具有广延性,而且会思维。人类和自然事物具有一种永恒不变的共同体性,即自我保存、趋利避害。他说:"每个个体应竭力保存其自身,不顾一切,只有自己,这是自然的最高的律法与权利。"④德国古典哲学唯物主义哲学家费尔巴哈认为,自然界是唯一实在的;人是自然的产物,是肉体与灵魂的统一;自然、现实是可以被人认识的,思维是从存在而来,思维可以达到存在。

　　人与自然要和谐相处。最早倡导人与自然和谐共处的是新英格兰作家亨利·戴维·梭罗,他在其 1849 年出版的著作《瓦尔登湖》中,对当时正

---

　　①② [英]达尔文:《人类的由来》,潘光旦、胡寿文译,商务印书馆,1983 年,第 228 页。

　　③ [英]达尔文:《物种起源》,周建人等译,商务印书馆,1995 年,第 556 页。

　　④ [荷兰]斯宾诺莎:《神学政治论》,温锡增译,商务印书馆,1982 年,第 212 页。

在美国兴起的资本主义经济和旧日田园牧歌式生活的远去表示痛心，他对本土生物进行了详细的考察，以艺术的笔调在《瓦尔登湖》一书中表达了人与自然要和谐相处，自然环境对人的生存意义重大。人不仅是自然界的一部分，人的伦理道德还要扩延到自然界和动物身上。达尔文主张扩大人类的伦理关怀，直到将所有的"有感觉的存在物"都纳入到道德共同体中来，并最终实现"对所有生物的无私的爱"。[1]

(二)社会和谐

近代西方的社会生态思想中，出现了关于和谐的认识。莱布尼茨提出了单子这一概念，并指出单子之间存在预定的和谐。克利斯提安·沃尔夫（Christian Wollf）则从人的自身角度出发，提出身体的物质单子与心有预定的和谐，这也是一种二元论的身心平行论。他认为人的心理不是空白的、被动的，而坚信人心有一种主动活动的、富于理性的固有观念。在他看来，一切心理作用都不过是不同程度的理性，感觉是混乱不明的理性，狭义的理性才是明白清晰的理性。

社会生态思想还体现在人的身心方面。斯宾诺莎强调身心平行。他认为："在自然状态下，无所谓人人共同一致承认的善或恶，因为在自然状态下，每个人皆各自寻求自己的利益，只依照自己的意思，纯以自己的利益为前提，去判断什么是善，什么是恶，并且除了服从自己之外，并不受任何法律约束，服从任何人。"[2]斯宾诺莎强调："通过人与人的互相扶助，他们更易各获所需，而且唯有通过人群联合力量才可易于避免随时随地威胁

---

[1]　Roderick F Nash, *The Rights of Nature: A History of Environmental Ethics*, The University of Wisconsin Press, 1996, p.42.

[2]　[荷兰]斯宾诺莎：《神学政治论》，温锡增译，商务印书馆，1982年，第200页。

着人类生存的危难。"①"一种情感只有通过和它相反的,较强的感情才能克服和消灭。"②"只有在社会状态下,善与恶为公共的契约所规定,每个人皆受法律的约束,必须服从政府。"③黑格尔根据具体同一体的思想,认为自由必须与必然相结合,个人必须与社会整体相结合。

国家政治生活中的人与人是平等的。近代的思想家们普遍提倡人与人的平等。英国思想家利尔伯恩认为,生命权、财产权和信仰权、言论自由权是英国人民与生俱来的自然权利,人人都是平等的,任何人无权剥夺、占有他人的自然权利。托马斯·霍布斯指出,在自然状态下,人人都是平等的,"自然使人在身心两方面的能力都十分相等,以致有时候某人的体力虽则显然比另一人强,或者脑力比另一人敏捷;但这一切总加在一起,也不会使人与人之间的差别大到使这人能要求获得人家不能像他一样要求的任何利益"④。霍布斯提出这种平等体现在体力和智力两个方面,"由这种能力上的平等出发,就产生了达到目的的希望的平等"⑤。约翰·洛克通过自然状态的自由、平等、有序的三个特点认为:"极为明显,同种和同等的人们既毫无差别地生来就享有自然的一切同样的有利条件,能够运用相同的身心能力,就应该人人平等。"⑥自然法对人的平等起到支配和教导的作用,因此"人们既然都是平等和独立的,任何人就不得侵害他人的生命、健康、自由和财产"⑦。法国最杰出的启蒙思想家之一伏尔泰认为,人有

① [荷兰]斯宾诺莎:《神学政治论》,温锡增译,商务印书馆,1982年,第195页。
② 同上,第175页。
③ 同上,第200页。
④ [英]霍布斯:《利维坦》,黎思复等译,商务印书馆,2016年,第92页。
⑤ 同上,第93页。
⑥ [英]洛克:《政府论》(下),瞿菊农、叶启芳译,商务印书馆,1964年,第5页。
⑦ 同上,第6页。

三种本性，即自然合群性、自然合理性、自然宗教性，既然自然赋予人们共同的本性、共同的权利，那么人人就是平等的，"平等既是一件最自然不过的事，同时也是最荒诞不经的事"⑤。当然伏尔泰所说的平等指的是政治和法律上的平等。

（三）生态意义的辩证思维：认识的同一

生态思想中有一大部分是来源于哲学思想中的生态思维，人们在哲学思想的思考中开始注重各个部分之间的联系，开始形成辩证思维，在经验论和唯理论中展现了思维的对立统一，思维与存在的一致。

在思维的辩证关系上，J.G.费希特提出了自我与非我的协调统一思想。"自我"不是个人的我，而是普遍的我，是道德的自由的我。"自我"与"非我"二者的统一是一切事物进展的历程。世界上的一切事物不是按因果必然性联系起来的，而是趋向于道德自我，为完成道德自我的目的而存在。他建立了主观唯心主义的思维（自我）与存在（非我）统一说，也就是思维的协调统一。这种思维具有一定的系统统一性，体现了生态寓意。

伊曼努尔·康德用"感性—知性—理性"三个环节构建了他的整个认识论体系的生态思维，他主张知识既要有感觉经验的内容，又要有普遍性、必然性的形式。首先，指出知识的特性，既有感觉经验内容、又有普遍性和必然性的形式，是内容与形式的统一；这是认识的感性环节。其次，知识的形成依靠的是自我的综合作用，通过自我的综合作用将多样性的东西统一起来，形成科学知识；这是认识的知性环节。最后，人心具有理性阶段，能达到无条件的最高统一体，就是认识的理性环节。这三个环节是相互联系、逐级递增的，人的认识在三个不同环节是紧密联系的，从而实现对世界的认识。

F.W.J.谢林创立了自己的同一哲学。他认为自然和精神、存在和思维、客体和主体,表面相反,实则同一,都是同一个"绝对"的发展过程中的不同阶段。"绝对"是浑然一体的"无差别的同一",是万事万物的根源。他认为整个世界的发展过程是正与反的双方对立统一的过程,他还用目的论的发展观代替 17 世纪至 18 世纪的机械观。不过,谢林认为自我意识发展的最高阶段是艺术,而不是费希特所说的道德,只有艺术的直观或称理智的直观,才能把握活生生的、精神性的"绝对同一"。

黑格尔是德国唯心主义哲学家,是马克思主义以前辩证高级形态的最大代表。他第一个系统地、自觉地阐述了辩证法的一般运动形式,这种辩证思维也是对哲学研究思维方法的一种生态意义的思考。黑格尔认为,多样性的东西、彼此分离对立的东西,都不是最真实的,只有普遍性、统一性才是最真实的。不过,这种普遍不是脱离特殊的抽象普遍,而是包含特殊在内的普遍,叫作具体普遍或个体;这种统一不是脱离矛盾、对立的抽象统一,而是包含它们在内的统一,叫作对立统一或具体同一。另一方面,黑格尔认为只有精神性的东西才具有普遍性、统一性,单纯物质性的东西不可能有普遍性、统一性,因而也没有真实的存在。脱离精神无真实性和脱离统一无真实性,这两条原则是紧密结合在一起的,所以最真实的无所不包的整体是"绝对精神",又是对立的统一。黑格尔把"绝对精神"这一最高统一体展开为逻辑、自然、精神三大阶段,从思维到存在又到二者统一的过程,完成了唯心主义的思维与存在同一说。辩证思维发展到一个历史的高度,也更加接近生态思维。

(四)人的本体与意识的生态统一

近代西方哲学中尤其强调人的理性与知性、自我与非我等思想将人自身的不同层面和领域联系起来，形成一个相互影响的统一体。德国古典哲学唯物主义哲学家费尔巴哈以灵魂与肉体相统一的人为出发点，建立了形而上学形态的"人本学"唯物主义和以这种唯物主义为基础的思维与存在同一说，他把人们的注意力从黑格尔等唯心主义者所喧嚷的抽象自我或"绝对精神"中，转移到了有血有肉的人和现实世界中来。西方近代哲学家倡导的人的本体突出了人的肉体的现实存在，同时也强调人的灵魂和精神的存在，这种人的肉与灵的统一认识突破了神学思想的人的肉与灵的分离，是一种关于人的自身认识的生态性进步。

四、西方近代生态思想的评价

西方近代生态思想是西方社会在反对天主教和封建制度的社会背景下产生的，是一个转折性的历史时期。英国、法国的启蒙思想运动和浪漫主义运动促使人和自然从神学思想中解放出来，但开始分离甚至对立，自然成为人的物化世界，人成为世界的主体。但是在政治生活中，资产阶级民主思想开启了生态政治的新发展。自然和人从神的控制下被解放出来体现了生态思想的历史性进步性。

(一)近代生态思想将人从神学思想中解放出来，成为世界的主体

近代生态思想是随着资本主义生产方式的确立、资本主义思想文化的形成而发展的。近代早期的生态思想是以古希腊、古罗马的精神为武器，将人从神学思想中解放出来；18世纪中叶以后，随着资本主义国家的建立，世界市场、国际贸易的发展，资产阶级的政治思想文化占据社会的主导地位，人类中心主义开始确立。

中外生态思想与生态治理新论

"文艺复兴"以后，人权问题固然从神权束缚下解放了出来，但17世纪至18世纪形而上学的、机械论的宇宙观，又把人们的精神束缚于自然界因果必然性之下，个人的自由意志被抹杀了，存在与思维没有得到统一。康德、费希特、谢林、黑格尔等在抽象的哲学范围内，站在唯心主义立场上，再一次为维护人类精神的独立自主而斗争。他们给哲学规定的任务是，在思维第一性的基础上，力求使存在与思维统一起来。他们一致认为，世界的本质是精神性的，精神、自我、主体在他们的哲学中都占中心地位。他们都承认哲学所追求的最高真理是多样性的统一或对立面的统一，统一性更根本；他们都认为唯理论与经验论各有片面性，企图在肯定思想观念更根本的基础上把感性认识和理性认识结合起来，只是结合的方式与程度不同。他们的成就在于认识到了唯理论与经验论都存在片面性，否认神的存在，不承认上帝，还原了人的存在价值。

在中世纪的神权世界里，人类失去了对人性的尊重，失去了对自然本体的认知，虚幻的空灵世界充斥着整个社会。达尔文、布鲁诺、哥白尼、培根等对自然世界的大胆探索和坚持对抗的精神，为人类摆脱宗教的精神枷锁，探寻人性发展提供了重要的启迪和推动作用。费尔巴哈虽然不再把人看作一架机器，但他还是和黑格尔等人一样，离开了人们的物质生产活动和人们之间的物质生产关系来谈人，这样的人是抽象意义的存在。近代社会从基督神权笼罩下解放出来形成了"笛卡尔—牛顿"机械世界观，并形成主导人类社会的"人类中心主义"。"人类中心主义世界观认为，人类是生物圈的中心，具有内在价值，人是价值的来源，一切价值的尺度，是唯一的伦理主体和道德代理人，其道德地位优于其他一切存在实体。"①这一

---

① 胡志红：《西方生态批评史》，人民出版社，2015年，第12页。

观念成为近代西方文化的主流,并主导着人们的思维和行为,对社会发展和自然界带来深刻而长远的影响。

(二)近代西方生态思想将自然界作为人的物化世界

"启蒙运动强调理性,尊重个体,渴望田园;浪漫主义强调与人们生活紧密结合在一起的自然界是人类社会意义和价值的唯一源泉。"[①]近代生态思想在西方唯物主义和唯心主义的争论中,在强大的主客二分的实验科学主导下,在人与自然分离和对立的强大包围下,自然界其他生命存在价值被无视,在极力扩大人的权利和价值的思想空间中,生态思想的火花是微弱的。经验主义、理性主义、体验主义促使学者们开始关注自然界的存在价值和生命意义,在科技至上和资本本性的推动下,他们放大了人的主体性地位,将自然的作用降低到人的客体地位;在物化自然的世界,近代西方生态思想历史上依然有延续古希腊自然生态的思想存在,依然有对自然的关爱和自然界价值的关注。对自然的认识开始了理性与感性、唯心与唯物的辩论。这种论辩的思想使得生态思想开始萌芽,当然这并非完整意义的生态思想。第一次科技革命、第二次科技革命的相继发生,将人与自然的关系进一步疏离。自然界沦为人类征服的对象和活动的外在客体。但是,浪漫主义运动的发展却给人类认识自然环境提供了一个新的方式,对现代环境的保护与治理提供了有益的帮助。

(三)近代生态政治思想的发展具有重要的历史意义

近代史上,资本主义思想家提出了大量的政治制度、政治思想,尤其

---

① 闫水玉、杨会会:《近代美国规划设计中生态思想演进历程探索》,《国际城市规划》,2015年第30期。

是人人平等、自由、人民主权等思想,对以人为对象的问题进行深入研究,将人的政治社会状态进行深入的分析和描述,并且将人的社会权利与自然权利、自然法结合在一起,强调了人的政治权利和法律地位的平等。从社会生态层面上来讲,人与社会政治关系是一个完整的系统,具有社会的进步性。这种社会生态更多的是体现在理论层面,但是现实生活的平等却被排除出去了。这也是资本主义社会中政治生态的阶级局限性的表现。资产阶级的自由思想是以抨击封建君主专制为目的的,它呼吁人民反对君主专制,实现人身自由,权利平等。近代资产阶级思想家大都坚持人生而平等,人在本性上没有差异,尤其是人类在理性上没有差异。但是他们却强调财产私有制,现实生活中并不能实现人的平等。这种思想有着典型的阶级性,反映了资产阶级思想的阶级局限性。

总的来说,近代生态思想是对中世纪神学思想的批判和挑战,但是并没有完全摆脱神学思想的影响,没有完全脱离宗教的思想束缚。近代自然生态表现出极其明显的唯心色彩和崇尚科技的理念,逐渐远离古希腊、古罗马时代的自然生态观。近代生态思想的两面性很突出:一方面是体现了走出中世纪的神学思想的历史进步性,另一方面是在资产阶级的人类中心主义和二元对立思维的影响下,人类与自然的统一性逐渐消失,人在自然界中的主体能动性被无限放大,人类对自然界的伤害越来越严重。

第五章
西方现代生态思想：自省与多元

　　19 世纪中期以后,西方诸多学者开始批判资本主义科技至上造成的环境破坏,批判人类中心主义给自然生物带来的伤害,重拾对自然环境、对动物等的关怀,一大批动物保护主义者、动物学家、生物学家、植物学家、生态学家等纷纷重新思考人与自然环境,人与动植物的关系,重新思考人的价值和人的存在。现代生态思想开始冲破人类中心主义的思想牢笼,站在一个新的生态高度,重新定位人与自然的关系,开启了自然生态的新理念。西方现代生态思想从批判人类中心主义开始,走上保护动物、生物以及关爱生命的生态思想之路。

　　20 世纪的西方社会发生了历史性的变化。一方面,西欧强国建立的殖民主义体系开始解体,大国争霸、帝国主义战争、两次世界大战、民族解放与独立战争等成为国际社会的主要大事,国家之间的关系复杂多变。另一方面,科学技术的发展带给人类的双面作用越来越明显,科技给人类带来巨大物质财富的同时也给人类带来了巨大的创伤。更加突出的是,在西方的工业现代化发展进程中, 自然环境遭受的破坏愈加严重并开始反作用在人类身上。西方工业文明所倡导的科技至上、物质第一、追求利润等的弊端正逐步呈现出来。欧美国家开始出现了反思资本主义工业生产方式的生态马克思主义者,主张发展生态经济、循环经济和建设生态工业区的生态经济学家;出现了倡导保护野生动植物、保护自然环境的环保组织和绿色组织;出现了推动生态环境保护的生态主义运动,反对资本主义制度的生态社会主义和生态资本主义;还有批判资本主义文化与思想的生态人文主义思想家。这些具有生态意义的组织、运动以及生态理念的思想家和学者,在西方的政治文明建设、社会经济发展和人类文明意识等方面发挥着重要作用。"事实证明,从生态思想到权力政治,是 20 世纪生态思想演进的基本特征。"[①]

21 世纪以来,生态批评思想、生态马克思主义、生态女性主义等非主流生态思想对西方现代生态思想带来了新的影响,人们对人的价值和存在的认识上升到普通生命意义的高度,并将人与其依赖的自然界联系在一起进行思考;同时,人类不仅要关注自身的生存,还要关怀动物、植物以及生物等生命有机体的生存。学者们从对人性解放和崇尚科技至上的极端认识中开始觉醒和反思,检查自己思想中的反自然意识,强调将人放置到生态系统的整体中进行考量。为此,不同的学科和不同领域的学者开始运用新的生态思维重新审视人类社会发展的生存空间和人类与外界的关系,形成了多元的思想理论成果。

---

① 于文杰:《现代化进程中的人文主义》,重庆出版社,2006 年,第 285 页。

一、西方现代生态思想产生和发展的基础

(一)生态学的发展

德国动物学家恩斯克·海克尔提出"生态学"这个概念后,丹麦植物学家约翰内斯·尤金纽斯·布洛·瓦尔明于 1909 年出版了《植物生态学》,美国学者保罗·沃伦·泰勒出版了《尊重自然》,美国动物学家和动物生态学家艾利在 1949 年和其他生态学家合编出版了《动物生态学原理》等具有生态思想的著作。布克斯鲍姆、伍德伯里、英国动物生态学家查尔斯·埃尔顿、加拿大著名动物生态学家克雷布斯、英国威尔士生态诗人吉莲·克拉克等学者从不同角度分析了生态的重要性和研究价值。这些对生态方面的研究与探讨,都没有超出海克尔的研究对象与研究范畴。1971 年美国生态学家奥德姆提出生态学是研究生态系统的结构和功能的科学,将生态系统作为生态学的研究对象。在这个概念界定中,奥德姆详细地指出了生态学研究的具体内容,尤其是突出生态系统的能量流动和物质循环,环境与生物之间的相互调节作用。生态学的发展对科技至上、人类中心主义带来了研究视角上和思维方法上的强烈冲击和挑战,人们开始加强对人与自然纳入一个生态系统的新思考。西方生态学发展过程中出现从浅生态学到深生态学的发展,体现了人们对自然生态认识的深化。

(二)生态环境问题的爆发

资本主义生产方式给大自然的原始状态带来严重的破坏,野生动物的生活圈子越来越小,生物多样性越来越受到严峻的挑战。资本主义的工

业化生产引发的生态灾难性事件频频爆发。1930 年 12 月 15 日,比利时发生了严重的生态环境灾难性事件——马斯河谷烟雾事件。从此,国际社会几乎每隔几年就发生一次严重的自然生态灾害性事件。20 世纪 60 年代至 80 年代是严重的自然生态灾难性事件高发期,闻名于世的"世界八大污染事件"更是骇人听闻。20 世纪以来发生的自然生态严重污染事件和自然野生动植物的大量减少以至灭绝再次向人类发出警告:我们生存的环境已经到了自我毁灭的地步,人类正在慢慢自杀。人类生存的生态环境已经到了不能继续为人类提供基本需要的地步了, 如果人类不采取积极的挽救和修复措施,人类的生存将难以为继。生态环境问题已经成为不亚于核恐怖的新生恐怖问题。

(三)环境保护和环境公正运动的发展

工业社会化发展带来的自然环境的破坏、生活环境的恶化逐渐引起社会民众的关注。早期的西方环境保护运动发起于 19 世纪 90 年代。环境保护运动也被称为"绿色运动",具有真正意义的将对环境议题相关的明确表达, 与社会和政治要求相联系的集体公众行动开始于 20 世纪 60 年代。环境运动的展开引导公众开始关注环境议题,并推动环境议题进入国家的政治议题。西方的环境保护运动经历了四个阶段:20 世纪 60 年代的自然保护运动阶段,即精英引导下的绿色意识推动民众保护自然环境;20 世纪 70 年代的环境保护主义阶段,即公众绿色意识推动政府制定环保政策保护环境;20 世纪 80 年代的生态保护主义阶段,即民众广泛参与的抗议环境污染的运动;20 世纪 90 年代以来的多元生态加深保护主义阶段,即思想、文化、实践、政治、社会等多方位的保护环境的运动。整体上,西方的环境保护运动的重点已经从地方污染议题转移到全球环境问题。

1962年蕾切尔·卡逊的《寂静的春天》在美国引起声势浩大的生态运动。环境保护的意识深入人们的思想中。20世纪70年代末80年代初，兴起于美国的草根环境公正运动对主流环境运动发起挑战，推动环境保护运动的深层次发展。该项运动谴责只专注于荒野保护、公地保护、自然资源保护及野生动物保护，而忽视对有色人种、弱势群体的生存条件的关注，呼吁主流环境不能只关注荒野、野生动植物的保护，不能只注重人与自然的形式上的关系，而应回到人与自然的交汇中间地带，回到人类自身充满压迫和不平等的社会环境中来。由此不难判断，环境公正运动将过多注重自然界的保护拉回到人类社会存在的社会环境，回到以人类为导向，关注人类生存的出发点。因此，环境保护运动与环境公正运动的并行发展推动了人们对环境与社会、自然与人类关系的深层思考。

（四）生态意义的文学作品

进入20世纪，生态意义的文学作品开始引起更多的关注。人们通过文学作品获得关于对动植物的关爱，认识到动植物对人的重要价值。E.T.西顿是加拿大著名的博物学家、社会活动家和作家，他研究野生动物的生态，并撰写了大量的野生动物方面的小说[①]，被誉为"动物小说之父"。他敢于向人类沙文主义说不，在文学领域，最早和真正发现了动物生命的尊贵性。在人类满不在乎地杀害动物的时代，他通过自己手中的笔描绘了众多野生动物的生命尊贵。他通过小说告诉人们，动物和人类是一样的，是尊贵的生物，动物的生命值得我们人类深深的敬畏和学习。他的人道主义思

---

① 《狼王洛波》《公鹿的脚印》《灰熊卡普》《银狐托米》《红脖子松鸡》《野猪泡泡》《小战马》《巷子里的野猫》《松鼠银尾巴》《英勇的老鼠》《破耳兔的一家》《"沙漠妖精"迪普》《松鼠历险记》《狼孩儿麦瑞》《与"狼"共车》《印度猴子吉妮》《少年与山猫》《契林戈姆的公牛》《法国狼王科尔坦》。

想广及动物界,富有灵性的动物的生命世界是值得人类敬畏和尊重的。

美国的文学作品主要有:梭罗的随笔《瓦尔登湖》,杰克·伦敦的动物小说《雪虎》和《荒野的呼唤》,库伯的西部小说《猎鹿人》和《拓荒者》,福克纳的小说《去吧,摩西》,玛·金·罗琳斯的小说《一岁的小鹿》(又名《鹿苑长春》),爱德华·艾比的随笔集《孤独的沙漠》等。英国的文学作品有玛丽·雪莱的小说《弗朗肯斯坦》,刘易斯的散文《人之废》等。法国勒克莱齐奥的小说《诉讼笔录》,加里的小说《天根》,图尼埃的小说《礼拜五,或太平洋上的虚无境》等。德国的文学作品有君特·格拉斯的散文《人类的毁灭已经开始》《访谈录:创作与生活》和小说《母老鼠》等。加拿大的文学作品有阿特伍德的文学史专著《生存——加拿大文学主题指南》和小说《羚羊与秧鸡》,莫厄特的小说《鹿之民》和《屠海》等。俄罗斯的文学作品有屠格涅夫的小说《木木》,托尔斯泰的小说《一匹马的故事》,加夫里尔·特罗耶波夫斯基的小说《白比姆黑耳朵》,列昂诺夫的长篇小说《俄罗斯森林》,拉斯普京的小说《告别马焦拉》和《火灾》,艾特玛托夫的小说《白轮船》《花狗崖》和《死刑台》,阿斯塔菲耶夫的小说《鱼王》,瓦西里耶夫的小说《不要射击白天鹅》,还有普里什文的随笔《大自然的日历》等。20世纪以来,西方出现了大量的具有生态蕴意的文学作品,对人们的思想认识带来了新的生态思考。

(五)生态哲学或环境哲学的发展

20世纪70年代,环境运动、保罗·艾利希的《人口炸弹》、戈德史密斯等的《生存的困境》以及罗马俱乐部的《增长的极限》报告等一系列警告人类生存危机的启示录,引发了一些哲学家对环境的焦虑和思考,一个新的哲学领域——环境哲学(又称为生态哲学、生态伦理学、环境伦理学)应运而生。现代西方哲学的发展开始逐渐脱离对人与自然的分离思考,摆脱二元思维、二元论的束缚，从现象、过程等角度思考世界以及物质存在与思维的关系。代表人物有怀特海、利奥波德、施韦兹等。环境哲学的中心主旨在于，认为生态危机本质上是人类中心主义思想观念主导下的文化危机、文明危机，因此必须通过文化的生态变革重新调整人与自然的关系，从根本上缓解或消除危机，主张用生态主义取代人类中心主义。

1967 年美国科学史家林恩·怀特发表《我们生态危机的历史根源》，他指出基督教人类中心主义是导致当今全球生态危机的元凶，摆脱生态危机的策略在于找到新的宗教或反思旧有的宗教，实现基督教绿化。1968 年美国生物学家加勒特·哈丁发表《公有地悲剧》，他认为公有制财产和民主自由是生态危机产生的根源，"主张建立非自由的，甚至是专制集权的生态政治"①。1973 年挪威哲学家 A.奈斯（Arne Naess）发表了《浅层生态运动与深层、长远生态运动：一个概要》一文，推动了环境伦理学的发展，直到 20 世纪 80 年代深层生态学一直是生态哲学中影响最为广泛的一支学派。美国生态学家塞申斯与德韦尔合著的《深层生态学》成为北美最具代表性的深层生态哲学代表作。澳大利亚生态学家福克斯（Warwick Fox）的《超越个体生态学》弥补了奈斯思想体系对个体关注不够的缺陷，从而使得深层生态学成为西方生态伦理学中的重要力量。

此外，20 世纪 70 年代西方社会生态学也得到发展。美国哲学家布克钦主张将古典无政府主义原则应用于生态问题，实现无政府主义与生态主义的结合，建立生态乌托邦，其著作《自由生态学》《我们的合成环境》中包含了其无政府主义与生态主义联系的社会生态理念。美国女性主义批评家罗斯玛丽·雷德福·卢瑟于 1975 年出版的《新女性，新地球》，揭示了

---

① Peter Hay, *Main Currents in Western Environmental Thought*, Indiana University Press, 2002, p.27.

环境退化与性别压迫之间的关联并主张确立女性主义与环境主义之间的联系。1975 年澳大利亚哲学家彼得·辛格出版的《动物解放》,1983 年美国哲学家汤姆·雷根出版了《为动物的权利辩护》,都主张将伦理扩展到保护动物,提出动物权利论,发展了动物伦理学。从 20 世纪 70 年代开始,西方环境伦理、环境哲学得到极大发展,尽管一些观点深奥难懂,普通人难以理解,但是他们赋予了一定的环境价值,让理论融入实践中,以期改变人类中心主义思想主导下的文化现状。

(六)生态批评及其思想的产生与发展

1978 年美国批评家鲁克尔特在《文学与生态学:一次生态批评实践》一文中首次提出"生态批评"这个术语,强调批评家必须具有生态学视野。也有人认为,生态批评是从 1972 年美国比较文学学者约瑟夫·米克在《生存的喜剧:文学生态学研究》中提出"文学生态学"开始的。英国生态学批评开端被认为是 1973 年英国著名文学家批评学家雷蒙德·威廉斯的《乡村与城市》一书的出版。也有人认为,1964 年利奥·马克斯出版的《花园中的机器》是推动美国生态批评的开端。尽管生态批评已经从思想到术语出现在学术思想的交锋中,但是在 1990 年之前,生态批评并没有在学术界引起广泛关注。

进入 20 世纪 90 年代以来,各种生态批评的论著、研讨会等蜂拥而至,出现在国际舞台上,产生了重大影响。在 1991 年美国现代语言学会上,哈罗德·布罗姆发起了"生态批评:文学研究的绿色化"的学术讨论。1992 年美国文学与环境研究会(Association for the Study of Literature and Environment,简称 ASLE)成立。美国文学与环境研究会作为一个国际性生态批评学术组织,每两年举办一次,来自世界各地的学者进行交流与研讨,推动了生态批评思想的深入发展。1993 年,第一家生态批评刊物《文学与环境跨学科研究》出版发行。1995 年哈佛大学教授布伊尔出版的《环境想象:梭罗、自然书写和美国文化的形成》被誉为"生态批评里程碑"的著作。1996 年,第一本生态批评论文集《生态批评读本:文学生态的里程碑》收录了关于生态学、生态批评理论、文学的生态批评和环境文学等论文。1998 年英国出版了理查德·克里治和塞梅尔主编的《书写环境:生态批评和文学》第一本生态批评论文集。1998 年著名批评家默菲主编出版了包含数十个国家生态批评论文的《自然文学:一部国际性的资料汇编》,生态批评走向了全球化和国际化的发展方向。"从八九十年代开始,环境文学和生态批评逐渐成为一种全球性的文学现象。"①进入 21 世纪以后,生态批评发展势头更加猛烈。生态批评新作品源源不断,这些大量的生态批评作品实质就是另一种途径的生态思想, 他们不仅思考人与自然的关系、人与人的关系,还研究人生的真谛和自我修身,从而推动西方现代生态思想向着更加人本化方向发展。

二、西方现代生态思想的发展变化

第一次世界大战结束后,西方世界进入现代社会,人类社会也开始进入一个全球化、国际化的新时代。西方现代生态思想的发展经历了从形而上的人与自然关系的研究,到解决生态危机的现实出路的探讨。生态思想从理论思维的推断到与现实问题的转换, 从抽象的思维层面发展为实践存在的探究,从单一领域的研究和思考到多领域的交织和批判。现代生态

---

①　胡志红:《西方生态批判研究》,中国社会科学出版社,2006 年,第 11 页。

中外生态思想与生态治理新论

思想开始反思近代生态思想中的问题,对崇尚科技、人类至上的极端思想进行反省,重新研判人类与自然的关系。进入 20 世纪 50 年代以来,西方现代生态思想从对自然环境的单一关切的表达,发展到深入政治权力、政府政策、环保行为等实践层面,出现了各种领域的生态交锋和交织发展,使得生态思想出现多元化的发展成果。

(一)20 世纪初到 50 年代,生态思想意识的酝酿

对动物伦理的关注是现代生态学家们的主要内容。进入 20 世纪以后,越来越多的学者分别从不同的领域加深了对自然存在的价值、人与自然的依存关系和生命的关切。大地、河流、湖泊、森林、物种等被纳入人的伦理关怀的视野。美国著名的生态学家和环境保护主义者利奥波德提出了早期的生态思想,他的"土地道德"(被誉为"绿色圣经")意为把人类从以土地征服者自居的角色,变成这个"共同体"中平等的一员和公民。大地不是僵死的,而是一个有生命力的活生生的存在物,它不仅包括土壤,还包括气候、水、动物、植物、微生物、人类。这是一个共同体,每个成员都有它的生存权利。他首次提出"土地共同体"这一概念,认为土地不仅是土壤,它还包括气候、水、植物和动物,还包含人类。这个思想暗含着要对共同体内每个成员的尊敬,也包括对这个共同体本身的尊敬,因此任何对土地的掠夺性行为都将带来灾难性的后果。人类应当改变他在大地共同体中的征服者地位,不仅尊重他的生物同伴,而且也应该以同样的态度尊重大地共同体。道德规范调节关系范围应扩展:人与人、人与社会、人与大地(自然界)。利奥波德的"土地道德"学说,第一次把人与自然的关系和生态学思想引入伦理学领域。尽管在当时没有引起社会的注意,但是其蕴含的生态思想价值值得后人尊敬。

(二)20世纪60年代至70年代，生态思想的社会存在

20世纪60年代，西方现代的生态思想表现在哲学领域、生态学、资本主义经济方式的反思等层面，人们开始从思想哲理、生态系统、资本主义制度引发危机的根源，尤其是对人类中心主义展开强烈的批判和反思。以《寂静的春天》为起始，西方现代生态思想走进了绿色政治时代，即不满足于仅仅对生态环境的人文关怀，而且诉诸群众运动和建立政党政治，试图"通过行动、资源和意识形态结构发展的全部内容作为西方政治话语的部分来建构绿色理想"[1]。1968年4月，在意大利企业家、思想家和经济学家奥莱里欧·佩切依博士的组织下，来自十个国家的不同学科、不同领域的有识之士约三十人建立了一个探讨超越民族国家的界线、超越学科领域和社会意识形态的"无形的学院"——罗马俱乐部。罗马俱乐部成立伊始，便致力于从影响全球发展的五个要素——人口、农业生产、自然资源、工业生产、环境污染来寻求突破并达成共识，并出版了《增长的极限》。以此为起点，欧洲大陆掀起了一场围绕"经济增长是否具有限度"的辩论，这场辩论在罗马俱乐部的推动下很快成为世界历史和社会发展的核心话题。

从20世纪60年代至70年代，西方国家的生态保护运动、生态环保组织等开始把生态环境问题从形而上的思想中解放出来并放置于实践活动中。哲学、生物学、文学、经济学等众多领域的学者开始反思资本主义发展过程中自然与人的关系、生物的存在价值、资本主义经济方式带来的环境问题、生态失衡问题，生态理念开始纳入人们对问题的思考视野中去，并提出具有生态意义的观念和思想。在英、美两国生态意识不断推进的同

---

[1] Brian Doherty, *Ideas and Actions in the Green Movement*, Routledge, 2002, p.222.

时,欧洲大陆也掀起了以罗马俱乐部为代表的关于经济增长是否具有限度等问题的辩论,并很快成为世界历史与社会发展的核心话题。美国学者卡逊的"《寂静的春天》的出版应该恰当地被看成是现代环境运动的肇始"①,1963年法国著名哲学家阿尔伯特·施韦兹(也译为阿尔伯特·史怀泽)《敬畏生命:50年来的基本论述》一书的出版首次提出敬畏生命的原则,用最简洁也最强有力的方式敞开了生态思想的内核,提出生命中心伦理,关注个体生命主体。1973年戴维·辛格被看作当代动物保护运动的核心人物,其著作《动物解放》的出版被认为是动物保护运动的圣经,动物权利主义将权利从人类扩展到动物,提出动物伦理思想。1973年挪威哲学家奈斯提出深层哲学思想。

20世纪70年代生态女性主义开始对西方传统生态思想提出批判。1974年,法国女性主义学家F.奥波尼在《女性主义·毁灭》中首次提出"生态女性主义"这一概念,把生态观点和女性观点结合在一起,揭示了自然和女性之间某种天然的联系,试图号召妇女领导一场生态运动,重新认识人与自然的关系。真正孕育"生态女性主义"这个概念及其基本思想的是奥波尼于70年代早期出版的两本著作:1974年出版的《女权主义或者死去》和1978年出版的《生态女权主义:革命或者转变》。20世纪70年代,奥波尼主要关心的问题是地球和妇女贬值的问题,她号召女性发动一场生态革命来拯救地球,这种生态革命将使两性之间以及人类与非人类的自然之间建立一种新型的关系,将从根本上解决威胁人类生存的两个最主要的问题:人口过剩和资源的毁灭。此后,生态女性主义作为一种思潮在西方得到了迅速发展,在西方国家尤其是在法国、德国、荷兰和美国的

---

① [美]蕾切尔·卡逊:《寂静的春天》,吕瑞兰、李长生译,吉林人民出版社,1997年,第12页。

女权运动和环境运动中越来越受重视，并有相当大的影响。这一理论的主要代表人物有"卡伦·沃伦、瓦尔·普鲁姆伍德、卡洛琳·麦茜特、阿尔·萨勒、范达娜·希瓦、朱迪思·普兰特、罗斯麦里·鲁瑟、内斯特拉·金等人"[①]。

　　生态女性主义分为三个流派，形成不同的主张。自由女性主义提倡在自由、民主社会中，女性应该在法律、政治、教育和经济等领域取得和男性平等的权利，不承认男女之间存在性别差异，认为人都具有同样的理性和人性，女人和男人拥有相同的能力。社会生态女性主义致力于把自然与人性视为社会建构的社会经济分析，他们希望把社会重构成为仁爱的、非中央集权的社区，呼吁推翻市场经济和社会等级制度，使女性在一个超越了公共或私有领域二元对立的非中央集权的社会里成为公共生活和工作职位的自由参与者。激进生态女性主义从女性主义文化和意识出发，对自由生态女性主义和社会生态女性主义的男性中心主义偏见进行了深入的批判，他们承认男女两性的差异，但更多地关注男性和女性的平等问题，强调性别关联的生物学和社会学基础，考察文化和意识的复杂多样性，承认并且公开看待在以男性为主导的社会里男性对于女性的统治。认为人性是建立在人的生物性的基础上的，人的性别既是生物性的又是社会性的；强调对女性的压迫与生态危机之间的联系，认为对女性的压迫与环境退化和当前的发展模式紧密相连。

　　尽管这三个不同流派在男性与女性的性别差异、社会权利、女性在社会经济中的地位以及人与环境关系的认识方面存在差异，但是他们的生态女性主义理论对西方社会生态运动的发展产生了深刻的影响，推动了西方国家女权运动和环境运动的发展。

---

① 葛丽丽：《西方生态女性主义思想解析》，《黑龙江史志》，2008年第4期。

(三)20世纪80年代至90年代,生态思想的多元发展

20世纪80年代生态马克思主义的兴起为西方生态思想带来新的理论气息。生态退化和环境破坏的日益严重,环境运动的不断展开和深入,以及绿色政治的兴起,西方马克思主义在应对环境问题上运用马克思主义理论武器对以"人类中心主义和生态中心主义"为主导的生态思想展开批判,于是产生了生态学马克思主义。20世纪80年代,本·阿格尔明确提出了"生态学马克思主义"的概念,这标志着生态学马克思主义学派的成立。生态学马克思主义采取的是一种适度的人类中心主义观点,即"弱人类中心主义"。"在生态学马克思主义者看来,他们所持有的自然观是一种人本主义的,一种人本学的自然观:这种观念避免任何的反人类主义,也拒绝对自然的崇拜和自然的神秘化;并强调人类的精神性,否认人是一种天生的污染者,人的污染恶习是社会制度的原因;人不同于其他动物,但仍属于自然界"。①

生态学马克思主义的出现推动了生态理念与马克思主义理论的结合,从批判资本主义制度的反生态性出发,寄希望于为资本主义在生态危机的冲击下寻找一条求生之路,同时也再次唤起西方社会对马克思主义理论的高度关注。生态学马克思主义带来了生态思想发展的新高峰。一方面,从生态危机产生的根源及解决的途径上指出必须消灭资本主义制度。生态学马克思主义重新凸显了马克思和恩格斯所谴责的资本主义对土壤与森林的生产率、贫民区、城市环境以及劳动者的工作环境等方面所带来的摧残性的破坏和污染,并对这种情况和事实的资本主义制度根源进行

---

① [英]戴维·佩珀:《生态社会主义:从深生态学到社会正义》,刘颖译,山东大学出版社,2005年,第354页。

了深入的论述，强调生态危机的解决，需要人的解放和人类社会的解放，必须摆脱普遍存在的阶级压迫，因此必须消除人类政治解放运动的最大障碍，即消灭资本主义制度。另一方面，创新和弥补了马克思主义生态思想的时代局限和思想缺位。生态学马克思主义也根据新的时代要求和斗争需要，对马克思主义的某些论点进行了新的解释，力图弥补马克思在生态思想方面的时代局限和思想缺位。他们将生态问题融入整个马克思主义的理论体系，使之成为一切有关资本主义的经济制度、政治制度和社会制度的批判起点，并成为批判逻辑中的核心元素之一。生态学马克思主义将对环境的关注与社会的、政治斗争联系起来，并归因到资本主义制度本身。

20 世纪 80 年代至 90 年代，生态伦理、大地伦理、自然伦理等都得到深入发展。1986 年美国哲学家泰勒的著作《尊重自然界：一种生态伦理的理论》出版，书中提出了"尊重自然的伦理学"，"他提出人类对待自然的四个最基本行为准则：不伤害原则、不干涉原则、忠诚原则、重建正义原则"。[①] 西方生态思想的代表人物是美国的著名环境伦理学家霍尔姆斯·罗尔斯顿。他的生态思想是建立在承认自然具有不依赖于人的价值的观点之上的，主张自然价值，人应当尊重自然。他指出："自然系统的创造性是价值之母，大自然的所有创造物，就它们是自然创造性实现而言，都是有价值的……凡存在自发创造的地方，都存在价值。"[②] 法国学者塞内日·莫斯科维奇《还自然之魅》一书理直气壮地对生命说"是"，要求恢复自然本有的魅力，寻找一条根本性的和解之路。生物圈中所有生物都是平等的，自然生态系统都是有价值的，生态中心主义伦理成为生态思想主流发展的新

---

① ［美］戴斯·贾斯丁：《环境伦理学》，林官明等译，北京大学出版社，2002 年，第 161~167 页。

② ［美］霍尔姆斯·罗尔斯顿：《环境伦理学》，杨通进译，中国社会科学出版社，2000 年，第 269~271 页。

阶段。

(四)21 世纪以来,西方现代生态思想面对的挑战

21 世纪以来,在生态危机的冲击下,西方现代生态思想受到来自内部和外部的各种思想的冲击和挑战。生态中心主义、生态学马克思主义、生态女性主义以及生态批判等使得现代生态思想深入发展。在全球生态危机的影响下,西方生态思想也出现多元化的发展,既有对生命生态认识的不断升级,也有对资本主义本身的思想的批判;西方现代生态思想在各种思想挑战中不断深入发展,逐渐在自然生态、社会生态等方面得到进一步发展。

西方现代生态思想是反对文艺复兴以来形成的人类中心主义和对科技理性权威的挑战中的一种生态性反思,将人类的伦理道德推演到动植物、生物以至生命体,形成伦理道德的扩大;同时对人类中心主义的价值思维进行批判。但是这种生态思想的发展是有片面性和缺陷的。进入 21 世纪以来,随着人们学术思想的国际化、全球化,西方现代生态思想研究的逻辑框架、研究方法、研究对象、基本机制和理论依据等开始发生变化。现代生态思想遇到的挑战主要来自内部与外部。现代生态思想在发展中遇到的内外挑战,环境公正的提出不仅是对发达国家内部不同群体的一种生态公平的体现,从全球层面看也是发展水平不同的国家之间的生态公平的要求。

1. 发展中国家学者的反对与批判

西方国家的生态思想是以保护动物、生物以及生命的存在价值为宗旨的,把动物、生物以及生命体看作生态思想的核心对象。西方国家的这种生态思想是基于发达国家自身的经济社会发展现状提出的,是为了发

达国家民众的生态需要。但是对于广大的发展中国家而言,普通民众的生存需要是第一位的。从全球角度看,发达国家与发展中国家处在不同的生态需要层次上。发达国家经济发展已经实现了现代化,民众生活普遍得到提升,生存问题已经解决,富裕的生活、发达的经济使得发达国家开始注重提升生活品质,将曾经发展中忽视自然价值、自然生态、危害动物的行为进行反思,实施"刹车"和修复活动。与此相比,发展中国家目前的社会发展目标还处在解决国民生活的基本需求上, 发展经济作为国家的首要目标,对动物的保护、自然生态的关注是次要的,甚至是牺牲的。西方发达国家的现代生态思想遭到发展中国家学者的批判和反对。印度生态学家罗摩占陀罗·古哈指出:"尽管深层生态学宣称自己是普遍性的,然而它只是美国意识形态,尤其是荒野保护运动的一个激进分支,如果将其生态实践用于世界范围,将会产生严重的社会后果,尤其对不发达国家贫穷的农业人口更是如此。"[1]在古哈看来:"强调荒野保护的主张用于第三世界肯定是有害的,它实质上是把资源从穷人手里直接转嫁给富人。"[2]古哈认为:"无论在哪个分析层次上,生态危机的根源都不能还原成为'对待自然所采取的更深层次的人类中心主义态度'。"[3]

2. 弱势群体代表的反对与批评

西方现代主流生态思想是基于少数富有阶层的生态需求,理论的出发点和落脚点都是具有严重的缺陷和不足的,因此引起少数人群代表的强烈反对。对于深层生态学关于人与人之间的掠夺性权力关系,有的学者指出:"承诺的深层生态政治只是些空洞的话语、悦耳动听却毫无意义的

---

[1]　胡志红:《西方生态批判史》,人民出版社,2015年,第28页。
[2][3]　同上,第29页。

杂音。"①社会生态学代表布克钦指出,深层生态学走向荒野,崇拜荒野,很少关心人对人的操纵,深层生态学"没有下决心将生态失衡置于社会失衡的背景之中",没有"分析、探究与抨击作为现实的等级制度"。②在生态思想的主流中,女性是一个弱势群体,兴起的生态女性主义对传统的男性社会进行批评。生态女性主义学者珍妮·比尔认为:"人类中心主义概念就存在大问题,因为它认为人类是一个无区别的整体,而没有考虑男人与女人之间、黑人与白人之间以及富人与穷人之间存在的历史与政治的区别。"③他们甚至认为,不仅仅是人而且是男人和大男人主义世界观的至尊地位必须被放弃才能解决环境根源。环境哲学家雷根甚至将利奥波德的整体主义和J.B.科里考特的生态中心主义界定为"环境法西斯主义"④。

弱势群体的生态权益没有得到应有的尊重和保护。环境公正运动是对西方主流环境保护运动的一种批判。环境公正人士站在弱势群体的立场上质疑主流环境运动的主张和实践,谴责他们将注意力专注于荒野保护、公地保护、自然资源保护以及野生动植物保护,却大大忽视了对有色人种、贫穷民众的基本生存条件的主流环境组织和主流环境意识形态。他们呼吁生态思想应该关注如何更好地解决人在自然环境中的基本生存问题,呼吁主流生态思想不应只专注于荒野的保护,不应只从形式上探讨人与自然的关系,没有对充满暴掠、剥削、阶级压迫的现实社会进行实质性的关注。

---

① Peter Hay, *Main Currents in Western Environmental Thought*, Indiana Vinversity Press, 2002, p.68.

②③ Ibid., p.69.

④ Roderick Frazier Nash, *The Rihgts of Nature: A History of Environmental Ethics*, The University of Wisconsin Press, 1989, p.159.

3. 发达国家学者制度视角下的批判

从 20 世纪中期开始，在西方资本主义国家兴起了一批以马克思主义基本理论和批判功能与人类面临的生态危机相结合的一个新生学派——生态学马克思主义（生态社会主义 Eco-socialism）。他们运用马克思主义理论揭露和批判生态危机的根源在于资本主义制度，提出建立一种生态学和社会主义相结合的生态社会主义。

该学派经历了三个阶段：第一阶段是以法兰克福学派前期代表人物霍克海姆、阿多尔诺和马尔库塞等为代表，提出把人同自然的关系及生态问题当作一个主要的理论主题进行研究。第二阶段是以威廉·莱易斯、本·阿格尔和安德列·高兹，以及苏联的一些学者为代表。他们提出了许多新概念，初步拟订了马克思主义生态理论的框架。第三个阶段以乔治·拉比卡、瑞尼尔·格伦德曼、大卫·佩珀等欧洲学者和左翼社会活动家等为代表。20 世纪 90 年代以前的生态学马克思主义者基本追随生态中心主义的观点，强调"自然优先性"。90 年代以来生态学马克思主义者认为，人与自然有共同的自然本质和社会本质。他们运用马克思主义理论从制度上揭露和批判生态危机产生的原因，认为在资本主义制度框架下无法解决生态危机，只有推翻现行的资本主义制度才能从根本上解决生态危机，因此从制度上提出解决危机的方案——建立生态社会主义。他们认为在生态社会主义社会，人类应处于中心位置，自然是人类的可爱家园，人与自然形成一种和谐的关系，生态危机在资本主义制度框架内无法解决，只有推翻资本主义制度建立生态社会主义制度才能为解决生态危机开辟道路。这是符合逻辑和历史发展规律的，而生态学马克思主义抛弃了工人阶级这一主力，用改良的方式来实现社会的彻底变革，如此一来，它的理想注定将只是理想，建立生态社会主义将成为空想。

三、西方现代生态思想的主要内容

(一)从对动植物、生物到生命的生态价值的关注

西方学者对生态思想最直接、最明确的就是动植物学家对动植物的生命伦理关注,呈现一个对象领域扩展的趋势。

1. 动物伦理开启生态伦理思想的阀门

维克多·雨果说过:"在人与动物之间、在鲜花与各种造物之间本来就存在着一种道德关联样式。但是,到目前为止,人们很少为此感到忧虑,不过人们终将明白人类何以需要为自身的道德系统补充内涵。"[1]对动物伦理的关注是现代生态学家们的最初的生态伦理关切。1949年,由普罗米修斯公司出版的美国环境主义者奥尔多·利奥波德的《沙乡年鉴》强调以土地伦理来建立人与自然之间的协作关系和道德规范。利奥波德认为,传统的古典时代的西方伦理主要是人与人之间的道德关系,"摩西十诫等早期伦理规范针对的只是个人之间的关系,之后增加的伦理规范针对的是作为个体的人与社会之间的关系……目前还没有任何伦理规范可以规约人与土地以及人与土地上的动植物的关系。土地就像奥德修斯的女奴一样,只被视为财产……如果我正确地解读了种种迹象,那么把伦理规范扩展到人类环境中的上述第三种要素,在进化上是可能的,在生态上是必要的"[2]。阿尔伯特·施威泽认为,伦理学应当无限地向所有的动物的生命

---

① [澳]查尔斯·伯奇、[美]约翰·柯布:《生命的解放》,邹诗鹏、麻晓晴译,中国科学技术出版社,2015年,第141页。

② [美]奥尔多·利奥波德:《沙乡年鉴》,李静滢译,中国友谊出版公司,2017年,第190页。

及其责任开放。①土地伦理、动植物伦理等成为环境生态伦理的主要构成部分，推动了生态思想的发展。

2. 生物伦理、生命伦理则加深发展了生态伦理的内涵

1986 年罗尔斯顿的《哲学走向荒野》开启了人们的心灵与智慧，让哲学走向田园，到自然深处去寻找生命的价值体系；1988 年的《环境伦理学》出版，重新建立了以自然价值论为核心的生态伦理思想体系。罗尔斯顿把价值当成了事物的某种自然属性，而这种自然的价值属性最重要的特征在于自然的创造性：自然系统的创造性是价值之母，大自然的所有创造物，就它们是自然创造性的实现而言，都是有价值的。②他提出了"系统价值"概念，并以系统价值来分析诸多生态伦理问题。罗尔斯顿认为，生态系统是价值存在的母体，离开了生态系统，有机体就没有生存的条件。然而生态系统的价值并不完全浓缩在个体身上，"它弥漫在整个生态系统中，它不仅仅是部分价值（part-value）的总和，也是一个充满某种创造性的过程"③。罗尔斯顿认为："只要人们意识到自己生活在这个整体的环境中的时候——不管他们是怎样理解他们的文化和人类中心主义式的偏好，以及怎样理解他们对他人或动物和植物个体的义务的——他们就会感到，他们对生物共同体的这种美丽、完整和稳定负有某种义务。"④这种生态价值理念深深地影响了生态伦理的发展，深化了它的内涵。

---

① 参见［澳］查尔斯·伯奇、［美］约翰·柯布：《生命的解放》，中国科学技术出版社，2015 年，第 149 页。

② 参见［美］霍尔姆斯·罗尔斯顿：《哲学走向荒野》，刘耳、叶平译，吉林人民出版社，2000年，第 62 页。

③ ［美］霍尔姆斯·罗尔斯顿：《环境伦理学》，杨通进译，中国社会科学出版社，2000 年，第255 页。

④ 同上，第 256 页。

(二)人类与自然界的关系具有生态意义

1. 自然与人类都属于有机体

怀特海推崇自然机体论，认为万物共生相依。怀特海认为，"自然是'活的'，任何现实实有都是一个有机体。包括人类在内的宇宙万物是大大小小的有机体，宇宙本身就是一个大的有机体"①。怀特海使用了"有机体"这个词，表达了现实实有的状态是一种真实的、动态的、充满生机的存在；他把宇宙万物以及人类都看作是大小不等的有机体，这些有机体都处于活动过程中，表现了一种生生不息的生命力。"他提出，生命是一种吸收自然界物理过程所提供的许多有关材料使之成为一种存在的有机体的复合过程，生命暗含着从这种吸收过程中产生的个体的自我享受，自我享受的每一个别行为都是一个经验机会。每种有机体的生命都是一个自我享受(self-enjoyment)、自我创造(self-creation)的有目的的活动过程"②。在怀特海看来，宇宙中的万物不断生成和转变，不断组合产生新的事物，从而使得宇宙处于动态的生产与转化之中，也就是说宇宙中的一切事物，包括人、动物、植物等都有自己的生成与转变，都是充满生命力的有机体。从这个意义上说，所有事物，包括一个人、一只动物、一块石头、一个原子，都具有这种创造性，都是活生生的机体。

2. 自然与人类是共生的

共生在拉丁语中的原意是"共同生长"。自然与人类都属于有机体，这两个有机体是同生共长的。西方过程哲学的发展对哲学中主体与客体的关系提出了新的认识，突破了传统哲学的主体与客体的绝对对立，二者存

----

①② 刘致捷：《过程哲学中的生态思想探讨》，《开封大学学报》，2016年第9期。

在相互联系与相互作用。"按照过程哲学的思想,在宇宙的发展过程中,每一种事物都是可以被经验的,每个现实际遇都会受到其他现实际遇的经验的影响"。①首先,自然与人类是同生共长的有机体。在自然这个大的机体中,构成它的小机体不能够独立存在,每个小机体都需要与其他机体结伴,它们相互影响、相互作用,只有这样,它们才能够存在下去。其次,人类是生态系统中的一部分。人类、动物、植物以及无机物等各个系统就是紧密联系和相互作用的,它们构成了完整的生态系统。共生中的每种存在物都具有不可替代性。人类并不是唯一的主体,自然界中的万物都是主体,每个主体都没有高于其他主体的特权。最后,宇宙中的存在物不可替代,都会影响也会被影响,构成和谐的宇宙整体世界。自然的整体性是自然界最基本的特征,任何有机体都不可能以独立的状态生存,包括自然这个大的有机体,它也绝不可能以片段的方式存在,自然界中的任何一种事物都不能独立于其他存在物,自然万物和谐共生。过程哲学中的主体和客体不再像传统哲学中的主体和客体那样绝对对立,过程哲学重视关系,推崇那种人与自然平等交流互动的形式。人类从出生到死亡都不能离开自然,所以我们必须认识到自己和自然万物的关系,必须认识到自己与一棵树、一只虫子、一块石头的关系。以过程哲学为基础的建设性后现代哲学呼吁人类培养自己对自然的家园感,努力构建自己与家园中其他物种之间的亲情关系。

3. 人类与自然是统一的

人类与自然的关系问题一直是哲学领域争论的一个重要话题。西方建设性后现代哲学的发展在这个问题上取得了重大的进步。他们从人类的本性和自然的属性两个方面进行分析,提出在自然这个大家园中,不存

---

① 刘致捷:《过程哲学中的生态思想探讨》,《开封大学学报》,2016年第9期。

在谁统治谁的问题。人类的本性应该与自然的属性结合在一起,人应该与自然和谐相处。"建设性后现代哲学反对工业革命初期那种与自然对立、挑战自然的思想,反对那种通过大规模损害其他生物和后代人的利益来获得'进步'的做法"。①建设性后现代主义学者斯普瑞特奈克认为:"人类与自然是无法分割开来的,自然是形成人类肉体本身的基本物质条件。"②这就是说,人类本身就是自然界生成的,人类是自然网的一个组成部分,是宇宙正在展现的过程的一部分。自然环境对经验主体的延续来说非常重要,"任何自然客体如果由于自身的影响破坏了自己的环境,就是自取灭亡"③。所以人类的利益应该融于自然这个整体中,自然的变化对人类具有重要的意义,人与自然的关系应该是一种统一的关系。

过程哲学的自然观认为,自然界中包括人类在内的存在物都是通过相互摄入而共生的。在人与自然的相互作用过程中,"自然界就是我们通过感官在知觉中观察到的东西。在感官的知觉中含有一种自然界不外是感知的显露"④。怀特海反对"自然界的两分法"。他认为,自然界是一个由许多演化过程组成的结构,过程就是实在,自然界中的事件就是自然界中的实在。宇宙是具有整体性、变异性和连续性的,事物之间是相互联系和相互作用的。人与其他生命体一样都依赖自然界,人类应当与其他生命一起共享地球。人类是自然这个有机整体的一部分。

---

① [美]小约翰·柯布、[美]大卫·格里芬:《过程神学》,曲跃厚译,中央编译出版社,1999年,第159页。

② Spretnak C.,*The Resurgence of the Real:Body,Nature,and Place in a Hypermodern World*,Psychology Press,1999,p.16.

③ [英]A.N.怀特海:《科学与近代世界》,何钦译,商务印书馆,1959年,第107页。

④ 张晓洁:《怀特海摄入理论视野下的高校德育教学》,《洛阳师范学院学报》,2011年第10期。

4. 自然与人类具有一样的价值

西方现代环境哲学、伦理哲学的发展将自然放在与人类同等的价值高度看待。他们承认自然界的每一种自然存在物都有自己的主体价值，他们的价值在本质上是相等的，没有高低贵贱之分；也就是每一种存在物都有自己存在的权利，都拥有和其他自然存在物同样的权利，人类也不例外。每种自然存在物都具有它的主体价值，自然本身也具有其内在价值。从这个意义上说，每一种经验主体在本质上都是平等的，没有任何一个物种可以拥有特权，"当我们审视自然并稍加思考其令人惊异的动物享受时，当我们认识到分裂的细胞和每一朵花卉的律动乃是在享受总的效果时，我们关于总体性细节的价值的意义便被我们的意识所理解"①。自然有价值这一思想对生态思想中自然生态环境的思考具有重要意义。

（三）自然生态的生态文学作品的关注

西方现代的欧美国家大量的文学作家从文学的角度表达了对自然生态环境的关怀，对生物生命的关切，将人与生物、人与自然环境的密切关系和相互依存表述的生动而深刻，体现了自然环境、动植物等生物对人类生存的价值和意义，发人深省。在众多的文学作品中，作者们从不同的题材表达了对动物、自然界、人类生存环境的关注和生态情感。美国、英国、法国、德国、俄罗斯等国家的作家分别对动物、自然环境以及人与自然关系表达了生态寓意的关切和怜悯。杰克·伦敦的动物小说《雪虎》、福克纳的小说《去吧，摩西》、罗琳斯的小说《一岁的小鹿》、阿特伍德的小说《羚羊与秧鸡》、君特·格拉斯的小说《母老鼠》、托尔斯泰的小说《一匹马的故

---

① ［美］小约翰·柯布、［美］大卫·格里芬：《过程神学》，曲跃厚译，中央编译出版社，1999年，第160页。

事》、加夫里尔·特罗耶波夫斯基的小说《白比姆黑耳朵》、阿斯塔菲耶夫的
小说《鱼王》、屠格涅夫的小说《木木》、瓦西里耶夫的小说《不要射击白天
鹅》等作品将不同的动物看作主要关注对象,表达了对动物生态生存的忧
虑和关爱。梭罗的随笔《瓦尔登湖》、杰克·伦敦的《荒野的呼唤》、爱德华·
艾比的随笔集《孤独的沙漠》、加里的小说《天根》、莫厄特的小说《屠海》、
列昂诺夫的小说《俄罗斯森林》、普里什文的随笔《大自然的日历》、拉斯普
京的小说《火灾》等作品表达了作家们对大自然生态环境的高度关怀和深
刻的忧思。刘易斯的散文《人之废》、库伯的西部小说《猎鹿人》和《拓荒
者》,米歇尔·图尼埃的小说《礼拜五或太平洋上的灵薄狱》、君特·格拉斯
的散文《人类的毁灭已经开始》、艾特玛托夫的小说《白轮船》等作品突出
了人类生态环境的恶化,表达了深刻的忧虑和警示。这些生态文学作品突
出了对自然生态环境的关注和动物生态生存的关爱, 用文学的方式表达
了人类对生态精神的传递。在现代西方生态思想的发展中,文学作品中的
生态表达更加广泛,对社会的影响力和感染力也比较明显。

(四)人的自由与解放——人的生态思想的发展

在赫伯特·马尔库塞那里,"自然"包含两层含义:一是人自身的自然,
尤其是人的本能和感官;二是外在的自然界。因而自然的解放也必然地包
括两个方面,即人自身的自然的解放(包括人的本能与感官的解放)和外
部自然界的解放(人的生存环境的人道化)。从人自身的自然的解放来看,
人的一切感觉和特性的解放"意味着一种新型的人的诞生,这种人直至他
的本性,直至他的精神都不同于阶级社会的人的主体"[1],建立新的社会主

---

① 许俊达:《评马尔库塞的自然解放论》,《安徽大学学报》,1995 年第 1 期。

义的人与人的关系、人与物的关系以及人与自然的关系。从人身外的自然的解放来看，自然将从盲目性和偶然性中解脱出来，将与社会和平共处。马尔库塞认为，自然的解放对于人的解放具有重要的意义，它不仅可以培养人的新的感受力，可以促成一种新型的人与自然的关系，而且可以推动社会的变革。他说，当前发生的事情是发现自然在反对剥削社会的斗争中是一个同盟者。在剥削社会中，自然受到的侵害加剧了人受到的侵害，反之，自然的力量则增添了人的力量。"自然的解放力量及其在建设一个自由社会时的重要作用的发现将成为推动社会变化的一支新力量，解放自然就意味着使自然成为推进社会变革的原动力，并且自然的解放乃是人的解放的手段。"①

四、西方现代生态思想的评价

西方现代生态思想与近代的生态思想相比表现出明显的特点。一是生态思想理论具有较强的实践价值，用于指导社会活动、国家政策等实践，西方国家的绿色运动、环保组织应运而生，国家政治政策出现绿色取向。二是突破欧洲中心，体现全球性。现代西方生态思想不再局限于古希腊的地中海、经济发达的西欧地带，而是广泛传播在美国、日本、澳大利亚、加拿大等世界各地的发达资本主义国家，现代西方生态思想突破区域性、国别性，越来越具有全球性、国际性。生态思想的影响也越来越广泛。学者们也更多地从全球视角和层面来思考生态问题。三是生态思想涉及的领域广泛、学科交织、载体多样，论争热烈。生态问题已经成为目前世界

---

① ［美］马尔库塞等：《工业社会和新左派》，任立编译，商务印书馆，1982年，第127页。

的热点问题,各个学科领域、不同专家学者都将目光投射到生态维度上,成为一个拥有更大发展空间的新思想。在西方现代生态思想的发展中既有传统"中心主义"思想路线的发展,也有另起炉灶的"反中心主义"批判思想的发展。现代西方生态思想是在质疑"人类中心主义"思想和科技理性权威的时空中产生发展起来的。

(一)生态伦理是西方现代生态思想中的新思想

从哲学形态的角度看,现代西方生态思想形成的道德伦理思想创设了自然价值、自然权利的理论预期,把追求公正作为基本理论,把实行可持续发展作为实践理念,对人与自然的解读形成新的伦理范式。从出发点和终极目标上,生态伦理思想形成两条不同的论说路径:一是以"人类共同利益"来统一自己思想的人类中心论,另一个是以"地球优先"来表达自己的理念诉求的自然中心论。人类中心论只对传统伦理学作延伸和拓展,将人的伦理扩延到动物、生物以至于生命体;自然中心论则力图修正原有的"理论硬核",生命生态成为理论的新核心。创立于20世纪初至中叶,发展于20世纪60年代以后的现代生态伦理思想,是在全球面临生态困境、工业社会的精神失落和绿色环保运动的推动下产生的。在这一社会背景下,进化论和生态学产生发展的科学背景为生态伦理思想的发展提供了重要的科学基础,有机论自然观的主要原则为生态伦理思想的发展提供了哲学机理的思想支撑,西方伦理学的应用性转向为生态伦理思想的构建提供了养分和孕体。西方现代生态伦理思想不论是个体方法研究还是整体方法的研究,逻辑上是想以洁净生产、合理消费和适度人口为其主要规范的,因此自身理论的缺陷在未来应对生态危机的现实挑战中需要进行内部整合,理论境界保持开放性,接受世界上其他的思想与智慧,从实践上到达知行合一。

（二）生态文学是现代生态思想主要载体

大量的西方现代生态思想直接来自文学作品。不论是从历史的渊源，还是现实的发展，文学题材的生态作品承载着西方现代人的生态寄托。西方现代文学以自己特有的形式和风格为人们描述了一幅幅生动而形象的生态缺失画面，这些描述给人以惊醒和警告，充满了人类对自然价值的反思和深思。这些文学作品将人的生存发展和周围的环境纳入一个统一的生态环境中，同生共死，荣辱与共。在一个具有生态寓意的文学作品中，人的行为对周围的动物、植物等带来严重甚至致命的影响，反过来，受到人类影响的动物、植物等构成的自然环境也反作用于人类。作品中展现更多的是一种人与自然环境的相互作用，是一种人与自然的互动关系。这类作品将人类带回到自身的本原环境，强调自然环境对人的重要价值，重视动物、植物等生命体与人类的息息相关，从而突破近代西方社会"人类中心主义"的思想局限，为人类认识自然界提供了新的视野。西方现代文学中呈现的崇尚自然价值、尊重生命平等的思想包含的基本生态理念，将人与自然的关系进行重新定位，推动生态思想的深入发展。

（三）重新定位科学与科技是现代生态思想的新突破

科学和科技在近代西方社会发展中发挥了重要的作用，也被人们看作改造自然、征服自然的有力武器。现代生态思想的发展改变了人们对科技的一些认知和观念，不再将科技看作对待自然的万能武器，不再认为科技在自然面前是绝对的、有益的。现代生态思想使人们认识到，"科学技术不仅是一种新的意识形态,更是一种控制形式"①。科学和科技在自然界的任务、作用发生变化,正像哈杰指出那样:"过去科学的主要任务是为环境的破坏性后果提供证据,而今却日益成为政策决策过程的中心。其中,生态科学尤其是系统生态学开始发挥越来越重要的作用。科学家承担起决定自然所承载的污染等级的任务,科学的发展趋势也从本体论与认识论开始向整体论的生态自然观方向转移。"②现代生态思想对待科学和科技观念的转变为人类认识和利用自然界提供了新的思路和方向,在一定程度上将改变人与自然之间的矛盾和冲突,将人与自然纳入统一的关照范畴和一个整体之中,从而体现了人与自然的和谐统一。

---

① 李富君:《科技异化与自然的解放——马尔库塞的生态思想论析》,《河南师范大学学报》(哲学社会科学版),2009 第 5 期。

② Hajer,Maarten A.,*The Politics of Environmental Discourse, Ecological Modernization and the Policy Process*, Oxford University Press, 1995, p.25.

第六章
马克思主义生态思想：挖掘与探究

马克思主义思想体系中是否包含生态思想？从 20 世纪五六十年代以来，生态环境问题的不断恶化以至于严重国际污染事件的频繁发生再次引起人们关于人与自然关系的深刻反思。西方马克思主义和东方马克思主义重新开始审视和挖掘马克思主义思想体系，从中探究人与自然关系的本质，揭示工业文明时代被割裂和破坏的人与自然的关系，重塑生态文明时代人与自然的和谐统一关系。重读、深挖和再研马克思主义理论经典这一思想宝库无疑具有重要的现实意义和理论指导价值。针对现代工业文明和资本主义生产方式所带来的人与自然关系的破坏和紧张，马克思主义理论中包含的丰富的生态思想为当今的生态危机和发展困境提供了重大的理论启示和思想引导，帮助人们展开生态思想与生态理论的研讨，为开启生态文明新时代提供理论武器。当今世界，对马克思主义生态思想的研究主要集中体现在西方的生态马克思主义学派（又称为生态学马克思主义）和中国学者关于马克思主义生态思想的研究中。这些研究对当代生态思想的发展具有一定贡献，弥补了西方学者生态思想的不足，同时也为中国的生态文明建设提供了有益的理论支持。

　　现有的研究已经证明,马克思和恩格斯的思想体系中包含着丰富的生态思想,对当今世界范围内的生态环境保护运动和全球生态环境治理仍具有重要影响,对社会主义国家的生态文明建设和生态环境治理具有理论指导意义,同时也指导着社会主义国家生态思想的发展。实际上,马克思主义生态思想经历了质疑、挑战,论证与挖掘,并得到认可和发展。

一、关于马克思主义生态思想的挑战与质疑

　　20 世纪 70 年代生态问题作为一个全球性问题,已经引起世界各国和各界人士的高度关注。学术界从不同角度和学科层面对生态问题进行解释和研究,产生了不同的理论主张和观点。生态危机的不断蔓延和日渐严峻,引发人们对马克思主义生态思想的质疑,甚至早期的生态马克思主义学派也否定马克思主义思想中存在生态思想。在对马克思主义生态思想的质疑甚至批判中,有一些人"批评马克思主义生态观实际上是人类中心主义,认为马克思主义根本无视自然存在,也不谈论自然对人类生存的重要性,而且具有强烈的技术控制论的倾向,马克思主张的社会是一种对生态不友善的社会"①。也有人认为马克思本人是反生态的,其思想是完全背离生态主旨的。还有人认为马克思的思想是以牺牲自然为人类社会存

---

　　① 黄瑞祺、黄之栋:《绿色马克思主义》,松慧有限公司,2005 年,第 51~54 页。

在服务为目的的。①总之，这些人将马克思及其思想定格在非生态的位置上。那么为什么会出现这样的认识和观点？具体表现在哪些方面呢？

（一）从时空的错位上，片面认为马克思主义思想中不存在生态思想

一些学者认为，马克思主义思想产生于19世纪，生态环境问题则是发生于20世纪30年代，因此从时间和空间的重合上看，19世纪的马克思恩格斯是不可能把生态问题纳入其思想意识中进行考虑的，马克思主义思想中是不可能关注生态问题的。本·阿格尔对于马克思主义理论中是否存在生态学思想的问题持否定观点，认为马克思主义只有关于资本主义经济危机的理论，没有关于资本主义的生态危机理论。詹姆斯·奥康纳认为："马克思主义并没有扎根于生态学，因为历史唯物主义的传统解释强调的是人类如何改变自然并贬低自然对人类的影响和自然经济的规律。"②泰德·本顿指出："马克思过分强调了劳动在'改造自然'中的作用，忽视了土地和自然的生态学意义，忽视了各种形式的经济生活对自然给定的先决条件的必要依赖，结果马克思同资产阶级学者一样陷入了人类中心主义。"③因此，朱安·马蒂奈兹-阿里尔、吉恩-保罗·德里格、米歇尔·雷德克里福特等人从不同的角度质疑了马克思主义生态思想的存在。

---

① 吴晓明在《马克思主义哲学与当代生态思想》(《马克思主义与现实》，2010年第6期)一文中分析了那些主张马克思主义哲学与生态思想彼此对立的四种观点：一是马克思是物种主义者，二是马克思支持技术与反生态，三是马克思的自然界人化观，四是马克思相信资本主义的技术和经济进步已解决生态限制问题。参见杨卫军《马克思主义生态思想研究述评》，《中共福建省委党校学报》，2013年第1期。

② [美]詹姆斯·奥康纳：《自然的理由——生态学马克思主义研究》，唐正东译，南京大学出版社，2003年，第7页。

③ 徐艳：《生态学马克思主义研究》，社会科学文献出版社，2007年，第140页。

从时空上否定马克思主义生态思想的存在是一个简单而直接，看起来也很合理的解释，这也是后马克思主义和后现代主义否定马克思恩格斯不会关注生态问题这一立场的根基。更有人认为，生态问题是 20 世纪后半叶凸显出来的新问题，在 19 世纪的马克思主义经典著作中是找不到关于生态的论述的。也就是说，生活于 19 世纪的马克思和恩格斯是不会预见到 20 世纪的生态问题的。这实际上就表明：不在同一时空下的马克思和恩格斯的论著中根本不存在关于生态思想的表述。这种根据时空错位来判定马克思主义思想中不存在生态思想的论述严重忽视了马克思主义思想的理论精华和基本核心，空有其表，并没能深刻领悟和掌握马克思主义思想的实质。

(二)断章取义地理解马克思主义思想，质疑其包含生态思想

马克思主义哲学主张人类通过实践改造对象，也就是通过劳动改变自然。批评者认为，马克思主义提出的人类通过劳动改变自然，类似于支配自然。现代的生态退化是近代人类支配自然观念的一个后果，这是马克思主义把自然当成资源和手段，轻视自然，忽视自然原本的生态整体意义的结果。他们认为，马克思主义属于人类中心主义，人类中心主义是违背生态学理念的，因此马克思主义思想中也就不可能包含生态思想了。

1. 生态中心主义者从生产力角度批评马克思主义思想的非生态因素

他们认为马克思主义把生产力当作一切变革的火车头，它过于强调生产力对社会变革的重要性，是所谓的"唯生产理论"。在这里，马克思主义将生产力看作社会发展的决定性力量，如果想要解决社会的基本矛盾，实现社会结构的积极变革，就只有通过不断提高生产力来解决。事实上，一味地追求生产力，就是等于以牺牲自然为代价。同时，他们认为马克思

主义在制定社会发展和社会进步的标准方面也是等同于工业发展或科技进步。那么要想取得社会进步，只要打破经济停滞的状态就可以实现了。对于这样的社会表征，只要能够解放生产力就是社会的进步，而不管这样的进步是否会给社会造成负面影响或者是严重危害。这样，对于能够解放生产力的资本主义来说，也是一种社会进步。从这个生产力的角度看，马克思主义思想对生产力的主张是机械的、直线的，违背了自然界的循环再利用和生态系统的相互依赖、相互联系。

2. 生态中心主义者从劳动价值论角度批评马克思主义思想的非生态因素

关于自然界的物品价值问题，不同的理论学派有不同的认识。西方古典经济学理论认为，只有经过人加工过的物品才有价值，自然界的天然物品因为没有凝结人类劳动，所以是没有价值的。马克思主义思想继承了西方古典经济学的观点，同样也认为只有人才是价值的创造者，自然本身不创造价值。生态中心主义者抓住马克思主义思想中的这一观点，认为马克思主义主张，只有人的劳动创造价值，自然资源不是劳动产品，从而不具有价值，使得自然资源成为人类任意获取的对象，因此造成人类对自然资源的无节制的浪费和无限制的破坏。这种行径，最终导致自然环境遭到严重破坏，甚至引发生态危机。他们认为，正是因为马克思主义思想中缺乏生态因素，自然界才遭到人类严重的伤害，物种濒临灭绝、气候异常、生态失衡。

3. 某些学者从自然资源没有价值的观点，片面推断马克思主义思想中不含生态要素

在马克思主义思想中，的确存在自然资源不是劳动产品因而没有价值的观点，但是这种观点是在特定的历史背景下提出的，表达了对特定环

境下自然资源的一种价值判断，并不表明马克思主义是不包含生态理念的。一些学者对马克思主义思想中的某些观点进行历史性的肢解，脱离历史背景，片面解读马克思主义思想。工业化初期，生产规模狭小，人类对自然作用的广度和深度是有限的，在人类生产与自然资源的相对数量上对比来看，自然资源对人类的利用能力来说是无限的，因此在当时的历史条件下，资源无限是人们看待自然的主流观点。马克思主义思想中所表现出的否认自然资源有价值也是当时的主流表达和历史局限性的思考。马克思主义思想中的这种观点是历史发展的局限性的必然体现，也是人不能超越自己所在的历史背景的本性使然。因此，马克思主义思想出现对自然资源价值否定的观点是可以理解的。但是当代学者在分析历史上思想家的观点时就不能脱离其所在的历史背景，不能用当今的生态问题去拷问某一个历史阶段的思想。马克思主义思想是一部历史厚重的体系思想，不能单纯从某一种观点上否定其整体的价值，不能以偏概全，只见树木，不见森林。

(三)从前社会主义国家生态治理的失败中否认其生态思想

实践表明马克思主义是理论与实践相统一的理论。马克思主义理论指导下建立的社会主义国家是马克思主义理论实践的直接体现。从苏联社会主义国家的建立、东欧社会主义国家的建立到社会主义中国的建立，马克思主义理论在世界上实现了理论与实践的现实统一。但是社会主义苏联在建国后的社会环境建设中，非但没有很好地保护环境，反而严重地破坏了环境，带来了严重的生态环境恶化问题。

在苏联解体以前，人们普遍认为苏联作为社会主义国家，实现了对生产活动的有计划控制，从而可以克服资本主义生产的盲目性，因此也就能够比较容易地由国家来掌控社会的发展计划和进程,也就比较容易采取行动防止对自然环境生态的破坏。但是苏联解体以后,人们发现在对自然环境的破坏方面,社会主义苏联与资本主义国家相比同样严重,甚至其国内的环境状况比一些资本主义国家还要严重,这就使人们对超越资本主义制度的社会主义国家的期望变成了失望。这种现象是很多人未曾想到的。美好的愿望是社会主义国家会带给人类一个不一样的新社会,其中包含自然环境的生态平衡。但事实却是,苏联国内的生态环境是人们完全没有预料到的。

民主德国在自然环境的保护上,曾经制定了一部包含环境权概念的宪法,但是由于没有很好地贯彻落实,导致国内的重工业污染比联邦德国还要严重。在资本主义的联邦德国和社会主义的民主德国的生态环境对比中,社会主义的民主德国又是一个差评。社会主义中国是一个发展中的国家,所面临的环境问题也不容乐观。改革开放以来,中国的经济建设取得了辉煌的成绩,人民生活水平得到很大的提高,综合国力也大大增强,但是自然环境为此也付出了巨大的代价,环境遭到的破坏是不可忽视的。尽管我们在发展经济过程中也采取了保护环境的一些措施,加强了对自然环境的保护、修复和科学利用,但是对自然环境的生态治理还是一个长期而艰巨的任务。

对此,一些学者对马克思主义从理论到实践提出质疑,对马克思主义失去了信心,从而也对其生态思想提出质疑。

二、关于马克思主义生态思想存在的挖掘与论证

在谈到马克思主义生态思想这个论题时,我们首先要明确"生态思想"是指其内在本质,还是简单的字面表述。现存的对马克思主义生态思

想的质疑与挑战，都是基于对生态思想本身的片面理解或极端倾向。因此，要分析和证明马克思主义生态思想的存在就必须澄清"生态"一词与生态思想的时空差，不能简单地认定某人思想或理论中没有"生态"一词就不包含生态思想；同样也不能机械地认定包含"生态"一词就一定是马克思主义生态思想。对于生态思想的判断要根据人们对事物、现象、规律的认识是如何表达的，如何反映的。现代学术领域对生态思想的定义虽然没有一个统一的表述，但是其本质的内涵是基本一致的。简单来说，就是人、自然、社会在地球的空间维度中呈现出的和谐统一。据此，马克思恩格斯在自己的著作中有大量的关于人与自然关系的论述，提出人来自自然界并依赖自然界，并把人与自然的关系和谐，以及实现人的全面发展作为理想的目标。这些都是生态思想本质的体现，他们是当之无愧的生态思想家。如果机械而粗浅地认为马克思主义思想中因为没有"生态"一词而否定其生态思想的内涵，则是极其错误的认识。

一个危机四伏的现实世界迫使人们捍卫与挖掘马克思主义思想的生态价值，为解决工业文明时代的生态危机提供了理论指导。20世纪六七十年代，国际社会中的资本主义依然占据世界的中心舞台，生态危机变得愈发不可控制。在生态危机面前，各种理论、主张等应运而生，但是都不能从本质和根源上找到解决问题的途径与方案。无论是在东方还是西方，马克思主义依然是国际社会中有着重要影响的理论。在关于生态危机的学术理论的论争中，马克思主义的生态思想精髓重新进入人们的视野，并呈双向之势。东方的中国马克思主义学者义不容辞地坚决捍卫其生态精神，并加以发展和升华；西方的马克思主义者也举起生态的旗帜，深挖其生态精神，形成生态学马克思主义。东西方的马克思主义学者在学术阵地上与资本主义的思想展开了一场思想精神的斗争。马克思主义生态思想的重新闪耀再次证明其思想的科学性、合规律性。经过几十年的学术论争和实践检验,在马克思和恩格斯的众多著作中,如《资本论》《德意志意识形态》《1844年经济学哲学手稿》《自然辩证法》等都包含着思想深刻、内容丰富的生态理念与思想。

（一）国内学者对马克思主义生态思想的挖掘与论证

中国学者首先肯定了马克思主义生态思想的存在，如刘仁胜、解保军、孙道进、刘增慧、杜秀娟、周玉玲等从不同的视角阐述和分析了马克思主义生态思想的价值及内涵。中国学者在对马克思主义生态思想的挖掘与探索中发挥了重大的作用,作出了积极努力,也取得可喜的成就。国内学者从不同角度挖掘了马克思和恩格斯思想中生态理念的存在，并证实马克思主义生态价值的存在。时青昊提出:"马克思不但有生态思想,而且还运用生态思想对资本的循环进行分析;正是马克思构建了当代'生态社会主义'的理论基石。翻译的障碍造成了一些人对马克思的误解,他们认为马克思不关心自然,在马克思主义中,存在着一个关于自然的'理论空场'。由于历史原因,马克思的生态思想被掩盖了。"[1]因此,在人类面临生存与发展危机的重要时刻，重新挖掘马克思主义思想中的生态精髓是时代的必然要求和明智选择。

1. 马克思主义生态思想的基本来源

生态思想的基本来源是考察和挖掘马克思主义生态思想的重要内容。思想从哪里来？只有厘清了思想来源才能说明思想本身的内涵与本质。关于马克思主义生态思想来源的认识主要存在三种。首先,自然科学

---

① 时青昊:《"物质变换"与马克思的生态思想》,《科学社会主义》,2007年第5期。

和哲学科学的发展是基本的理论基础。张首先、张俊认为："18 至 19 世纪，自然科学和哲学社会科学的发展为马克思恩格斯生态文明思想的形成奠定了理论基础。马克思恩格斯在批判和继承黑格尔、费尔巴哈等人的生态思想的基础上，通过综合创新和不断超越逐渐完成了自身生态文明思想的理论建构。"①其次，辩证关系是基本的思维方式。蒋明伟认为："马克思的生态辩证法思想的形成不是源于凭空思辨或假设推理，其理论渊源可以概括为：德谟克利特关于人与自然的辩证关系的思想，伊壁鸠鲁关于人与自然的辩证关系的思想，黑格尔关于人与自然的辩证关系的思想，费尔巴哈关于人与自然的辩证关系的思想，因此，马克思的生态文明思想是对前人人与自然关系理论的综合创新与超越。"②最后，自然是基本前提。吕军利、王俊涛认为："历史视野中的自然是马克思恩格斯生态文明思想的理论前提。马克思恩格斯生态思想的理论前提是在人与自然的相互关系中理解自然，而不是抽象地理解自然。马克思恩格斯总结和概括了19 世纪中叶自然科学的成就，批判地吸收了前人特别是黑格尔自然哲学的合理内核，将自然界、人类和社会历史统一起来进行考察，实现了哲学的历史性变革。"③由此可见，马克思恩格斯的生态思想是来自对前人思想成果的批判、继承与发展，这也证明了思想的生命力。

2. 马克思主义生态思想的形成时间

杨卫军认为："马克思虽然没有使用过'生态'这个概念,生态问题不是马克思关注的重要论域,但他对资本主义环境问题的关注却贯穿于一生

① 张首先、张俊：《继承、批判与超越：马克思恩格斯生态文明思想的理论基础》，《理论导刊》，2011 年第 8 期。

② 蒋明伟：《马克思的生态辩证法思想的理论渊源探究》，《前沿》，2012 年第 5 期。

③ 吕军利、王俊涛：《解读马克思恩格斯生态思想》，《西北农林科技大学学报》(社会科学版)，2003 年第 2 期。

的思想活动中。马克思思考人与自然的关系问题开始于学生时代，而人与
自然的关系问题恰恰是生态的基本问题。"①徐崇温认为："相对于马克思
而言，恩格斯的生态思想更为丰富，比如前南斯拉夫哲学家卢西亚娜·卡特
林娜在《为什么"红的"也必须是"绿的"？》一文中就把青年恩格斯看作最早
的伟大生态学家之一。"②从马克思恩格斯生态思想的形成时间上，判断两
个人在青少年时期就具有了生态理念，表现出对人与自然关系问题的高度
关怀和深刻思考，也说明马克思和恩格斯在早年就形成了生态思想意识。

3. 马克思主义生态思想的发展阶段

谢中起、郑劲梅认为："马克思的生态思想经历了三个发展阶段，即经
验层面的生态思想、哲学层面的生态思想以及经济学层面的生态思想。在
这一演变历程中，最为关键的是从哲学层面到经济学层面的转换。发生这
一转变的根本原因在于对资本主义进行批判以及对未来社会进行设想的
需要。"③常艳认为："相对于马克思而言，恩格斯的生态思想更为丰富。早
在青年时期，恩格斯的生态思想就已初具雏形，他对于环境污染问题予以
了密切关注，第一次对人类生存环境进行了深入研究，一直有'人与自然
和解'的思想，先于马克思提出有关土地改良的思想，等等。在《自然辩证
法》一书中，恩格斯的生态思想已经趋于成熟，他揭示了自然界的相互联
系，揭示了生物与其环境的相互关系，注意到了温室效应现象，预见到了
人与自然关系的矛盾激化以及生态危机的出现，提出了生态问题的最终
解决途径。"④学者们通过剖析马克思恩格斯生态思想发展的不同阶段，向

---

① 杨卫军：《马克思主义生态思想研究述评》，《鄱阳湖学刊》，2013 年第 1 期。

② 徐崇温主编：《处在 21 世纪前夜的社会主义》，重庆出版社，1989 年，第 62 页。

③ 谢中起、郑劲梅：《从哲学到经济学：马克思生态思维的视角转换》，《自然辩证法研究》，
2010 年第 6 期。

④ 常艳：《恩格斯生态思想初探》，《马克思主义与现实》，2011 年第 4 期。

人们展现了一个思想家思想发展的客观必然性，也说明了生态思想在他们思想中的重要地位。

4. 马克思主义生态思想的哲学基础

学者们还对马克思主义思想本身生态观念的哲学基础进行分析。邓坤金、李国兴认为："马克思主义生态观的哲学基础可以概括为：辩证唯物主义自然观——构建人与自然和谐共生的世界观；唯物辩证法——生态文明建设的根本方法；唯物史观——构建人、社会、自然和谐的社会历史观。"①哲学是思想的根基。学者们通过深挖马克思主义生态思想深处的哲学基础，从人们认识事物的哲学高度再次证实其思想的哲理性和深刻性。

总体上看，国内学者关于马克思恩格斯生态思想挖掘研究有两个时期：一是 20 世纪八九十年代，学界开始对马克思恩格斯生态思想进行初步探索与研究；二是 21 世纪在西方的环境伦理学、生态马克思主义发展的推动下，国内学者重新深入研读马克思和恩格斯的著作，并与国内的生态文明建设结合起来，展现马克思主义生态思想的中国化和新发展。

(二)国外学者对马克思主义生态思想的发展

奥康纳认为："这一类型的研究工作至今尚处在起步阶段，这本身就说明大多数的马克思主义者极少关心自然界，而大多数的生态学家和地理学家对马克思主义理论则更少关注。"②目前，国外关于马克思和恩格斯生态思想的挖掘也形成了一支强大的思想流派，称之为马克思主义生态学派。马克思主义生态学派又称为生态马克思主义学派，这支学派对马克

---

① 邓坤金、李国兴：《简论马克思主义的生态文明观》，《哲学研究》，2010 年第 5 期。

② [美]詹姆斯·奥康纳：《自然的理由——生态学马克思主义研究》，唐正东、臧佩洪译，南京大学出版社，2003 年，第 11 页。

思主义生态思想进行了挖掘与发展,形成了大量的研究成果。这个学派的研究过程主要经历了两个阶段。

第一个阶段是 20 世纪 70 年代到 80 年代,生态马克思主义者提出生态危机相关理论。从 20 世纪 70 年代开始,资本主义生态危机愈发严重。生态马克思主义者认为,马克思主义理论中缺少解决资本主义生态环境危机的理论方案,应对马克思主义理论进行修正和补充,主张用生态危机理论取代马克思的经济危机理论。代表人物主要有德国的鲁道夫·巴罗、波兰的亚当·沙夫、加拿大的威廉·莱易斯和本·阿格尔、法国的安德烈·高兹、英国的大卫·佩伯等。在这个阶段,威廉·莱易斯出版了《自然的统治》和《满足的极限》等著作。本·阿格尔出版了《论幸福生活》和《西方马克思主义概论》,其中在 1979 年出版的《西方马克思主义概论》中第一次使用"生态马克思主义"(The Ecological Marxism)这个概念,从而创立了生态马克思主义。该阶段的生态马克思主义主要包括两个主要观点:一是资本主义发展过程中产生生态危机理论。他们认为马克思主义关于资本主义经济危机的理论已经过时,面对资本主义发展过程中产生的新危机——生态危机必须用新的理论进行批判。二是消费异化直接导致生态危机的异化消费理论。关于生态危机的产生,一方面归因于资本主义的高生产和高消费,另一方面无产阶级的异化消费也有不可推卸的责任,因此要消灭异化消费和变革社会模式。

第二个阶段是 20 世纪 90 年代之后,以北美尤其是美国左翼学者为代表的生态马克思主义者,坚持马克思主义的基本理论和观点,分析了资本主义生态危机的原因、解决方案,并积极构建了马克思主义生态学。冷战结束后,随着资本主义在全球的蔓延,生态环境灾难也全球化,从而造

中外生态思想与生态治理新论

成全球性生态环境危机。在这样的国际背景下,美国学者詹姆斯·奥康纳①
提出了"两个双重"的新论断,即双重矛盾和双重危机。双重矛盾是由资本
主义的两类矛盾造成的。他将马克思主义关于资本主义生产力与生产关
系之间的矛盾称为第一类矛盾,在此基础上又提出资本主义生产的无限
性与(包括自然资源在内的)资本主义生产条件的有限性之间的矛盾,并
将其称之为第二类矛盾。这两类矛盾并非孤立的存在,而是相互作用在资
本主义的全球资本体系中,从而形成资本主义的双重危机,即经济危机和
生态危机。同时,他也指出造成双重危机存在的原因是资本积累和由此造
成的全球发展不平衡。21世纪,生态马克思主义者开始探求资本主义生
态危机的解决方案。乔尔·克沃尔提出了与欧洲改良型的生态社会主义不
同的生态社会主义革命和建设方案,他坚持以马克思主义的劳动异化理
论作为理论基础,从使用价值的角度论述革命型生态社会主义的主要特
征和原则,指出生态社会主义建设要符合坚持社会主义公有制、坚持计划
与市场相结合的生产与分配制度,以及在全球范围内实现生态社会主义
等三项原则。

此外,生态马克思主义者也开始了对马克思的生态学构建,这项成就
主要来自福斯特和伯克特。他们的研究使得生态马克思主义对当代生态
环境危机具有了更大的理论价值,从而使得生态马克思主义学派具有了
更大的国际学术影响力。美国印第安纳州立大学的保罗·伯克特重点研究
了马克思的劳动价值论和共产主义思想,指出其中蕴含的生态学原则,并
揭示了马克思主义与社会生态学在本质内容上是一致的,从而发掘了马
克思的生态学思想。美国的约翰·贝拉米·福斯特从马克思的"新陈代谢"
观中发掘了马克思的生态学思想。他在《马克思的生态学》一书中,第一次

---

① 詹姆斯·奥康纳代表性著作是1997年出版的《自然的理由》。

提出了"马克思的生态学"概念。此外,福斯特在《反对资本主义的生态学》和《马克思的生态学:唯物主义与自然》等著述中,系统研究了马克思主义唯物主义哲学的生态内涵。通过对马克思理论观念的挖掘,他认为马克思的生态思想强调了自然观和历史观、自然史和人类史的内在统一,"物质变换断裂理论"反映了其生态唯物主义自然观,这些揭示出人类社会和自然之间所包含的生态关系。从奥康纳、克沃尔、福斯特等人的论述中可以看出,其对马克思生态思想的肯定与重视,再次表明马克思主义理论的时代价值。

生态马克思主义理论的出现与发展,为西方发达资本主义国家解决社会发展与生态环境之间的矛盾提出了一个新的理论支撑点,对马克思主义生态思想的发展具有重要的推动作用。

首先,生态马克思主义肯定了马克思主义理论在生态危机挑战下的生命力。从20世纪70年代开始对马克思主义理论的修正、坚持其基本观点与原则,以及直接提出马克思的生态思想,从这样一个不断进步、不断深入的过程来看,马克思主义理论经受了现实的考验,并在此得到发扬。生态危机是资本主义发展中带来的一个全球性的危机挑战,人类如何采取更加有效的方案进行应对,是一个世纪难题。马克思主义理论的价值在苏联解体和东欧剧变的打击下逐渐被人们否定甚至放弃。生态马克思主义的出现,将人们对马克思主义生态思想的认知提升到一个新的高度,将马克思主义对资本主义危机的深层剖析以一种新的方式呈现在世人面前,重新强化了对马克思主义理论价值的认识。约翰·B.福斯特的《马克思的生态学》(2000)是一个标志性成果。福斯特指出:"马克思和恩格斯对生态和进化问题都有着自己深刻而独到的见解,这对于我们理解社会和自然之间的相互关系具有重要的意义,我们可以把马克思和恩格斯的这些生态思想作为一种强有力的方法。"①生态马克思主义从生态学、物质变换、劳动价值论、生态社会主义目标、消费异化等层面深入阐释了马克思主义生态思想,为推动马克思主义理论的发展做出了重要贡献。

其次,生态马克思主义理论的出现对世界环境运动和社会主义发展是一种新的理论指引。马克思主义在西方发达资本主义国家被看作洪水猛兽,生态危机的爆发使得西方学者开始尝试用一种生态方式应对其面临的新危机和新挑战。生态马克思主义理论作为一种社会变化的新理论怎样成为可能?从生态马克思主义理论的发展历程来看,这一理论在不断向纵深方向发展,不断深入到马克思主义理论的根部,这对资本主义社会中的危机认识和解决方案都是有益的启示。奥康纳提出马克思的"理论空场"的存在,使其成为理论的增长点,从而对传统的历史唯物主义进行重构。他指出:"对地球的挚爱,地球中心主义的伦理学以及南部国家的土著居民和农民的生计问题,这些政治生态学所主要关心的问题在马克思主义的理论和实践中难道不是被遗忘了吗? "②

三、马克思主义生态思想挖掘的背景及基本内涵

马克思主义产生以来,对国际社会的发展产生了巨大影响。它不仅形成了包括哲学、政治经济学、科学社会主义等主要构成内容的理论体系,而且对社会主义国家的建立与发展起到了巨大的理论指导作用。在形成以来的一百多年里, 马克思主义理论像一个璀璨的夜明珠照亮了人类社

---

① [美]约翰·B. 福斯特:《历史视野中的马克思的生态学》,《国外理论动态》,2004 年第 2 期。
② [美]詹姆斯·奥康纳:《自然的理由——生态学马克思主义研究》,唐正东、臧佩洪译,南京大学出版社,2003 年,第 5 页。

会发展的进程。这是因为马克思主义理论是工人阶级和劳动群众认识世界和改造世界的理论武器和科学思想，它科学地揭示了社会经济活动的本质和人类社会发展的客观规律，第一次系统地揭示了自然、社会和人类思维的一般规律，第一次系统阐明了资本主义生产方式发生、发展与灭亡的历史必然性，第一次将认识工具交给了无产阶级和广大的劳动群众，并阐明无产阶级在资本主义发展中的地位与作用。马克思主义理论是一个史无前例的思想宝库。马克思主义创建的方法、原理、哲学、多种理论和学说为人类社会的理论发展做出了历史性贡献。更重要的是，马克思主义本身具有理论与实践相结合的特性，它在时代的发展中能够发挥出独特的作用。正是马克思主义的这种特性使其在一百多年的社会发展中生生不息，彰显出思想的生命力。普列特尼科夫指出："可以毫不夸张地说，马克思主义奠定了现代生态学及整个世界体系知识的世界观和方法论基础。"①

　　马克思主义生态思想在生态危机的时刻再次呈现在世人面前，进一步印证了其对人类社会发展规律认识的客观性、科学性。20世纪70年代以来，国际社会对马克思主义生态思想的挖掘和论证，离不开特定因素的推动。

（一）马克思主义生态思想形成的客观条件

1. 马克思主义思想中蕴藏着丰富的生态观念

　　简单地说，假如马克思主义思想中不存在关于生态的观点与理念，即使后人用尽各种方法去挖掘，也是不可能形成马克思主义生态思想的。那么马克思主义思想中的生态理念和观点主张是如何产生的呢？又是如何

---

　　①　［俄］普列特尼科夫：《资本主义自我否定的历史趋势》，《新华文摘》，2001年第12期。

表述的呢？马克思主义思想的产生离不开马克思和恩格斯生活的特定时代和社会环境。众所周知，马克思和恩格斯生活在资本主义自由发展的阶段，这个阶段，自然资源遭到无限开采，工业发展带来严重污染、工人生活环境极其恶劣……无论是自然环境还是人类的生活，都发生了历史性的变化，而且呈现出恶化趋势。整个社会出现了两种极端的现象：一方面是资本主义工业经济发展带来的欣欣向荣的巨大物质财富，另一方面是自然环境、社会环境、生态环境的逐渐恶化。对于这样的社会现实，马克思恩格斯进行了理性思考，运用科学研究方法，提出了众多的生态理念与观点。比如，人与自然关系的哲学论断、劳动力价值论、劳动异化、消费异化、能源的新陈代谢、物质变化断裂、资本主义生产力与生产关系之间的矛盾等。这些论断与观点揭示了自然的本质规律、社会发展客观规律以及人与自然的关系，这些都是生态思想的内在特质。

2. 20 世纪 70 年代生态环境运动的积极推动

马克思主义生态思想像一座沉睡的火山，等待时机成熟就会爆发。马克思主义思想自产生以来一直被人们广泛认识并应用在哲学、社会经济学、科学社会主义等领域，尤其是政权理论、阶级理论、社会主义社会理论等更是因苏联社会主义、东欧社会主义、中国社会主义、越南社会主义、朝鲜社会主义等国家建立时得到实践运用而名扬天下。20 世纪 70 年代，资本主义全球化的深入发展对生态环境的破坏也在全球蔓延开来。早在 20 世纪 30 年代，发达资本主义国家的污染事件不断碰撞着人们对生态危机的悲痛记忆。美国科普作家蕾切尔·卡逊的《寂静的春天》一书引发了国际社会对自然环境的高度关注。20 世纪 70 年代，罗马俱乐部发布了"增长的极限"研究报告，提出经济增长与环境保护的两难选择，强调"零增长"，指出人类社会经济发展遇到了历史性困难。1972 年，联合国发表了《人类环境宣言》，指出人类社会已经到了保护和改善自然环境的关键时刻，经济、社会发展与人类环境成为同等重要的目标。美国及欧洲一些国家建立了绿色环保组织，大力宣传自然环境面临的危机，人类对自然环境保护的重要意义，并积极影响国家的政治发展。保护自然环境、反对工业污染、拯救濒临物种、倡导低碳生活，西方发达资本主义国家的民众从工业污染、环境恶劣的状态中惊醒，开始自发、主动地投入到生态环境的保护运动中。联合国、国际野生动物保护组织等开始积极推动保护世界范围内的生态环境。没有先进思想引领和指导的运动是不会长久的。实践证明，国际社会的生态环境运动需要一种有生命力的思想进行引领。马克思主义生态思想在国际社会生态环境保护运动的推动下，逐渐苏醒了。

3. 社会主义国家生态环境的实践呼唤着马克思主义生态思想的出现

在国际环境的巨大压力下，社会主义国家建立后的主要任务在于政治建设、经济建设和社会建设。社会主义国家在马克思主义理论指导下进行着社会主义建设，取得了巨大的成就。到 20 世纪 70 年代，由于忽视对自然环境的保护和对自然资源的科学利用，产生了诸多生态环境问题。其中苏联在国家发展经济过程中，对自然环境的破坏不亚于当时的发达资本主义国家，甚至比一些发达资本主义国家的情况还要坏。东欧社会主义国家同样也遇到了程度不同的生态环境问题。一些社会主义国家在发展生产力的过程中，是以牺牲自然环境和自然资源为代价的。这种增加财富的方式是以"生产异化"的方式，在对自然资源的破坏性掠夺基础上实现的。显然，这种做法已经违背了马克思主义生态理念，逐渐偏离了社会主义生产的生态发展之路。社会主义国家的建设与发展中没有对马克思主义生态思想加以足够的重视，结果导致社会生产的无限发展与生产条件的有限供给之间矛盾的加深，这种矛盾反过来又影响了生产力和生产关系之间的协调发展。这样的恶性循环致使社会主义国家的经济发展受到制约,不能持续健康发展。

(二)主要内涵

目前,国内外关于马克思主义生态思想内容的研究成果已经积累了很多,主要从以下三个方面展开论述:一是马克思主义关于人、自然、社会关系的分析。如徐民华等在《马克思主义生态思想与中国生态制度建设》一文中提出的人与自然关系的社会制约论、人与自然之间的物质交换论;黄志斌、任雪萍等在《马克思恩格斯生态思想及当代价值》一文中分析了自然的价值及人与自然的关系;蒋兆雷、张继延等在《马克思的生态思想及其对我国生态文明建设的启示》中主要分析了人与自然之间的关系;叶海涛、陈培永在《马克思生态思想的发展轨迹与理论视域》一文中主要强调了人与自然的社会历史关系;李旭华在《马克思生态思想的全面考察——自然生态与人文生态的统一》一文中从自然与人文的角度考察人与自然的关系。二是从具体的生态理念进行分析。张敏在《马克思恩格斯自然观中的生态思想及其当代意义》中主要分析了马克思恩格斯的自然观;陈金清在《马克思关于人与自然关系生态思想的当代价值》主要分析了人与自然的关系。三是从制度、价值、技术等维度分析。程平在《价值·技术·制度:马克思生态思想的三重维度及其启示》中对马克思生态思想中的价值、制度、技术等进行了分析。综合以上分析,马克思恩格斯的自然生态、社会生态以及人的精神生态等都受到了关注,他们的生态思想是广泛和深入的。马克思主义生态思想主要包括以下主要内涵。

1. 对自然环境被破坏的生态思考

生态思想的产生与人类大规模地改造自然的活动所带来的对自然环

境的破坏有关。青年时期马克思恩格斯就对被破坏的环境给予高度关注。他们不仅关注自然环境的状况,也关注人们的居住生活环境和工作环境。他们提出了诸多生态意义的观点、理论。他们的思考不是仅仅停留在环境表面,而是进行深入的原因探析,并将自然环境的变化与人的自身活动紧密联系起来。

对自然环境生态状况的关注与担忧是马克思主义生态思想的直接反应。而一些学者指出恩格斯的生态思想比马克思的还要早。[①]不论是马克思还是恩格斯,都是从自己的学术研究生涯的早期阶段就开始关注环境变化。从 1842 年开始,恩格斯深入英国工业中心曼彻斯特市,当时工人的居住环境十分恶劣,对此,他忧心忡忡。他说:"曼彻斯特及其郊区的 35 万工人几乎全部都是住在恶劣、潮湿而肮脏的小宅子里,而这些小宅子所在的街道有多半是极其糟糕极不清洁的,建造时一点也没有考虑到空气是否流通。"[②]恩格斯在《英国工人阶级状况》中写道:"艾尔克河是一条狭窄的、黝黑的、发臭的小河,里面充满了污泥和废弃物,河水把这些东西冲积在右边的较平坦的河岸上。"[③]不仅河流污染如此严重,空气状况同样不容乐观,"伦敦的空气永远不会像乡间那样清新而充满氧气。250 万人的肺和 25 万个火炉集中在三四平方德里的地面上,消耗着大量的氧气……呼吸和燃烧产生的碳酸气,由于本身比重大,都滞留在房屋之间,而大气的主流只从屋顶掠过"[④]恩格斯除了对自然生态环境极为关注,还意识到环境对人类生存的重要性。他指出:"美索不达米亚、希腊、小亚细亚以及其

---

① 参见徐崇温主编:《处在 21 世纪前夜的社会主义》,重庆出版社,1989 年;常艳:《恩格斯生态思想初探》,《马克思主义与现实》,2011 年第 4 期。

② 《马克思恩格斯全集》(第 2 卷),人民出版社,1957 年,第 345 页。

③ 同上,第 331 页。

④ 同上,第 380 页。

他各地的居民,为了得到耕地,毁灭了森林,但是他们做梦也想不到,这些地方今天竟因此成为不毛之地,因为他们使这些地方失去了森林,也就失去了水分的积聚中心和贮藏库。"①在《1844 年经济学哲学手稿》中,马克思就指出:"工人生活在被毒气污染的'洞穴'般的陋室中,在那里光、空气等等,甚至动物的最简单的爱清洁的习性,都不再成为人的需要了。肮脏,人的这种腐化堕落,文明的阴沟(就这个词的本义而言),成了工人的生活要素。完全违反自然的荒芜,日益腐败的自然界,成了他的生活要素。他的任何一种感觉不仅不再以人的方式存在, 而且不再以非人的方式存在甚至不再以动物的方式存在。"②河流、空气、森林等自然环境都与人的活动、生存密不可分,自然生态是人生存活动的前提和基础。马克思和恩格斯的论著真实地描述了自然环境被破坏的糟糕状态和环境污染的严重现实,表达了深切的关注和深层的思考, 提出了富有生态意识的鲜明观点和主张,这些对 100 多年后的我们敲响了警钟。人类的居住、生活和生产等社会活动要进行合理的布局和分配,还要合理使用自然资源,主动有效地保护自然环境和生态平衡。

马克思恩格斯指出了造成环境污染和自然破坏的原因:一是人主宰自然的观念,导致人们对自然资源的无情掠夺和对自然环境的漠不关心。恩格斯认为,由于人们认为人是凌驾于自然之上的,是处于自然之外的,所以把人与自然对立起来, 从而导致对地球上生态资源贪婪、无情的掠夺,既破坏了自然界,也破坏了人本身的生存空间。二是人们认识能力的局限性,导致对社会和自然长远影响的预见和缺失。恩格斯认为,由于人们认识能力的局限性, 对于自身行为的长远的自然影响和社会影响缺乏

---

① 《马克思恩格斯选集》(第三卷),人民出版社,1995 年,第 383 页。

② 马克思:《1844 年经济学哲学手稿》,人民出版社,2000 年,第 122 页。

科学的分析和预见，以至于人们每一次对自然界的胜利，都遭到了自然界的报复。"每一次胜利，起初确实取得了我们预期的结果，但是往后和再往后却发生完全不同的、出乎预料的结果，常常把最初的结果又消除了。"①三是资产阶级的逐利本质导致忽视环境污染和自然环境的破坏。恩格斯认为，由于资产阶级不断地追求高额利润，"在西欧现今占统治地位的资本主义生产方式中，这一点表现得最为充分。支配着生产和交换的一个个资本家所能关心的，只是他们的行为的最直接的效益……销售时可获得的利润，成了唯一的动力"②。从而导致了"到目前为止的一切生产方式，都仅仅以取得劳动的最近的、最直接的效益为目的。那些只是在晚些时候才显现出来的、通过逐渐的重复和积累才产生效应较远的结果，则完全被忽视了"③。结果导致生态平衡的破坏和生存环境的污染。

对保护自然生态环境，马克思恩格斯提出了解决的途径。首先，人类要承认自己是自然的一部分，是依赖自然的，不能超越和控制自然。恩格斯强调，人本身是自然存在物，人存在于自然"之中"，而不是存在于自然"之外"，"因此我们每走一步都要记住：我们统治自然界，决不像征服者统治异族人那样，决不是像站在自然界之外的人似的——相反地，我们连同我们的肉、血和头脑都是属于自然界和存在于自然之中的"。④他们还强调，在对自然生态环境的治理上要防止技术的"资本主义的应用"和"工业的资本主义性质"，要把直接的眼前的经济利益和长远的利益结合起来。其次，真正实现对自然环境的保护关键在于人的真正发展，实现共产主义。马克思在《1844年经济学哲学手稿》中明确指出："这种共产主义，作

---

① 《马克思恩格斯选集》（第三卷），人民出版社，1995年，第383页。

②③ 同上，第385页。

④ 同上，第383~384页。

为完成了的自然主义=人道主义,而作为完成了的人道主义=自然主义,它是人和自然界之间、人和人之间的矛盾的真正解决,是存在和本质、对象化和自我确证、自由和必然、个体和类之间的斗争的真正解决。"①共产主义就是实现自然环境保护的根本途径。

2. 人—自然—社会的关系应和谐并存

马克思主义把人与自然、人与人的关系结合起来,揭示了这两种关系的相互制约关系,马克思指出,人与自然的矛盾加剧源于人与人关系的紧张;反过来,人处理与自然关系的方式制约着人与人之间关系的发展。马克思指出:"人们在生产中不仅仅影响自然界,而且也互相影响。他们只以一定方式结合起来共同活动和互相交换其活动,才能进行生产,为了进行生产,人们相互之间便发生一定的联系和关系;只有在这些社会联系和社会关系的范围内,才会有他们对自然界的影响,才会有生产。"②马克思在《1844年经济学哲学手稿》中指出:"人对人之间的直接的、自然的、必然的关系是男女之间的关系。在这种自然的、类的关系中,人同自然界的关系直接就是人和人之间的关系,而人和人之间的关系直接就是人同自然界的关系,就是他自己的自然的规定。"③在资本主义生产方式框架内,人类是无法达成与自然的真正和解的。改革不合理的社会制度,是实现人与自然协调发展的重要途径。"社会化的人,联合起来的生产者,将合理地调节他们和自然之间的物质变换,把它置于他们的共同控制之下,而不让它作为盲目的力量来统治自己,靠消耗最小的力量,在最无愧于和最适合于

---

① 马克思:《1844年经济学哲学手稿》,人民出版社,2000年,第81页。

② 《马克思恩格斯选集》(第一卷),人民出版社,1995年,第344页。

③ 马克思:《1844年经济学哲学手稿》,人民出版社,2000年,第80页。

他们的人类本性的条件下来进行这种物质变换。"①这样，我们才能摆脱资本主义制度的禁锢，缓解人与自然的严重背离关系，在人与自然之间真正实现物质交换和能量平衡，实现人的自然存在和道德存在的统一，自然方式和社会方式的统一。所以在马克思主义的理论体系中包含了极其丰富而深刻的生态思想，为现代生态自然观提供了直接的理论来源。

马克思主义是在承认自然的优越性和强调尊重自然规律的前提下，把自然当作人的实践要素，主张通过变革自然，实现人与自然的统一，实现自然人性化的演变。马克思认为，自然是人的无机身体，人的物质生活要靠自然界、人的精神生活也要靠自然界，破坏自然等于破坏人的另一个身体。变革自然不等于支配自然：如果说变革自然就等于支配自然，这只是生态中心主义者臆想的逻辑。实际上，如果不变革自然，根本就不可能有人类的存在，更不可能有生态中心主义者今天的生活。马克思恩格斯的著作中充满了对自然价值的尊重，对自然资源的珍惜，无论是山脉、河流、草地、森林、土地还是空气，这种责任意识表现了马克思主义思想中人与自然的高度融合，表现了对自然的尊重。"从一个较高级的经济的社会形态的角度来看，个别人对土地的私有权，和一个人对另一个人的私有权一样，是十分荒谬的。甚至整个社会，一个民族，以至一切同时存在的社会加在一起，都不是土地的所有者。他们只是土地的占有者，土地的受益者，并且他们应当作为好家长把经过改良的土地传给后代。"②

3. 实现人的自由全面发展，社会生态是最终目标

人类社会的发展目标就是真正实现两个"提升"——把人从动物中"提升"出来和把人从社会关系方面"提升"出来，使人成为"自由人"。人是社

① 马克思：《资本论》（第一卷），人民出版社，1975年，第926~927页。
② 《马克思恩格斯文集》（第七卷），人民出版社，2009年，第878页。

会活动的主体,人是自然界中的智力种群。马克思主义强调了人的自由全面发展是社会的终极目标,也就是实现社会生态和谐。

(1)人来自动物,并从动物中提升出来是社会生态形成的前提和基础。马克思主义指出,动物的活动是本能活动,是盲目的,而这种盲目性的表现就是"滥用资源","一切动物对植物都是非常浪费的,并且常常摧毁还在胚胎状态的食物"。"狼不像猎人那样爱护第二年就要替它生小鹿的母鹿;希腊的山羊不等幼嫩的灌木长大就把它们吃光,它们把这个国家的所有的山岭都啃得光秃秃的"。①由此可见,动物的本能生存与人类活动有着本质的区别。"一句话,动物仅仅利用外部自然界,简单地通过自身的存在在自然界引起变化;而人则通过他所作出的改变来使自然界为自己的目的服务,来支配自然界。这便是人同其他动物的最终的本质的差别,而造成这一差别的又是劳动。"②也就是说,人类在自然界的存在方式是通过自身有目的、有意识的劳动来完成的。但是马克思恩格斯观察到,在资本主义社会的现实中,人类活动在利用自然资源的时候,没有限制和节制地从自然界疯狂地索取各种资源,人类的社会活动已经超越了自然生态修复功能的极限,给自然界带来严重的伤害。因此,人类要首先提升自己的生态道德意识,将自己从动物中提升出来,形成保护环境、爱护动物的意识和行为,维护生态平衡,形成生态意识,发展成为社会生态的基本主体。

(2)把人从社会关系方面"提升"出来,使人成为"自由人",实现人的自身和谐。人类不仅与自然界有着不可割裂的关系,人们之间还有着更加复杂紧密的社会关系。恩格斯通过考察当时的欧洲资本主义社会,分析了

---

① 《马克思恩格斯选集》(第三卷),人民出版社,1995年,第379页。
② 同上,第383页。

社会的整个生产方式是无政府状态的，而且财富分配极为不均。他指出："财富掌握在少数人手里，而绝大多数人一无所有"①，这种财富的分配与生产的迅猛增长之间形成极其明显的反差，出现"过度劳动日益增加，群众日益贫困"②的现象。对此，恩格斯进行了深入分析，提出解决的方法。他认为："这还需要对我们现有的生产方式，以及和这种生产方式连在一起的我们今天的整个社会制度实行完全的变革"③，并且"只有一种能够有计划地生产和分配的自觉的社会组织，才能在社会关系方面把人从其余的动物中提升出来，正像一般生产曾经在物种关系方面把人从其余的动物中提升出来一样"④。恩格斯极其重视将人从社会关系方面中提升出来，只有这样，"人才在一定意义上最终地脱离了动物界，从动物的生存条件进入人的生存条件"⑤。从而人完成自身的真正意义上的升华，实现自身生态理念的内化，完成人体的自我和谐。

（3）改变人与人之间的对立所造成的社会危机，实现社会和谐。马克思恩格斯认识到资本主义生产方式带来的社会危机，他们分析了资本主义社会的农业与工业的分离、城乡对立，这种二元产业的分割、人们居住空间的划分将人与人之间的关系彻底定格在对立的社会地位、对立的社会环境、对立的社会生活层面上，从而造成人与人之间关系的矛盾、斗争，社会的动荡不安。马克思在《德意志意识形态》中指出："城乡之间的对立是随着野蛮向文明的过渡、部落制度向国家的过渡、地域局限性向民族的过渡而开始的，它贯穿着文明的全部历史直至现在。"⑥由于资本的本性，

---

① 《马克思恩格斯全集》（第二十卷），人民出版社，1971年，第520页。
② 恩格斯：《自然辩证法》，人民出版社，1971年，第20页。
③④⑤ 《马克思恩格斯全集》（第20卷），人民出版社，1971年，第521页。
⑥ 《马克思恩格斯文集》（第一卷），人民出版社，2009年，第556页。

在资本主义生产过程中,实际上表现为"社会生产条件与实际生产者分离而在资本家身上人格化的独立化过程"①。在这一过程中,资本拥有者和生产者发生分离,出现资本家与工人的对立。因此,"资本形成的一般的社会权力和资本家个人对这些社会生产条件拥有的私人权力之间的矛盾"②。马克思恩格斯认识到资本主义社会中资本家与工人、资产阶级与无产阶级之间的对立和矛盾是不可调和的,原因在于"资本因利润驱动而占有自然条件以及这些条件与生产者的需要和作为一个整体的社会的"生活过程"的异化。③在资本异化、人性异化、社会异化的资本主义社会,人与人之间的对立、斗争是社会危机的根源所在。马克思恩格斯不仅指出社会的矛盾和本质,还提出了解决矛盾的方法,并预判了人类社会美好的前景。正如恩格斯所指出的:"城市和乡村的对立的消灭不仅是可能的,而且已经成为工业生产本身的直接需要,同样也已经成为农业生产和公共卫生事业的需要。"④人类社会的美好明天是一定能够实现的。

四、马克思主义生态思想的当代价值

研究马克思主义生态思想价值的国内的学者主要有徐民华、缪昌武、苏平富、苏晓云等,主要分为理论价值和实践价值两个方面。关于马克思主义生态思想的当代价值研究和分析是一个重要的课题,不应停留在学术层面或某一观点的研究上,更应该和时代发展的生态问题和人类社会

---

① 《马克思恩格斯文集》(第七卷),人民出版社,2009 年,第 293 页。

② 同上,第 294 页。

③ See Paul Burkett, *Marx and Nature: A Red and Green Perspective*, St.Martin's Press, 1999, p.178.

④ 《马克思恩格斯文集》(第九卷),人民出版社,2009 年,第 313 页。

的持续和谐发展结合在一起;不仅了解和分析国外学者关于马克思主义生态思想的研究进展和成果,还要了解和掌握国内学者的研究进程和成果;既要有学术的梳理和分析,也要有理论观点的创新和认识;不仅有理论自身的发展,包括生态马克思主义和中国马克思主义生态思想的发展研究;还涉及马克思主义生态思想的实践应用,即在不同国家的环境治理中的运用,尤其是中国的生态文明建设对马克思主义生态思想的运用性创新发展。综合上述分析,马克思主义生态思想的当代价值体现在以下方面。

(一)马克思主义生态思想展现了马克思主义思想的新领域

马克思主义从产生以来,其博大精深的思想就在人类历史上熠熠发光。一百多年以来,马克思主义哲学、政治经济学、科学社会主义等领域已经自成体系,且成为社会主义国家建设的理论指南。20 世纪六七十年代,生态危机的发生再次将人们的视野集中在了马克思主义的生态思想领域。不论是西方学者还是中国学者,对马克思主义理论的研究方法、理论观点、研究内容、个人生涯等都重新进行学术文献的梳理与分析,从中给人一种焕然一新的感觉,对马克思主义生态思想的内涵、价值、观点等方面不断地挖掘、形成诸多新的认识和观点。正像戴维·库珀指出的那样:"用马克思主义分析绿色难题至少可以持续地为可能侵入主流和无政府主义绿色话语的模糊性、不连贯性、头脑糊涂和偶尔的枯燥提供一个矫正方法。"①马克思主义生态思想的发掘不仅扩展了人们对马克思主义理论的认识视野,还为人们提供了解决人与自然矛盾的基本理念,为人类社会的可持续发展提供了强有力的理论武器。当今社会,各种思想、主义广泛传

---

① [英]戴维·库珀:《生态社会主义:从深生态学到社会正义》,刘颖译,山东大学出版社,2005 年,第 376 页。

播,冲击着人们的价值观、人生观、世界观,人与自然的矛盾激化到了前所未有的程度,这种矛盾冲突的发生将人们推到了一个十字路口,如何选择将影响人类社会的命运和发展前途。因此,马克思主义生态思想的发掘与发展给人们提供了一个新的认识领域,就像在迷茫的大海上看到了光明的灯塔,在黑暗的行走中看到了亮光。正像弗罗洛夫指出的那样:"无论现在的生态环境与马克思当时所处的情况多么不同,马克思对这个问题的理解、他的方法、他解决社会和自然相互作用问题的观点,在今天仍然是非常现实而有效的。"①马克思主义生态思想作为一个新的思想领域,再次将马克思主义推向一个新的历史高度。

(二)马克思主义生态思想为中国生态文明思想及建设提供了理论支撑

马克思主义生态思想的发掘及时有力地推动了中国生态文明建设的发展,它不仅提供了强大的理论指导,而且也推动中国生态文明建设的深入发展。一方面,马克思主义生态思想的发掘推动国内生态思想的大发展。国内学术界重新探索和研究我国社会主义国家建立以来的生态思想的发展历程和新成果,开始对毛泽东、邓小平、江泽民、胡锦涛、习近平等历代领导集体的生态思想进行深入分析,并发展了社会主义生态思想。中国生态思想是马克思主义生态思想的重要组成部分,继承和创新了马克思主义生态思想。中国生态思想的研究同样也推动了国际社会马克思主义生态思想研究的发展。另一方面,马克思主义生态思想的发掘推动了中国社会主义生态文明建设的发展。中国的社会主义建设是以马克思主义

---

① [苏]H.T.弗罗洛夫:《人的前景》,王思斌译,中国社会科学出版社,1989年,第153页。

理论为指导原则。在新中国成立后,中国的社会主义建设在马克思主义理论的指导下不断发展壮大,取得了巨大成就。遗憾的是,马克思主义生态思想没能发挥应有的作用,在国家的现代化建设中,出现了生态环境问题。在改革开放时期,在经济发展中没能很好地协调好经济发展与环境保护的关系,也出现了一些污染和生态问题。马克思主义生态思想的再次发掘引起了越来越多人的关注,中国政府将生态文明建设纳入国家的战略层面,并与经济建设、政治建设、文化建设、社会建设等共同形成五位一体的战略布局。由此可见,马克思主义生态思想对我国的发展建设具有重要的推动作用。

(三)马克思主义生态思想推动世界各国的生态化发展

马克思主义生态思想的实践运用在不同制度上同样重要。一方面,社会主义国家尽管在制度上超越了资本主义制度,为生产力的发展提供了有益的制度空间。但是这并不意味着社会主义国家在社会建设中就能自动解决人与自然、人与人、人与社会之间的矛盾问题。历史事实表明,社会主义国家的环境问题并没有自动规避,需要国家制定严密的法律、制度,需要按照生态原则科学绿色发展。社会主义国家的生态问题不是一个简单的孤立问题,它的产生有着众多复杂的因素,并交织在一起。比如,世界各国同处于一个全球生态系统中,不论是社会主义国家还是资本主义国家,在全球化的发展趋势下,生态问题将在全球流动,资本主义的生态问题会波及社会主义国家;资本主义国家的污染型企业落地到社会主义国家,直接带来的污染造成对生态的不良影响;社会主义国家自身的不当生产生活方式也会造成生态失衡和生态问题。基于这些情况,社会主义国家的社会发展和经济建设离不开科学的理论指导。从苏联社会主义国家建立以来,马克思主义理论中的政权建设、经济发展、政党建设、阶级斗争等得到应用与发展,而生态思想却受到忽视。结果表明,苏联、东欧等社会主义国家的生态环境遭到破坏,以至于制约了生产力的发展,影响了社会的可持续发展。因此,社会主义国家应深挖马克思主义生态思想的精髓,并将其应用到国家的长期发展中,推动社会的可持续性发展,实现人、自然、社会的和谐发展。

另一方面,马克思主义生态思想为资本主义国家化解生态危机提供了一定的理论借鉴。尽管资本主义制度从根本上制约了本身对生态问题的根本解决,但是并不表明,资本主义已经到了死亡的边缘。当资本主义国家的学者不能从自身的理论中找到有效的解决方法时,也将认识转换到马克思主义思想中来,生态马克思主义的出现就为西方资本主义国家开出了一些新的应对方案,甚至有的学者提出生态资本主义、生态社会主义等新的观点。一些北欧等资本主义国家开始尝试用生态理念解决生态危机,出现了一些良好的效果。这些都反映出,马克思主义生态思想在资本主义国家同样具有重要的实践价值。由此可见,不论是社会主义国家还是资本主义国家,马克思主义生态思想的实践价值具有不可忽视的作用,对于国家发展中生态问题的解决具有一定的指导意义。

第七章
中国古代生态思想：源头与积淀

　　中国生态思想自古有之。在中国的典籍《庄子》《诗经》《黄帝内经》《春秋繁露》等著作中，生态思想随处可见。中国古代形成的对待自然的整体观、人与自然的合一观、人的自我修养的身心和谐观等都体现在中国的传统文化和古代哲学思想中。中国古代将人的存在、自然环境、社会伦理等整合在一个统一的时空中，实现天、地、人的上下一体。自然宇宙的运行规律、政治统治的仁德治理、人的生死品行等融合在一个统一的世界里。这本身就体现了生命与外部环境的关联与一体，体现了深刻的生态蕴意。这里的古代范畴是指从有文字记载的文明史开始，经历了原始社会、奴隶社会、封建社会的漫长时期。中国社会历史具有与西方不同的发展轨迹。中国古代社会是农耕社会，农业生态环境的好坏与庄稼收成的丰歉关系着历代王朝的兴衰与百姓子民的生计。因此，保护农业生态环境和生物的再生产能力成了历代君王与百姓的大事。中国古代的生态思想在殷商时期已有萌芽，春秋战国时开始形成，两汉时期得到深化，宋明时期哲学化，到清代深入民间并成为家法、家规的重要内容。中国古代虽未形成生态概念，也没有系统的生态论著,但散见于儒、道、法、佛等各家各派著作中的生态思想内容却相当丰富,且具有中华民族特色。长达几千年的农耕文明积累了丰富的生态思想和生态实践,中国的生态思想是理论与实践的有机统一。

一、中国古代生态思想的萌芽与产生

(一)对自然的崇拜,产生了顺应自然的生态思想萌芽

中国古代的先人们在长期与自然界的抗争与依存中,逐渐形成了又爱又恨的双重感知。一方面敬爱大自然,依赖大自然。中国的古人从开始就懂得人和自然的依存关系,人类的生活和生存紧紧依靠自然界,人类离不开自然界。人类维系生命所需要的食物全部来源于大自然,人类的生活离不开大自然。为此,古代的人们对自己所依赖的大自然充满了深深的崇敬之情。为了表达这种敬意,先人们经常举行神圣而隆重的祭祀活动。另一方面是惧怕大自然,崇拜大自然。中国古人在大自然面前像小学生一样,对神秘而多变的大自然表现出敬畏的崇拜之情。先人们对自然界发生的诸多现象,如洪水、打雷、闪电、火山爆发等自然现象的不理解,表现出一定的害怕和畏惧,为了能够得到大自然的恩赐与保护从而形成了图腾崇拜。因此,中国古代各种图腾崇拜是先人们敬畏大自然的一种特殊表现方式。如中国"传说中的黄帝族是以熊为图腾、夏族是以鱼为图腾、商族是以玄鸟为图腾、半坡母系氏族公社是以鱼为象征的对生殖器崇拜,并举行'鱼祭'"①。此外,一些部族还崇拜植物,以此为图腾。如夏族崇拜薏苡,楚

---

① 姜学民:《中国古代生态思想的当代经济社会意义》,《东方论坛》(青岛大学学报),2006年第6期。

族崇拜荆、桃，等等。总之，中国古代图腾崇拜非常普遍，主要是动物或植物，这主要是与其选择崇拜对象的民族在寻找和创造本民族的祖神或保护神有关。在长期的进化中，人们逐渐积累了认知自然、顺应自然的理性认知。这就是远古时期人与自然保持和谐、一致的生态思想萌芽。

如果说对动物、植物的自然崇拜是源于自然生长发育的动物、植物提供给人类衣食之源，从而对其产生图腾崇拜的话，那么把天、地、日、月、星、雷、雨、风、云、水、火、山等自然物尊奉为神，则是因为古人对自然环境运动现象无法从科学上进行解释，从而对自然现象产生原始感性经验，把自然当作神加以崇拜，并以某种顶礼膜拜的仪式寄托人类的某种愿望；同时，也把自身看作顺自然神意而生，受天地之命而降。古人无论是狩猎和采集，还是农耕和牧畜，天时地利具有决定性作用。这种自然文化现象就是"天地人"相协调的生态哲学的思想萌芽，即人、动植物都是自然所生；大自然就是天、地、日、月、星、雷、雨、风、云、水、火、山、石等。从积极的方面看，人们已意识到这些生物和自然现象对人类有重要意义。为了生存，人类对自然界既要依附、顺从、和谐，又要斗争和保护。这不仅表现为一种信仰，也是人们对待生活的一种态度，这对当时保护生命和自然发挥了重要作用。这种人类最早的生态思想和实践的精华部分已经融入中华文化中，并成为一种传统观念传承至今，为后人所遵从。中国古人对动植物等图腾的崇拜反映了人类早期在自然面前的某种寄托和愿望，是为了人类在自然界中的生存需要，是一种原始的人与自然关系的呈现。同时，对于自然界中的各种自然现象，包括风雨雷电、日月星辰等，人们初步认识到它们对人类的影响和人类不可脱离的现实，形成了人与自然密切联系的朦胧意识。中国古人在长期与自然界的共处过程中，逐渐认识到自然的一些规律，懂得了顺应自然、尊重自然的重要性，产生了保护动植物的生存环境、按照节令耕种、有节制地获取动植物资源以及物种之间生死与共的一些生态思想。

(二)农耕文明促使生态思想形成

如果说在旧石器的采集、狩猎期形成了生态思想萌芽的话,那么从新石器时代以来就进入了农耕文明,而农耕文明则促使生态思想由萌芽走向人类生态思想的逐步形成。

种植业的产生,标志着人类从蒙昧时代进入了古代文明时期。源于黄河流域的中华文明是农业文明发展的显著标志。它意味着人类从自然文化时代过渡到人文化时代。自然文化的所有领域,即无论是物质生产——采集和狩猎,或人口生产——"但知其母,不知其父"的"杂婚"形式,还是消费生活和精神生活,都是自然而然的,是与自然界浑然一体的,甚至美(装饰品和雕刻)也表现了自然主义的特色。农耕文明却不同,与自然文化相比,是重人伦和人事的,是一种人文化,是人用文字记载的文明。中国的农耕文明中既包含着自然主义色彩突出的文化思想和自然生态理念,还包含着鲜明的人性、人伦、人事等社会文化和社会和谐的思想。这意味着中国古代文化是自然文化和人文文化的综合文化。自然文化是人们在依赖自然界长期生存中形成的、一种具有自然主义的文化,与自然界是融为一体的表现形式,包括物质生产、消费生活以及精神生活等方面,将对土地、自然的关爱与人联系在一起,形成了"天地人和""天人合一"等生态理念。社会文化则是人类的社会关系层面,人与人的交往、相处,体现在政治制度、家庭伦理、人的德与善和行为规范等方面,形成一套具有典型人化色彩的社会人文理念，包含了人际关系和谐相处的生态思想。

人类的文明源于农业，但农业并不仅仅就是耕地和粮食，它必须有一个"土壤—农作物—林木—草植被—水体—水生物"相互支撑的基本生存体系。中华民族历来崇尚"天地人和""阴阳调和"与"天人合一"的观念，并且把热爱土地和保护自然融入这些观念中。在实践中创造并总结了一整套提高耕作技术的丰富经验和一些管理制度。舜帝时，设立了管理自然的虞官伯益；到先秦时代已设有山虞、泽虞、川衡、林衡等管制，并制定了实施环境保护规定。农耕文明时期形成"上因天时，下尽地财，中用人力，是以群生遂长，五谷蕃殖"①朴素自然观念。综观中外历史，延续至今的古老文明都是以农耕文明为基础的；强调对自然资源休养生息的民族，其古代文明也延续至今；越是不断更新自然力的文明，就越是能持续繁衍不息。我国许多农田已开垦耕作了上万年，至今仍然丰产丰收，就是有力的佐证。中国的农耕文明来自古人的农业生产实践和对自然的长期认知。土地、草原、江河湖泊等为人们提供了最基本的生活资源，自然界的各种天气现象直接影响着人们的生存，中国古人在长期的生活生产中逐渐产生了一些朦胧的基本生态意识，把人、动物、植物、江河湖泊、山石草地、日月星辰、风雨雷电等看作是自然界的共同存在物，这些存在物是紧密联系在一起的。人在自然界的一切活动离不开自然界，并受到自然界的影响。为了生存，人们形成了对自然界的初步认知，要依赖自然、保护自然，同时要探寻和掌握自然的规律，以使更好地生产生活。中国农耕社会中积累下的生态思想是中华民族繁衍生息的宝贵精神财富。

————————————

① 《淮南子·主术训》。

二、中国古代生态思想的主要内容

(一)人与自然融为一体

古人对人和自然有着同样的仁爱之情,主张人与自然要形成一个和谐的统一体,天地人合体为一。老子和庄子是中国历史上最早主张保持人与自然和谐统一关系的思想家,是后世生态环境保护主义者共同的开山老祖。庄子说:"夫明白于天地为德者,此之为大本大宗,与天和者也;所以均调天下,与人和者也。与人和者,谓之人乐;与天和者,谓之天乐。"①《易传》是以"天人合一"的思想为基础,以"天地人"三才之理为自然法则,试图构建有条理的世界体系。《周易》中宇宙模式的提出,天在上,地在下,人居其中,构成天人合一的宇宙模式,强调人与自然应当和谐相处,不可违背自然规律,应该"先天而天弗违,后天而奉天时。"《老子·道德经》中的"道法自然"提醒人们要顺应自然、适应自然,追求天地人三者之间的和谐。《荀子·天论》说:"天有其时,地有其财,人有其治,夫是之谓能参。""参,三也。天、地、人事三合,乃可以成大功。"人与天地参,就是天、地、人相互作用,相辅相成,协调发展。这里除了"天命""顺天"思想外,更加强调和谐、合作,宣传人与自然万物的生态协调思想,追求"和—合"的境界,是生态良性循环目标的体现。②孔子在《论语》中提出仁者爱人的思想。孟子进一步发挥了这一思想,明确地把"爱人"扩展到"爱物",提出了"亲亲"

---

① 庄子:《天道》,上海古籍出版社,1982年,第8页。
② 参见姜春云:《中国生态演变与治理方略》,中国农业出版社,2005年,第12~13页、第19~21页。

"仁民""爱物"的伦理原则。他说："君子之于物也，爱而弗仁；仁而弗亲。亲亲而仁民，仁民而爱物。"①这些观点表明了人对万物要关爱。宋代的张载和朱震则是比较明确地表达了天人合一的观点。张载提出了"民胞物与"的观点。他认为民众是自己的同胞，万物和人的本性是一致的，即"民，吾同胞；物吾与也"②。人们应"博施济公，扩大天下"。在这里表达了人和物都是秉天地之气而生的，天地是人与物的父母，人与物的本性是统一的，因此人类之间应以同胞兄弟而看待，同时也应将自然万物看作自己的同伴朋友，人不仅要与人和睦相处，保持社会的和谐有序，还要与自然万物和睦相处，保持自然界的和谐有序。朱震将自然界的万物与人的孝道连接在一起，强调了保护自然万物的重要性。他说："万物分天地也，男女分万物也，察乎此则天地与我并生，万物与我同体。是故圣人亲其亲而长其长而平天下。伐一草木，杀一禽兽，非其时，谓之不孝。"③古人能够正确对待自然万物，把保护自然万物作为伦理规范提了出来，并将"孝"的范畴扩展到自然界，体现了对待自然万物的伦理情怀和将人与自然万物融为一体的和谐理念。

人与自然具有共同的本源。儒家把宇宙的本源称作太极，道家把宇宙的本源称作"道"或者"自然"，他们都认为宇宙万物产生于一个本源。《易传·系辞》中提到，是故易有太极，是生两仪，两仪生四象，四象生八卦。④太极作为永恒的终极存在是产生万物的根源，"八卦"即以八种元素象征自然万物。老子在阐述作为宇宙本源的"道"时说："有物混成，先天地生。寂

---

① 阮元校刻：《十三经注疏》，中华书局，1980年，第2771页。

② 张载：《张载集》，中华书局，1978年，第62页。

③ 《汉易传·说卦》，上海古籍出版社，1982年，第8页。

④ 阮元校刻：《十三经注疏》，中华书局，1980年，第82页。

兮寥兮,独立而不改,周行而不殆,可以为天地母。《老子·第二十五章》中写道,人法地,地法天,天法道,道法自然。"[1]这样的描述与现代科学的宇宙大爆炸十分吻合,体现了宇宙生成、演化的思想,也体现了宇宙万物具有共同起源的思想。人是宇宙万物之一,与宇宙是同生演化而来的。

人与自然是相生相依的有机整体。道家认为,元气是形成万物的基本元素,绵延的元气充满整个宇宙空间,使宇宙成为一个不可分割的整体。《庄子·秋水》中提到,元气"至精无形,至大不可围","无形者,数之所不能分也;不可围者,数之所不能穷也"。[2]天地中的元气吸引排斥,聚合离散,人和天地万物在元气中生成、寂灭。《礼记·礼运》中说:"故人者,其天地之德,阴阳之交,鬼神之会,五行之秀气。"[3]古人将人与万物看作同一的气,人作为自然的有机组成部分,人与万物结成有机整体,与自然在演化过程中融为一体。就像《中庸》中所说的,人通过至极真诚和通晓道理发挥自己的本性,与天地合,从而能够发挥物的本性,帮助自然化育万物,从而获得"与天地参"。可见,人的气与天地万物融为一体,相伴而生,相依而存。

(二)注重生态资源的保护与利用

农耕文明使得中国古人学会了保护自身生存的资源,深深懂得保护土地、山川、森林、动物等自然资源的重要性。阴阳五行学说是我国古代自然科学的理论基石。我国古代依据这一学说把各种自然因素抽象为五行,通过五行相生相克建立一个动态平衡,对某一因素的过度削弱则造成平衡的破坏。这一理论应用极为广泛。同时还强调"天人合一""天人共荣"

---

① 陈鼓应:《老子注译及评介》,中华书局,1984年,第5页。
② 《中国哲学》(第二辑),生活·读书·新知三联书店,1980年,第3页。
③ (清)阮元校刻:《礼记正义》,《十三经注疏》,中华书局,1980年,第1423页。

"天时、地利和人和"，指出人类要按自然规律办事。我国古代强调对自然资源的合理利用体现在诸多的典籍之中。《管子》中提及："工尹伐材用，无于三时，群材乃植。为人君而不能谨守其山林值泽，不可立为天下王。"《荀子·王制》中提到，"草木荣华滋硕之时，则斧斤不入山林，不夭其生，不绝其长也……污池渊沼川泽，谨其时禁，故鱼鳖优多而百姓有余用也，斩伐养长不失其时，故山林不童而百姓有余材也"。"修火宪，养山林薮译草木鱼鳖百索，以时禁发，使国家足用，而财物不屈，虞师之事也。"①古代强调开发与保护相结合，以保证永续利用。如《管子·度地》中提到，在河堤上"树以荆棘，以固其地，杂之以柏、杨，以备决水"，也就是保护水土环境。因地制宜发展经济林的记载在《史记·货殖列传》中提到，"安邑千树枣，燕、秦千树栗，蜀汉、江陵千树橘，淮北、常山以南，河济之间千树荻，陈、夏千亩漆，齐、鲁千树桑麻，渭川千亩竹……此其人与千户侯等"②。

　　利用法令保护生态资源。西周的《伐崇令》规定，凡乱伐树木者"死无赦"。管子主张："荀山之见荣者，谨封而为禁。有动封者罪死而不赦。有犯令者，左足入、左足断，右足入，右足断。"③秦代制定了我国最早的关于保护生物资源的法律——《田律》。《礼记·月令》根据保护生物资源及生产的需要，曾提出过各季、各月环境与生态保护的具体规定。《吕氏春秋》中提出的"四时之禁"，《淮南子·主术训》中有关保护生物资源的"先王之法"。西汉以后不少生态道德准则变为帝王的具体诏令而强制臣民遵守，如汉宣帝元康三年，诏"令三辅毋得以者夏摘巢探卵，弹射飞鸟，具为令"。北魏孝文帝于太宏九年下诏："男夫一人给田20亩"，以"种桑50树，枣5株，

① 王先谦：《荀子集解》，中华书局，1988年，第165页、第168页。
② 司马迁：《史记》，中华书局，1959年，第95页。
③ 赵守正：《管子疏解》，北京经济学院出版社，1989年，第36页。

榆3根"，三年完成，否则"夺其不毕之地"。唐高祖武德元年，诏令禁献奇禽异兽。宋太祖建隆二年，禁春、夏捕鱼射鸟。这类禁令深入民间，到清代演化为家规族法，成为封建王朝时期国有法律、法令的补充。清代湖北麻城《鲍氏宗谱》规定，山前山后各有禁限，盗砍树木者，杖二百。

综合利用环境资源，有效保护生态环境。古人发明鱼类混合放养技术，把青、草、鲢、鳙四种鱼混合放养以利用不同水层的资源。古人发明了稻田养鱼技术，《岭表录异》载："先买鲩鱼子，散于田内，二年后，鱼儿长大，食草根并尽，既为熟田，又牧鱼利，及种稻，且无稗草。"①还有"桑基鱼塘"和"蔗基鱼塘"等模式，不仅保护生态环境，还产生了良好的经济效益。

合理利用自然资源，不要过度采伐。《周易》中有"天地节而四时成，节以制度，不伤财，不害民"的思想。儒家要求统治者节制自己的行为，克制欲望。管仲提出："宫室必有度，禁发必有时"，要求人们开发利用自然资源要按照规定的时节进行。孟子认为，"故苟得其养，无物不长；苟失其养，无物不消"，如能认真保护生物资源，生物资源就会取之不竭，反之就会枯竭。荀子提出："群道当则万物皆得其宜"的道德观念，强调合宜恰当地对待自然万物，实现永续长久利用。陆贽在《均节赋税恤百姓六条疏》中说："夫地力之生物有大数，人力之成物有大限，取之有度，用之有节，则常足。"古人已经认识到地球资源的有限性，指出人类对自然的消费应该遵循适可而止的原则。如果人类放纵自己的欲望，无限制地予取予求，其结果是超出自然的承受能力，必将遭到自然界的报复。对此，老子指出贪得无厌会带来无穷的灾难。因此，老子批判奢侈，追求俭朴的生活方式，反对放纵自己的欲望。老子要求人类"少私寡欲"。"去甚，去奢，去泰"，"不尚

---

① 刘询：《岭表录异》，中华书局，1980年，第5页。

贤,使民不争。不贵难得之货,使民不为盗。不见可欲,使民心不乱"。意思是要懂得适可而止,节制欲望,将自己置身于功名利禄之外,以求长治久安。人类只有从宇宙生态伦理出发,自觉克服自己的私欲,才能保持人与自然关系的和谐。

(三)农业、水利的生态生产与使用

土壤是农耕的基地,中国很早以前就形成了"土宜学说",即在不同类型的土壤上种植与之相适应的农作物。《禹贡》《诗经》《诗·大雅·绵》《周礼》《礼记》《左传》《汉书》《公羊传》等典籍中都有记载对土壤的分类、合理使用、休耕,以及节令农事的做法和技术。《周礼·司徒》中有关于土地的分辨方法记载:"辨十有二土之名物,以相民宅而知其厉害,以阜人民,以蕃鸟兽,以草木,以任土事。辨十有二壤之物而知其种,以教稼穑树艺。"①《管子·地员》中记载了对土壤进行系统分类,并分别记载了与其适宜的作物和野生植物。《孝经援神契》中说,黄白土宜禾,黑垆宜麦,赤土宜粟,汁泉宜稻。注意土壤改造,陈欺在《农书》中记载,虽土壤异宜,顾治之如何耳,治之得宜,皆可成熟。《天工开物》中记载:"土性带冷浆者宜骨灰蘸秧根(凡禽兽骨),石灰淹苗足,向阳暖土不宜也",即用碱性肥料改良酸性土壤。

(四)保护动植物,维持生态平衡

古人深深懂得永续利用自然资源的重要性。《吕氏春秋·长利》中记载,利虽倍数于今,而不便于后,弗为也。儒家文化也倡导人们要保护自然,提倡在砍伐、捕鱼和狩猎等方面的一些行为规范,并制定了一些保护

---

① 阮元校刻:《十三经注疏》,中华书局,1980年,第703页。

野生动植物资源的积极措施。

一是对砍伐、捕鱼和狩猎作出"时禁"的规定。古人对砍伐林木的时间有严格的规定,反对滥砍滥伐。《逸周书·文传》中记载:"山林非时不登斤斧,以成草木之长。"《管子·八观》中记载:"山林虽广,草木虽美,禁发必有时。"《大戴礼记·曾子大孝》中记载:"草木以时伐焉。"禁止砍伐林木的时间主要是春季和夏季的草木荣华滋硕之时。《管子·禁藏》中记载:"当春三月……毋伐木,毋夭英,毋折竿,所以息百长也。"《礼记·月令》中有孟春之月"禁止伐木",仲春之月"毋焚山林",孟夏之月"毋伐大树",季夏之月"毋有砍伐"等记载。即便是在允许采伐的季节,采伐的时间也有一定的限制。《周礼·山虞》中记载:"令万民时斩材,有期日。"

古人对捕鱼也有一定的时间限制。《逸周书·文传》中记载:"川泽非时不入网罟,以成鱼鳖之长。"《荀子·王制》中记载:"鼋池渊沼川泽,谨其时禁,故鱼鳖优多而百姓有余用也。"《周礼·泽虞》中记载:"掌国泽之政令,为之厉禁。"一般来说,古人主要是在鱼类和其他水生动物孕别时,即怀子与产卵期间禁止捕鱼。《逸周书·大聚》中具体指为"夏三月"。《荀子·王制》中记载:"鼋鼍鱼鳖鳅鳣孕别之时,网罟毒药不入泽,不夭其生,不绝其长也。"[1]

同样,狩猎也有时间限制。《逸周书·文传》中记载:"畋猎以时,童不夭胎,马不驰骛,土不失宜。"《管子·禁藏》中记载:"当春三月……毋杀畜生,毋拊卵……"《大戴礼记·卫将军文子》中记载:"开蛰不杀。"《礼记·月令》中记载,孟春之月"毋覆巢,毋杀孩虫,胎夭飞鸟,毋麛毋卵";季春之月"田猎置罘、罗网、毕翳、餧兽之药无出九门";孟夏之月"驱兽毋害五谷,无大田猎"。[2]

---

① 王先谦:《荀子集解》,上海书店,1986年,第105页。
② 阮元校刻:《十三经注疏》,中华书局,1980年,第1357页。

二是为了保护生态环境,保证资源的可持续利用。古人对于砍伐、捕鱼和狩猎的对象和方法也有一定的限制。《国语·鲁语》强调:"山不槎蘖,泽不伐夭。"《逸周书·文传》中记载:"无杀夭胎,无伐不成材",对砍伐对象加以严格的限制。《礼记·王制》中规定:"木不中伐,不鬻于市。"①这是通过对买卖交换加以限制所采取的措施。古书中还有禁止捕捉小鱼的记载,所谓"鱼禁鲲(鱼子)鲕(小鱼)",为此,禁止使用小鱼网(罜)。《孟子·梁惠王上》记载:"数罟(密网)不入缗池,鱼鳖不可胜食也。"《吕氏春秋·具备》记载了春秋时期季子把鲁国父这个地方治理得很好,以致老百姓自觉地不取小鱼。另外,禁止竭泽而渔和使用毒药。《逸周书·文传》中有"泽不行害"的内容,也就是不许使用毒药,其意义在于防止斩尽杀绝式的捕鱼。同样,古人也反对斩尽杀绝式的狩猎,并有一系列的规定。《礼记·王制》中有"天子不合围,诸侯不掩群","不麛不卵,不杀胎,不夭牷,不覆巢"②的记载;又有"禽兽鱼鳖不中杀,不粥于市"③的规定。《周礼》中有掌管狩猎事务的"迹人",也规定"禁麛卵者与其毒矢射者",禁止猎取幼兽、怀孕母兽,禁止攫取鸟卵,倾覆鸟巢和使用毒箭。《逸周书·文传》中所说:"不麛不卵,以成鸟兽之长。"这与《国语·鲁语》所说的"……兽长麑,鸟翼鷇卵,虫舍蚔蝝,蕃庶物也"的精神是一样的。

三是制定了一些保护野生动植物资源的积极措施,比如建立"蕃界",相当于现在的自然保护区。《周礼·山虞》中记载:"掌山林之政令,物为之厉,而为之守禁。"对山林中的各种资源设立"蕃界"而"遮列"之,实际上就是建立自然保护区。当时的各种"时禁",主要是在这些"保护区"内实施

---

① 朱彬:《礼记训纂》,中华书局,1996年,第201页。

② 阮元校刻:《十三经注疏》,中华书局,1980年,第1333页。

③ 朱彬:《礼记训纂》,中华书局,1996年,第179页。

的。如《周礼·山虞》中所说的："春秋之斩木不入禁。"非禁区春秋可以"斩木"，但不是毫无限制，如《礼记·月令》就规定，季春之月"毋伐桑柘"，其范围当不限制在山林地区。

(五)关爱动植物

中国的古书中有大量关爱动植物的记载，思想家也表达了对万物生命的珍爱之情。道家认为，"道"是宇宙的本原，先于天地而存在，并以其自身的本性为原则产生万物，世界万物生而又生，生生不息，保证万物生生不息，乃是人类之"大德"。儒家在论述"仁"时也常常把道德范围扩展到自然界，即从"仁民"而"爱物"。孔子把保护自然提到了道德行为的高度，也把伦理的范畴从"人"推广到"物"。孔子把杀人和杀动物都看作不义，即不道德的行为。孟子在《孟子·尽心上》中提出"仁民爱物"的主张。他说："君子之于物也，爱而弗仁，仁而弗亲。亲亲而仁民，仁民而爱物。"①他认为，应该将恻隐之心也布施于动物，反对无缘无故杀生，认为无故杀生是一种残忍的行为。汉代的董仲舒明确地把道德关心从人的领域扩展到自然界。他说："质于爱民，以下至于鸟兽昆虫莫不爱。不爱，奚足以为仁?"②董仲舒把"仁"的范畴扩展到了鸟兽鱼虫，完成了"仁"从"爱人"到"爱物"的根本转变。宋代以后儒学把"生"看成宇宙的本体，把"仁"与整个宇宙的本质和原则相联系，认为"仁"是一种生命精神和生长之道。朱熹认为，在整个自然界和社会中任何人、任何物均有其各自独立的生命价值和生命意义，不应分贫贱富贵，高低优劣，皆应予以尊重理解和爱护。明代的王阳明把"仁"的精神推及宇宙万物。他认为："大人者，以天地万物为一体也……是故见

---

① 阮元校刻:《十三经注疏》，中华书局，1980年，第2771页。
② 《春秋繁露·仁义法》，上海古籍出版社，1982年。

孺子之入井而必有怵惕恻隐之心焉,是其仁之与孺子而为一体也。孺子犹同类者也,见鸟兽之哀鸣,而必有不忍之心焉,是其仁之与鸟兽而为一体也。鸟兽犹有知觉者也,见草木之摧折而必有怜悯之心焉,是其仁之与草木而为一体也,草木犹有生意者也。见瓦石之毁坏而必有顾惜之心掩,是其仁之与瓦石而为一体也。"[①]到了清代,戴震进一步提出"生生之德"。他说:"仁者,生生之德也。所以生生者,一人遂其生,推之而天下共遂其生,仁也。"[②]他认为,这种仁不是只求人类"遂其生",而是推之以天下万物,使天下万物"共遂其生",便是"仁",便是人之"大德"。

可以说,把道德关心从人的领域扩展到整个自然界,既关心人的生生不息,又关心自然界生命的生生不息;既对人类讲道德,也对自然界讲道德,这些正是我国古代伦理思想的精华所在。需要指出的是,儒家虽然提倡仁爱生命,但并没有抹杀人与自然的区别,这是与当代西方的一些非人类中心主义有区别的。相对于非人类中心主义者完全抹杀人与自然物的区别而言,中国古代的这种"爱有等差"的认识显得更合情理,更切合实际。

佛家主张众生平等,尊重自然界的一切生命,认为大自然的一草一木都有其存在的价值。佛教强调慈悲为怀,关爱众生,把所有生命的痛苦当作自己的痛苦去体验,使"爱"或"慈悲"所关注的对象不仅限于人,而且还要遍及所有生物。"把爱的原则扩展到动物,这对伦理学是一种革命。任何生命都把保护自己的生存当作至高无上的目的,这是生命世界的准则"[③]。"不杀生"的道德信条表现出了尊重生命、善待万物的生态保护思想。

---

① 王守仁:《王阳明全集》,上海古籍出版社,1992年,第968页。

② 戴震:《孟子字义疏证》,中华书局,1982年,第48页。

③ [法]阿尔贝特·史怀泽:《敬畏生命》,陈泽环译,上海社会科学出版社,1992年,第76页。

（六）人本体的生态思想

人是社会活动的主体，人是自然界的组成部分，人要实现自身的发展。在农耕文明的长期演化中，古人在对自身、自然和他人的行为、品德和准则等方面的理性思考都给后人留下了宝贵的精神财富。

1. 人的身心要和谐

道家认为和谐就是美，只有理解"道"的人，才会体会自然之美；只有奉行"道"的人，才不会去强求无法到达的成功，因而总是能不断前进；在山林旷野中有无穷的快乐，这就是"本真"的状态。儒家发扬"和合"的思想。孔子主要把"和"的概念应用于人际关系，主张"为政应和"。他说，君子和而不同，小人同而不和；礼之用，和为贵；乐者，天地之和也；礼者，天地之序也。"和故百物归化。序故群物皆别"。孟子强调"人和"，"天时不如地利，地利不如人和"，因而"得道多助，失道寡助"。

2. 人对自然的行为要有节制

首先，人在自然界的活动要有节制，规范自己的行为。在中国农耕社会，人们的生产活动要遵循自然界的运行规律，按照节令耕种，按照动物的生长规律而渔猎。孟子强调，不违农时。《齐民要术》也说，"顺天时，量地利，则用力少而成功多，任情返性，劳而无获"。为了掌握农时，人们积累了丰富的物候学知识，见于《夏小正》《吕氏春秋》《淮南子·时则训》和历代农书及流传于民间的俗谚。物候是生物对气候变迁的反映，二十四节气中有关物候的即有惊蛰、清明、小满和芒种等。《易传》中记载："夫大人者，与天地合其德，与日月合其明，与四时合其序，与鬼神合其凶。先天而弗违，后天而奉天时。"①就是说，在天地人的关系中强调按自然规律办事，顺应自然，谋求天地人的和谐。当然，人不是消极地顺应自然，而是在遵从自然规律的条件下采取积极的态度。

其次，人对自然要有德。通过对天灾、天祥等自然现象的观察，反观人对自然影响的效应，从而警醒人们对自然的敬畏。儒家用人道来塑造天道，把社会的伦理原则放大为宇宙的原则，把人道上升为天命、天道，使天道符合人道理想；又以伦理化的天道来论证人道的合理性，把自然万物的生长过程、天地生物的发展过程与仁义礼智联系在一起。由人而天，又由天而人，从而实现天人合德，天道与人道贯通，人与自然在道德上实现统一。如认为"仁"是人的最高德性，是人之所以尊贵的原因，它就是来自天地"生生之德"或"天地生物之心"。孔子在歌颂尧的伟大时说："大哉尧之为君也。巍巍乎天为大，唯尧则之。荡荡乎，民无能名矣，巍巍乎其有成功也。焕乎其有文章。"②尧的行为就是以天为准则，效法天道，成就建立社会文明的伟业。孔子认为讲人道就是讲天道，人的道德来源于天的道德。在人与自然的意识或者认识能力方面，《庄子·知北游》中指出："天地有大美而不言，四时有明法而不议，万物有成理而不说。圣人者，原天地之美而达万物之理。"③

3. 人的社会行为要有规范

儒家、道教、法家、佛教等都十分重视对人的教化和行为的引导，注重对人的行为品德的培育。人是社会的人，人的行为要遵循社会道德规范。农耕社会的农民在封建君主制度的统治下要安分守己，奉公守法。儒家提

---

① 阮元校刻：《十三经注疏》，中华书局，1980年，第17页。
② 同上，第2487页。
③ 陈鼓应：《庄子今注今译》，商务印书馆，1983年，第404页。

出的"仁、义、礼、智、信"等是人的自身发展境界。中国古人提出"修身、齐家、治国、平天下"是对人的自我发展的一种社会责任的体现。从另一个角度看,要想平天下,首先要做到修身。修身就是自身的修养达到一定的水平,内心、品行达到一个至高的境界,这是一种自我精神的生态追求。孔子大力倡导的"仁者爱人"的伦理原则,以及他提出的"己所不欲,勿施于人""己欲立而立人,己欲达而达人",是对人自身修为的深刻认知。道家的"无为",儒家的"中庸"之道,"天地之性和为贵"崇尚以和为贵、以和为美、和而不同,追求和平、和睦相处,对不同意见者秉持和为贵,但和而不同的态度。"和"的思想是中华文化的基本精髓和中华文明的基本精神,"和"指"太和""中道"等。这种和的精髓在古代强调重视人的自身修为,约束自我的社会行为,尊重不同意见者,形成人与人、人与自然、人与社会的和谐相处。

三、中国古代生态思想的特征

中国古代生态思想具有明显的引导性功能,与古希腊、古印度等的生态思想相比,强调对人的行为、品行等的引导和鼓励,强调人对自然的兼爱和对自然规律的遵守。

(一)天人一体的人本理念

中国古代的思想文化中,人是社会的主体,在天地人的关系中,在生命价值的顺序中人是首要的。儒家尤其重视人的价值。在天人关系、人物关系上,首先重视的是人,只有人才具有仁义道德,所以人在天地万物中具有最高的价值。在对"天"的解释中就是立足于人的产生,世间万物皆因"天"所生,天是指自然界,人是天地生成的,人与天的关系是个别与一般、部分与整体的关系，人与万物既然都是天地所生，他们是共生共处的关系，当然应该和睦相处。儒家推崇的"仁"最初是指"爱人"，由"亲""仁"到"爱"的程度差异体现出亲人、他人、物的价值差异。道家提出的"天人一体"体现了人本生态思想。"道法自然"的思想就是强调人来自于自然，是自然的一部分，人与自然和谐统一是以人为主的。道家承认人与自然和谐统一，同时以人为本，但不承认主宰者。天就是自然，人是自然所生，但人能变天然的东西为人为的东西，两者是统一的。也就是说，人与自然万物的关系，人是主动的一面。事实上，正是这种人本生态思想道出了人与自然的区别，即人能把自然的东西变为人为的东西。中国古代思想家们当然离不开从人的利益出发阐述"生态伦理"思想，因为生物和自然界对人是有价值的。这也体现出中国古代思想家的人类生态思想，开始把人独立于自然界，即有了人本思想。

(二)恩及体外的生态道德

中国古代的道家、儒家、佛教等都不同程度地将爱惠及动植物、山川河流。古人对自然的关爱是等同于自身的。古人已初步认识到，某些生物之间、动物与天敌之间以及生物与环境之间存在着密切联系。生物的生存与繁殖受到周围环境的制约，离开必要的生存环境条件，生物便不能生存，更不能繁衍后代。古代的生态道德准则主要是尊敬动物，珍惜生命，仁爱万物，以时养杀，以时禁发。老子认为天下万物都有自己的位置，没有贵贱之分，因为贵贱可以循环往复、相互转化。老子的"守中"思想则强调了人要尊重自然规律，万物无贵贱之分，万物是平等的，万物的生长和成熟是物质和环境的相互作用，因而天下万物尊崇"道"，贵重"德"。董仲舒提到:"恩及草木,则树木华美,而朱草生。咎及于木,则茂木枯槁。"[1]儒家思想中将仁、爱从人推及动物、植物以及万物的思想正是将对人的关爱延伸到自身体外的体现,是一种典型的恩及体外。

(三)整体性的思维方式

从远古时期开始的天人浑然一体到天人合一、天地人合,体现了中国古人综合的思维方式,这种思维方式源于人对自然的敬畏,对动植物山川河流的热爱,人将自己融入大自然的运行之中,人与宇宙万物同源。既然天地代表大自然,人与其他生物又是自然所生,这就形成了人、生物和环境等自然现象相互统一的整体。从周代起,经先秦至明清,历经三千多年,这种"天地人合一"的思想为大多数哲人所宣扬、解释和发展,成为代表中国哲学基调的思想,并在发展中又不断丰富和完善。"天地人合一"思想具有宏观、整体与和谐的内质,体现了整体思维方式。"道法自然"的实质是人与自然的统一。《黄帝内经》的"阴阳消长"学说揭示了物质循环运动的规律。《周易》提出,保"合"太"和","乾"道变化,各"正"性命,保"合"太"和"乃"利贞"。它以整体的法则存在,保持大自然的和谐,才使万物各得其"所",各得其"宜",真正祥和有益,持续纯正。

(四)明显的宗法家国政治色彩

中国古代生态思想中带有浓厚的宗法血缘关系色彩,存在着家庭中心主义倾向。《尚书·周书》中提出以天地万物为父母,孔子则把孝的原则推广应用于调节人与生物的关系。曾子说:"孝有三:小孝用力,中孝用劳,

---

① 苏舆:《春秋繁露义证》,中华书局,1992年,第372页。

大孝不匮。""孝有三:大孝尊亲,其次弗辱,其下能养"①,用财物养亲是奉行孝德的表现,这必须以时断树杀兽才能做到。《礼记·祭义》中提到,"博施备物,可谓不匮矣"②。如果违时断树杀兽,财物就会匮乏,那就是不孝了。张载的《西铭》篇中以家庭中父母兄弟的关系来说明人与天地万物的关系,他把人与天地万物的关系看作家庭关系,从而得出了"民胞物与"、泛爱万物的结论。在他看来, 人与天地万物的关系不过是家庭关系的放大、扩展和延伸,而这种亏其体与辱其身一样,是违背孝道的。生态道德与政治、法律相结合,成为服务于剥削阶级政权和宗法家庭制度的思想上层建筑。早在夏商之际,人们就把保护动物视为君王的道德行为。《史记·殷本纪》中提到关于商汤网开三面,仁德广施到禽兽的行为得到了诸侯们的赞美,后来便纷纷归顺商汤。在这里,保护禽兽不但是一种生态道德行为,更重要的是君王征服人心的政治行为,具有生态道德的政治意义。孟子是把保护生物资源以满足百姓的生活需要作为推行王道仁政的起始和措施来看待的。生物资源得到保护,财物充裕,老百姓温饱得到满足,是仁政的基本要求,也是统一天下的基本条件。荀子对先秦时期的生态道德作了比较全面的总结,他认为君主应当善于协调生物群落的关系,使各种生物和谐发展,动物得以兴旺繁衍,其他生物也才能得以生存。为此,他建议圣王应做有德之君,将保护生物资源作为一项制度确定下来。正如管子所说的那样,为人君如果不能谨守其山林薮泽草莱,就不可以为天下王。

(五)深厚的哲学基础

中国古代生态思想具有相当坚实的哲学基础,也就是人与天、地、万

---

① 阮元校刻:《十三经注疏》,中华书局,1980 年,第 1599 页。

② 同上,第 1598 页。

物的一致性。在人与自然关系问题上,占主导地位的是天人协调、天人统一的哲学思想。在古人看来,自然界有道德属性,人们可以从中引出人道、引出社会道德观念,并把它作为处理人与人之间关系的行为准则,在此基础上返回到自然界,借此作为处理人与万物关系的道德准则。《周易》中的"天行健,君子以自强不息"和"地势坤,君子以厚德载物"的说法都认为君子的自强不息和厚德载物的道德精神来自天地自然。《周易》还认为,天道、地道、人道有着内在的贯通性,也就是人道是从天道、地道中引发出来的。西汉董仲舒已明确主张对动物应该采取仁爱态度。宋代张载进一步将仁爱原则推广到包括非生命物质,但他们并没有认为动物本身有道德属性。张载从人己、物我均为一气所化,并从以气的本性为性的角度论证了人性与天道的一致性。他在中国哲学史与伦理史上明确地提出了"天人合一"概念,由此推论出"民胞物与"与兼爱万物的伦理学说。明代王阳明从"大人与物同体"的角度论证了人仁爱鸟兽草木瓦石的合理性,明确地把仁爱原则进一步推广到非生命界。朱熹从哲学上论述了中国封建道德的原则与主要规范根源于天道自然及其在生物方面具体表现的问题。他认为,天道、地道与人道是相通的,人类与禽兽的区别主要在于所禀道德观念多少、偏全、通蔽不同。

四、中国古代生态思想的当代启示

中国古代生态思想源远流长,虽然比较朴素,没有达到理论化、系统化的程度,但却有丰富的内容,对当代生态文明建设和生态环境问题的治理具有重大的借鉴价值。中国古代生态思想纠正了西方生态伦理学中全部道德规范都是调节人与人之间关系的观点。中国的道德哲学与生态伦理思想中的万物一体、珍惜生命、仁爱万物等观点，已经把社会道德贯彻到自然界。从中国古籍中把这类内容剥离与筛选出来加以概括、提炼，对建立具有中华民族特色的生态哲学具有重要意义。汤因比对中国传统文化中的生态伦理思想推崇备至，他认为："对现代人类社会的危机来说，把对'天下万物'的义务和对亲爱家庭关系的义务同等看待的儒家立场是合乎需要的，现代人应当采取此种意义上的儒教立场。"①目前，人类社会正步入一个"农业—工业—商业—文化—科技—教育"相互促进的人文生态环境，只有一个尊重生态、热爱自然的人类思想意境和一个良性循环的自然—经济—社会大系统的稳定进化，才能形成现代生态文明社会。当代社会经济发展中出现的自然环境问题、人的精神空虚、社会失衡等都需要从古代的生态思想中借鉴有益的思想。

（一）人类与自然万物始终是共生共存的一个整体

人类社会几千年的发展经验表明，人类与自然是不可分割的整体，无论科技多么发达，社会多么进步，文明发展到什么阶段，自然与人类之间的相互依存、相互影响的关系是不会改变的。自然界是一个有机整体，人类只是其中的一部分，其他生物具有与人类平等的生存权利；生物之间是相互依存、共生共存的，自然万物是人类的生命之源，是人类的亲密伙伴；自然界是人类社会生存与发展的基础。因此，人类必须将人伦道德扩展到整个自然界，人类必须把大爱扩展到一切生命体，确立与自然万物共生共存的大生命观念，有意识地维护自然界生物的多样性。我国在工业现代化发展过程中，对自然环境生态的忽视，对自然资源的过度开发、不合理利

---

① ［英］汤因比、［日］池田大作：《展望二十一世纪》，荀春生等译，国际文化出版公司，1985年，第427页。

用,对河流水域、山川生态系统的破坏等已经产生了严重的环境危机。重新发掘人类与自然万物的关系,对可持续发展具有重要的哲理价值。在现代的社会生产中,必须抛弃人类中心主义、科技万能论、主客二元论、人与自然分离的观念,人类与自然万物的同源关系是不会改变的。确立人与自然万物共生共存的生命一体观,保护自然界的生物多样性,是人类持续发展的基本保障。

(二)遵循自然规律,保持人与自然的和谐关系

人与自然的关系是一个基本哲学问题,是古代的思想家、哲学家一直在研究和思考的论题。中国古代生态思想中的人与自然的和谐关系是一个被证明了的论题,大自然是人类赖以生存的基础,也是一个具有独立发展规律的有机整体。人类在向大自然索取资源时,必须遵循自然规律,主动与自然保持和谐关系。否则,如果误以为自己是自然的主人,可以任意改造和征服自然,从而无休止地向大自然索取,那就必然会动摇人类生存的基础,遭到大自然的无情报复,危及人类的生存。要重构人与自然的和谐关系,就必须正确对待消费与节俭的关系,关注长期效益、长远利益,坚持适度原则、节约原则、有限原则,合理开发利用有限的资源,坚决反对因过分追求经济效益而大肆掠夺、破坏自然的行为,保护生态环境的平衡,实现人口、资源、环境和经济社会的协调发展。正确处理人与自然的关系,化解生态危机,寻求人与自然的和谐已经被全人类迫切关注。人与人的关系和人与社会的关系都不同程度地受到人与自然关系的制约。人与自然的关系是否和谐关系整个社会的和平与进步。人类要珍爱资源、保护环境,促进人口、资源、环境的协调发展。人与自然的和谐是当今社会的重大课题,对人与自然关系的重新确证,是建构、尊重自然的有效途径。

(三)尊重生物等非人类物种的生命,拥有博爱天地万物的大爱

中国古代生态思想中包含着对万物的"兼爱",人类应在人与自然平等的基础上,爱护其他一切自然物和人造物,"仁者以天地万物为一体",具有重要的生态伦理学价值。中国古代思想家尊重生命的思想具有普遍性和连续性,并为大多数后来的思想家所继承和发展。"天道生生"是中国古代哲学中与"天地人合一"并列的思想。"天道"是自然界的变化过程和规律;"生生"指产生、出生,一切事物生生不已。自然界的一切事物的产生和发展都遵循一定的规律,自然界生物生生不息,既是自然之"道",又是自然之"德"。世界万物生而又生,生生不息,博爱万物,人类才能与万物共存。生态危机的发生警告人类应该尊重自然万物,从生态道德的角度认识人类生命和自然界的生存统一。只有尊重自然界每一种物种的生存权利,保持生物的生态系统平衡,这样人类才能持续生存发展下去。

(四)生生不息的生命循环理念构成宇宙世界

中国古代生态思想对生命极为重视,不论是人的生命还是其他生物的生命,这些生命不但重要而且还是循环不已。程颢把"天理"作为他的哲学的最高范畴。他说"天只以生为道",天理即"生","生"是宇宙的本体。也就是说,在生生不息的天道之下,产生天地万物,人是天地万物之一。人只有明白这个道理才成为仁者,因此"仁者,以天地万物为一体,莫非己也"[1]。这里的"生"有两层含义,一是运动的意思,世界万物由于运动而不断生出;二是具有循环之意,天地万物都在运动中循环,在循环中进化,这是宇

---

① 程颢、程颐:《二程集》,中华书局,1981年,第15页。

宙的本体，即基本规律；人是这生生不息运动中的一员。明朝的王阳明说：风、雨、露、雷、日、月、星、辰、禽、兽、草、木、山、川、土、石与人原只一体。如此，便是一气流通的，如何与它间隔得开。人只是宇宙中的一员，人与天地万物一体，是伙伴关系，天地之间的气构成人与万物的形体，统帅气的变化的本性也就是人与万物的本性。中国古代哲学"天地人合一"思想有别于西方的人主宰和统治自然的思想，这更符合现代生态伦理学精神，它对生态伦理学的发展具有重要意义。

(五)重视资源永续利用的生态更新思想

儒家学者把道德范畴扩展到自然界，由"仁民"到"爱物"。我国夏代制定的古训："春三月，山林不登斧斤，以成草木之长"；"川泽不入网罟，以成鱼鳖之长"。孔子在《礼记·祭义》中提到："断一树，杀一兽，不以其时，非孝也。"[1]孔子据此把伦理行为推广到生物，认为不以其时伐树，或不按规定打猎是不孝的行为。《礼记·曲礼》中宣扬"国君春田不围泽，大夫不掩群，士不取麑卵"[2]。这里把保护自然提到道德行为的高度，对于自然资源来说是一种永续利用的观点。"礼"这一伦理范畴也被推广到尊重自然。"礼"包括了天、地、人，乃至万物，而且它是生生之本、类之本、治之本。就像孔子说的"质于爱民，以下至鸟兽昆虫莫不爱"。从生态伦理学的角度看，道德关心从人的领域扩展到整个自然界，"仁"的范畴扩展到了鸟兽鱼虫。宋代以后伦理思想家把人类的伦理道德看作人为的社会规范，看作宇宙的本体，把"仁"与整个宇宙的本质和原则相联系，把"仁"直接解释为"生"，即解释为一种生命精神和生长之道。可见，将仁和爱作用于自然万物，自

---

[1]　阮元刻校：《十三经注疏》，中华书局，1980年，第1598页。

[2]　朱彬：《礼记训纂》，中华书局，1996年，第58页。

然界和自然资源才能得到更好的利用与保护,人类社会也才能得到永续
发展。

(六)生态利用与保护思想促进社会持续发展

中国古代生态利用与保护的思想对当今的社会经济发展具有重要的
价值。古人已经懂得"欲先取之必先予之",禁止损害生态系统物质循环的
行为。由此,对自然规律的朴素认识向生态保护与利用规范转化。老子从
宇宙整体性观点出发提出"道法自然"的生态利用思想,"尊道贵德"是《老
子》理论的核心。程朱学派从人与天地万物是一体的角度提出生态保护思
想。由于天地万物是一体的,爱人就要爱物,包括既要爱惜有生命的鸟兽
草木,也要爱惜没有生命的瓦石。道家把"爱人"和"利物"作为道德要求,
并把两者结合起来。儒家提出"爱人及物","仁者,爱人之及物也"。"仁"是
爱人,但五谷禽兽之类,皆可以养人,故"爱"育之。儒家、道家从"人—生
物—环境"相互统一上提出生态保护与利用思想。儒家和道家都把爱的伦
理原则推广到生物和自然界,把生物和非生物作为两个范畴提出,而非生
物则主要是指现代生态学中的环境。中国古代思想家从一开始就注意到
了生态的本意,只是用中国古代特有的语言表达生态含义。可见,儒家、道
家对待包括人在内的自然界的基本态度是爱万物,永续利用万物,人天地
万物是一个有序的整体。目前,我国的生态环境压力很大,对生态环境的
保护与利用应当兼顾,正如习近平所说,既要金山银山,又要绿水青山。

(七)生态良性循环目标有利于人与自然和谐共存

中国古代思想中的"与天地相参"包含着天、地、人三者的相互作用,
兼利万物的生态理念。用当今术语解释就是人与自然相辅相成,协调发

展,和谐进化。"和谐"与"合作"是最早的良性循环目标。"和—合"是中国古代文化的精髓,亦是被各家各派所认同的普遍原则。无论是天地万物的产生,还是人对自然、社会与人际关系,都与"和—合"相关,这两个字的深刻含义也被两千多年来的中国先哲们的各个学派所接受。和与合,两字最早见于甲骨文,表示和谐与合作。"和—合"对当代的发展思想仍然很有价值。中国古代思想家提出人与自然万物生态协调的思想,追求"和—合"的境界。就像《周礼》中所说的,"天地之所合,四时之所交也,风雨之所合,阴阳之所和也,然则百物阜安"。中国古代思想家把"和—合"提到天地生成的本能,万物生成发展的机制,并把"和"与"德"联系起来,又把"和"与"中"联系起来。"和"与"中"是互相联系的客观规律,和与合是世间万物运行的前提。先哲们力图把对自然规律的最初认识上升到理性的高度,首先形成了生态伦理思想,又把这些思想要达到的目标归结为万物之间的和谐,和谐即良性循环,只有良性循环才能实现持续进化,而进化就是发展,发展就必须容纳"差异"。这是中国古代生态哲学的精华,也是先哲们从中悟出的最基本的自然生态规律。

(八)丰富的社会生态理念有助于正确处理人与社会的关系

中国古代生态思想中强调人与人之间的仁、爱,形成一种和谐的社会关系。早期的古人处于一个不同范畴、不同层次的多元复杂的社会关系网中,社会关系中的人们离不开一定的行为规范和行为约束,为了稳定社会和协调人际关系,中国古代的统治阶级和文人墨客从不同角度提出规范和约束人们行为的体制和法规。农耕文明和封建制度的结合,在中国传统文化中形成了具有鲜明中国特色的社会生态和谐理念,体现在人与人的关系、人与社会的关系。在人际关系的相处中,最重要的是对人的行为、品性和道德等的要求。然后是家庭、家族、国家的制度约束，从而形成围绕人的不同等级的层层限定，实现社会的整体和谐。首先，从个人思想品性行为来看，认识到人自身来自自然界，人是自然界长期进化的产物，人要修身，有仁爱之心，人要爱他人、爱万物，形成"天地万物之心"的超然认知，因为"他知人不但是社会全体的一部分，而且是宇宙全体的一部分。不但对于社会，人应有贡献；即对于宇宙，人亦有贡献"①。个人的行为与自然万物的运行是协调统一的，是整个宇宙的有机组成部分，是天人合一的内在规定性和必然要求。个人的社会行为是个人行为的一部分，也要遵循自然本性，符合天道。其次，家庭、家族和国家对人的行为进行规约。家庭的家规、家族的族规和国家的法规都不同程度地共同作用在个体人的身上，具有很大的约束性，使人的行为约束在一定的社会框架下，确保了社会的稳定和谐。古人在社会实践中形成了包含协调、统一、和睦的行为规范和思想意识，具有一定的社会生态理念，如中庸之道、天地人和、己所不欲勿施于人等。这些基本社会生态理念对社会的稳定发展具有重要的意义。

---

① 冯友兰：《冯友兰文集》（第五卷），长春出版社，2008年，第30页。

第八章
新中国成立初期生态思想：开启与探索

　　毛泽东作为坚定的马克思主义者、无产阶级革命家和新中国的第一代领导人，一生写下了大量的文章，作了很多讲话和报告，制定了国家发展战略和各种政策方针，其中包含了人、社会、自然之间的均衡思想，这些都是宝贵的生态精神财富。他在中国社会主义革命和建设的实践中，注重调查，关注自然环境、社会稳定和人的发展。从生态思想的三个维度来看，毛泽东生态思想在人与自身、人与自然、人与社会的层面上都有不同程度的涉及，也提出了颇有深度的生态理念。毛泽东生态思想的产生具有特定的时代背景和社会环境。新中国成立后，国家面临的主要任务是发展经济和与反动势力作斗争，国际上主要是争取新中国的国际合法身份，取得国际社会对中国共产党领导的新政府的承认。尽管在国内和国际形势异常严峻的环境下，毛泽东作为新中国的第一代领导人，还是对人类生存与发展的基本条件，对生态环境中自然资源的利用等提出了有益的理论思考，也进行了实践上的探索，对后期的国家建设和发展具有一定的指导意义。同时，毛泽东在领导中国的社会主义建设过程中也出现了超越自然、控制自然，重视人自身利益的违背自然规律的思想。在毛泽东领导的社会主义建设中，尊重自然规律和强调人的主观能动性的思想都有呈现。对此，应该全面分析，综合判断。

一、毛泽东生态思想产生的渊源和背景

（一）马克思主义生态思想是其生态思想的理论基础

毛泽东作为伟大而坚定的马克思主义者，不仅以马克思主义理论为指导成立了中国共产党和社会主义新中国，而且继承和发展了马克思主义生态思想。马克思主义生态思想中的人与自然的关系、人的全面自由发展、共产主义社会等思想，对毛泽东生态思想的产生有着重要的指导意义。毛泽东生态思想传承了马克思主义生态思想中人与自然休戚与共、命运相连的思想。马克思主义生态思想关于人与自然的思想包括四个含义：一是关于人的起源，提出人是自然界长期发展的产物，人的生存和发展离不开自然环境。"自然环境是人类生存和发展的物质前提，人首先依赖于自然。"①从人的起源上说明人是来自自然的，人类是不能离开自然界的，因此人类要善待自己的生存之地——大自然。对此，毛泽东在自己的著作中也多次表达了自然界对人类生存的价值。二是人是自然界不可分割的重要组成部分。在人与自然的共同空间里，人是自然界的一部分，现有的人类历史是人类智慧的结晶，人类自身的发展史是自然世界变化的一部分，也是不能替代和缺少的一部分。没有人类的自然界将是不可想象的。

---

① 《马克思恩格斯全集》（第 27 卷），人民出版社，1972 年，第 63 页。

毛泽东为此也强调人在自然界中的重要地位。三是人类发挥自己的主观能动性使自然成为适合人类生存和发展的"人化自然"。四是人类要如实地把自己看作自然界的一员,必须尊重和善待自然,开发改造自然要遵循自然规律,否则人类"战胜"自然之时就是人类失败之日。

马克思主义生态思想中关于人的社会生态思想主要体现在共产主义社会的建立,为人类社会勾画出一个美好的未来社会蓝图。毛泽东接受了马克思主义的共产主义社会思想,对中国旧社会的黑暗十分憎恶,"国家坏到了极处……社会黑暗到了极处"[①];同时对新社会十分渴望,"吾尝虑吾中国之将亡,今乃知不然。改建政体,变化民质,改良社会,是亦日耳曼而变为德意志也,无忧也"[②]。在新中国成立后,毛泽东非常重视新社会的建立,提出建立一个与旧社会完全不同的新社会,在这个新的社会中将没有剥削、没有压迫,实现人民当家做主。这个新社会是马克思主义共产主义社会的初级阶段。在《新民主主义论》一文中他指出,我们要建立的新社会和新中国,"不但有新政治、新经济,而且有新文化。这就是说,我们不但要把一个政治上受压迫、经济上受剥削的中国,变为一个政治上自由和经济上繁荣的中国,而且要把一个被旧文化统治因而愚昧落后的中国,变为一个被新文化统治因而文明先进的中国"[③]。

马克思主义生态思想在人的自身发展方面,提出了人的全面自由发展。这是马克思恩格斯对人的自身发展的一种至高境界的定位。毛泽东对新社会的新人也提出新的要求。他指出,在新中国的新社会要培养社会主义的接班人,培养"社会新人"[④]。毛泽东指出:"为什么人的问题,是一个根

① 《毛泽东早期文稿》,湖南出版社,1995年,第338页。
② 同上,第200页。
③ 《毛泽东选集》(第二卷),人民出版社,1991年,第663页。
④ 《毛泽东选集》(第三卷),人民出版社,1991年,第857~858页。

本的问题，原则的问题……这个根本问题不解决，其他许多问题也就不易解决。"[①]他认为救国必先救民，救民必先"改造民心道德"，以"变化民质"，造就"身心并完的新人"。[②]新人的塑造并非易事，他认为新人要有新思想，要有学校的培育，新文化的传播，同时需要健康的体魄，提倡德智体并重。

(二)国内现实的自然生态环境问题是其生态思想来源的现实基础

近代以来，受战乱等因素的影响，中国的自然环境状况进一步恶化，尤其是鸦片战争以来西方列强的入侵，在中国任意开采矿藏又进一步加剧了自然生态环境的恶化。衰弱政府的无暇顾及和无力保护，导致中国的自然生态环境状况十分恶劣。毛泽东在早年革命期间就十分关注生态环境问题。中国在常年的战乱中，致使自然环境被战争破坏得面目全非，自然生态环境问题一直是一个很严峻的现实问题。

新中国成立之初，我国特殊的地理条件造成国内水患、干旱、风沙等自然灾害时有发生，这不仅使我们赖以生存的生态环境没有任何"喘息"的机会，而且长期的战争所造成的全国范围内的森林覆盖面积锐减和大量荒地秃岭使本来就千疮百孔、满目疮痍的生态环境变得更加破败不堪，这些生态贫困成为影响人民群众生命财产安全、经济发展和新生人民政权稳定的重大隐患。为了巩固新生的人民政权，给人民群众创造美好幸福的生活家园，毛泽东不仅深深地忧虑我国的生态环境问题，而且身体力行、真抓实干。因此，遏制水患、干旱等自然灾害，治理生态环境问题，成为毛泽东领导中国革命和社会建设工作中的一项重要任务。因此，毛泽东生态思想的形成离不开新中国现实的自然环境状况，它是毛泽东把马克思

---

①②　段治文：《毛泽东早期思想的历史底蕴》，《浙江大学学报》，1993年第4期。

主义生态思想运用到中国具体社会革命和建设实践中的有益尝试。

(三)中国优秀传统文化的生态智慧是其文化基础

中国的传统文化以儒、释、道为中心,其中包含了丰富的生态智慧。儒家生态智慧的核心是德性的仁,孔子"仁者爱人"的思想揭示了人类的本质属性,并将道德共同体扩展到整个自然界,体现了"天人合一"的生态理念,从人类自身拓展到自然界,展现了生态的维度,体现了"仁者与天地万物为一体"的生态关怀。道家文化倡导顺应自然,反对人为,由尊重自然,敬畏生命,尊道贵德,自然无为从而达到天人和谐。在道家看来,自然界是人类生存的真正家园,人应与自然和谐共处,浑然一体。道家所谓"天人一体"的理想境界是一种对生态美的追求和向往。佛教是一个充分尊重生命、尊重自然的宗教。佛教认为人生和宇宙是因缘而起(生)的,万千事物都是相互依存共生的,没有孤立存在的事物。佛教的整体自然观突出了人与自然的和谐统一,强调宇宙中的一切,包括人、动物、植物都是相互影响,彼此联系的。佛教的禅宗智慧博大精深,它以心性修养为核心,由追求并倡导"梵(天)人合一",认为现实的人间与彼岸的净土、主体与客体、自然与我都可以融合为一,这样也就从根本上还原了人与自然、物与我的最本真的平等关系。综合来看,中国传统文化中的"儒、释、道"中都包含了人与外界为一体的理念,儒家尊崇的"天人合一"、道教所倡导的"天人一体"与禅宗追求的"梵人合一"是息息相通的,在处理人与自然的关系上都认为人与自然是和平共处而又相互包容的,自然不是人被动的场景,而人也不是自然的主宰者。因此,从生态意义上讲,中国传统文化中蕴含着人与自然和谐共处的生态趋向和生态智慧。

毛泽东一生博览群书,坚持古为今用,善于从古圣先贤那里寻找哲学的根基和文化的源泉。在中国革命和建设的艰苦岁月中，毛泽东汲取优秀传统文化为建设国家提供精神支柱和思想基础，吸收了圣哲先贤在天地人的关系上的思想理念，重视人与自然的均衡关系、节约自然资源、合理计划人口数量、改善人民生活条件，对天人合一的思想理念与现实的社会自然环境相结合，形成对人与自然关系的深刻的新认识，辩证把握和灵活运用，形成了具有毛泽东特色的生态思想。

二、毛泽东生态思想的基本内容

毛泽东作为新中国第一代领导人，在特殊的社会环境和历史背景下，在人与自然、人的发展、社会和谐等方面依然有重要的思想，这些对中国社会主义革命和建设具有重要的指导意义。

（一）人与自然关系层面的生态思想

1. 进行水利建设，维护水资源的生态环境

中国是水资源分布并不均衡的国家，季节性的水患时有发生。中国历史上的战乱使得中国的水资源环境被严重破坏了。新中国成立后，为了推动农业的发展，合理利用水资源，毛泽东提出大力兴修水利，防患水灾的发生。黄河、淮河等水域是重灾区，几乎年年有灾害发生，人民的生命财产受到严重的危害，水资源生态环境已经被严重破坏了，兴修水利、治国安邦成为新中国的重要任务。针对这种情况，毛泽东果断作出根治淮河的决策，并指示相关部门和地方制定计划、迅速行动，根治淮河水患，确保人民的生命财产安全，"除目前防救外，须考虑根治办法，现在开始准备，秋起

即组织大规模导淮工程,期以一年完成导淮,免去明年水患"①。毛泽东曾经指示,对于长江的治理要按照"积极准备,充分可靠""有利无弊"的方针进行,将长江的危害降到最低。此后,在他的领导下,大型水利工程开始建设,葛洲坝水利枢纽、三峡工程水利枢纽等,通过水利建设,合理利用自然资源,改善了水域的生态状况,使得人与自然实现了和谐共处。

2. 修缮自然环境,为人类生存提供健康的自然生态环境

新中国成立之初,中国广阔的土地上饱受长时期战乱之苦,战争遗留的残垣断壁、废弃的武器装备、有毒物质等严重破坏了自然生态环境。再加上中国旧政府没有关注过自然环境的保护,中国百姓长期遭受众多疾病、传染病等的危害,身体和心灵受到严重创伤。对此,新中国成立后,毛泽东提出在全国开展清洁运动。1952 年,毛泽东号召"动员起来,讲究卫生,减少疾病,提高健康水平,粉碎敌人的细菌战争"②。这场运动,从上到下,声势浩大,把堆积几十年的垃圾清除,治理了臭水塘、污水池,填平了一些洼地,使得污水满地、臭气熏天的环境得到治理,还人民一个清洁干净的生活环境,也使得人与自然环境实现了良性的相互依存。

3. 注重利用可再生能源,减少对自然环境的破坏

从资源的储量和人均拥有量上,我国是一个自然资源尤其是不可再生资源严重匮乏的国家。在中国近代历史上,西方列强的掠夺和破坏性开采给中国的资源环境带来严重的破坏。新中国要在战后重新恢复和建设是一项艰巨的工程,如何减少利用资源中对生态环境的破坏,毛泽东提出了研发新能源,利用新能源的政策。在毛泽东的大力支持下,开始研发小

---

① 《建国以来毛泽东文稿》(第一册),中央文献出版社,1987 年,第 440 页。
② 毛泽东:《第二届全国卫生工作会议题词》,《人民日报》,1954 年 12 月 9 日。

水电、太阳灶、风力提水机、小型风力机等。1959 年，毛泽东在视察安徽、湖北等地时看到沼气这一新能源很环保节能，他指出："沼气又能点灯，又能做饭，又能做肥料，要大力发展。"①之后，在我国南方一些地区开始发展沼气，并受到重视和利用，沼气因此成为适合农村环境的一种可再生能源。同时，大力开发太阳能，利用太阳能种植温室蔬菜和育苗，发展太阳能电池工业。中国通过对太阳能、风能、沼气等能源的开发和利用，减少了对自然资源的需求，在一定程度上保护了生态环境。

4. 人与自然和谐相处是相当重要的

毛泽东十分重视人与自然的关系。在革命年代，毛泽东都曾提到自然环境对人的重要性。新中国成立后，中国的植被破坏很严重。由于长年的战争，导致中国境内沙漠、荒山、秃山到处都是。为了改善生态环境，毛泽东1956 年提出"植树造林、绿化祖国"的号召。毛泽东提出以植树造林为抓手，开展了务实有效的绿化祖国、修复生态、保护环境、调控资源等工作。

毛泽东在其《寻乌调查》《长岗乡调查》中都提到人与自然的和谐相处是相当重要的。他指出："陕北的山头都是光的，像个和尚头，我们要种树，使它长上头发。种树要订一个计划，如果每家种一百棵树，三十五万家就种三千五百万棵树。搞它个十年八年，'十年树木，百年树人'。"②

毛泽东实施消灭荒山、改变荒山秃岭的措施。在《毛泽东论林业》《中共中央致五省（自治区）青年造林大会的贺电》《关于加强山林保护管理、制止破坏山林、树木的通知》的决策和通知中，毛泽东强调了植树造林的重要性。毛泽东要求："在十二年内，基本上消灭荒地荒山，在一切宅旁、村

---

① 国家经贸委可再生能源发展经济激励政策研究组：《国家经贸委可再生能源发展经济激励政策研究》，中国环境科学出版社，1998 年，第 4 页。

② 《毛泽东文集》（第三卷），人民出版社，1996 年，第 153 页。

旁、路旁、水旁,以及荒地上荒山上,即在一切可能的地方,均要按规格种起树来,实行绿化。"①"实行大地园林化""要使我们祖国的河山全部绿化起来,要达到园林化,到处都很美丽,自然面貌要改变过来"②,"一切能够植树造林的地方都要努力植树造林,逐步绿化我们的国家,美化我国人民劳动、工作、学习和生活的环境"③。

(二)人的自我发展的生态思想

在社会主义革命和建设中,毛泽东十分关心人民的身体健康和思想发展。人的发展包括身体和精神两个层面,在社会主义革命和建设的不同阶段,如何提高人民的政治素质和思想水平,促进新中国建设成为一项重要任务。

1.改善农村医疗条件,提高人民的身体素质

新中国刚刚成立,社会处于百废待兴,人民的身体健康状况需要尽快改善。毛泽东提出讲究社会卫生,消除疾病,提高人民的身体健康。为此,开展合作医疗,解决人民的身体疾病。"还有一个除四害,讲卫生。消灭老鼠、麻雀、苍蝇、蚊子这四样东西,我是很注意的。只有十年了,可不可以就在今年准备一下,动员一下,明年春季就来搞?因为苍蝇就是那个时候出世。我看还是要把这些东西灭掉,全国非常讲卫生……中国要变成四无国:一无老鼠,二无麻雀,三无苍蝇,四无蚊子。"④为了解决农村的缺医少药问题,国家在农村开始推广合作医疗制度。1955年,在山西、贵州、上

---

① 中共中央文献研究室、国家林业局:《毛泽东论林业》,中央文献出版社,2003年,第262页。
② 同上,第51页。
③ 同上,第77页。
④ 《毛泽东文集》(第七卷),人民出版社,1999年,第308页。

海、山东、河南、河北、湖南等地的农村相继建立了一批由农业合作社兴办的保健站和医疗站。卫生部根据中央指示，1964 年 4 月下发了《关于继续加强农村不脱离生产的卫生员、接生员训练工作的意见》，提出："在 3 至 5 年内，争取做到每个生产大队都有接生员，每个生产队都有卫生员。"[①] 1965 年 1 月，毛泽东结合当时正在进行的农村社会主义教育运动，发出了"组织城市高级医务人员下农村和为农村培养医生"的号召。同年 6 月 26 日，毛泽东针对我国医疗资源布局不合理和农村缺医少药等问题，作出了"把医疗卫生工作的重点放到农村去"的指示。同年 9 月，中共中央批转了卫生部党组《关于把卫生工作重点放到农村的报告》。尽管在具体的实施过程中出现了一些问题，但是农村合作医疗的发展在一定程度上对解决农村缺医少药的状况起到了一定积极作用。

2. 帮助犯错误的人改正，提高思想觉悟，促进人的思想发展

毛泽东提出对待犯错误的人要采取"惩前毖后，治病救人"的方针。他说："对于犯了错误的同志，有人说要看他们改不改。我说单看还是不行的，还要帮助他们改。这就是说，一要看，二要帮。人是要帮助的，没有犯错误的人要帮助，犯了错误的人更要帮助。人大概是没有不犯错误的，多多少少要犯错误，犯了错误就要帮助。只看，是消极的，要设立各种条件帮助他改。""犯错误的人，除了极少数坚持错误、屡教不改的以外，大多数是可以改正的……好意对待犯错误的人，可以得人心，可以团结人。对待犯错误的同志，究竟是采取帮助态度还是采取敌视态度，这是区别一个人是好心还是坏心的一个标准。"[②]

---

① 昆明医学院健康研究所编：《从赤脚医生到乡村医生》，云南人民出版社，2002 年，第 5 页。
② 《毛泽东文集》（第七卷），人民出版社，1999 年，第 40 页。

(三)社会生态思想

社会生态思想就是社会关系的和谐状态，不仅包括国内社会关系的和谐，还可以包括国际社会关系的和谐，国内社会生态关系和国际社会生态关系同样重要。1956年4月25日在中共中央政治局扩大会议上，毛泽东提出了关于社会主义建设和改造的十个问题，也就是十大关系。这十大关系体现了毛泽东关于国家社会发展的和谐理念。

1. 经济发展均衡是社会生态关系的基础

在国家的经济发展建设过程中，毛泽东十分重视产业发展的结构平衡问题。对于重工业、轻工业和农业的关系，毛泽东指出："重工业是我国建设的重点。必须首先发展生产资料的生产，这是已经定了的。但是绝不可以因此忽视生活资料尤其是粮食生产。如果没有足够的粮食和其他生活必需品，首先就不能养活工人，还谈什么发展重工业？所以，重工业和轻工业、农业的关系，必须处理好。"①在当时，毛泽东已经看到了苏联和东欧国家在经济发展中出现了注重重工业而忽视农业和轻工业产生的严重问题，因此毛泽东在此问题上进行了重点关注。他说："我们现在的问题，就是还要适当地调整重工业和农业、轻工业的投资比例，更多地发展农业、轻工业。这样，重工业是不是不为主了？它还是为主，还是投资的重点。但是，农业、轻工业投资比例要加重一点。"②

对于国家工业的地区分布上，毛泽东同样注重沿海与内地的工业分布。他说："我国的工业过去集中在沿海。所谓沿海，是指辽宁、河北、北京、

---

① 《毛泽东文集》(第七卷)，人民出版社，1999年，第24页。
② 同上，第25页。

天津、河南东部、山东、安徽、江苏、上海、浙江、福建、广东、广西。我国全部轻工业和重工业，都有约百分之七十在沿海，只有百分之三十在内地。这是历史上形成的一种不合理的状况。沿海的工业基地必须充分利用，但是，为了平衡工业发展布局，内地工业必须大力发展。在这两者的关系问题上，我们也没有犯大的错误，只是最近几年，对于沿海工业有些估计不足，对它的发展不那么十分注重了。这要改变一下。"[①]对此，毛泽东提出："好好利用和发展沿海的工业老底子，可以使我们更有力量来发展和支持内地工业。"[②]

经济建设和国防建设对国家同样重要，在特定的历史条件下，优先发展哪一个以及如何分配国民预算是一个战略问题。在中国的社会主义革命和建设阶段，国家受到敌人的包围和欺负，不能没有国防。如何处理二者之间的关系呢？毛泽东指出："可靠的办法就是把军政费用降到一个适当的比例，增加经济建设费用。只有经济建设发展更快了，国防建设才能够有更大的进步。"[③]

总的来看，毛泽东在国家经济发展建设过程中十分注重各个产业和建设领域的均衡关系，十分注重辩证地处理具有矛盾关系的问题，这对社会经济均衡发展具有重要的意义。

2. 不同群体之间的和谐关系，是社会关系和谐的重要组成部分

在社会关系组成中，最基本的就是公民个体与国家整体的关系。在中国社会主义建设和发展中，就是要处理好个人与生产单位、国家之间的关系。"为此，就不能只顾一头，必须兼顾国家、集体和个人三方面"[④]，毛泽东

---

① ②　《毛泽东文集》（第七卷），人民出版社，1999年，第26页。

③　同上，第27页。

④　同上，第28页。

尤其关心农民和工人的生活改善,反对苏联那种对国民的过度伤害。他说:"你要母鸡多生蛋,又不给它米吃,又要马儿跑得快,又要马儿不吃草。世界上哪有这样的道理!"①对于工人,他提出既要工人发扬艰苦奋斗的精神,同时也要注意解决他们工作和生活中的问题。"工人的劳动生产率提高了,他们的劳动条件和集体福利就需要逐步有所改善……随着整个国民经济的发展,工资也要适当调整。"②对于农民,我们的政策是兼顾国家和农民利益的,"我们的农业税历来比较轻……我们统购农产品是按照正常的价格,农民并不吃亏,而且收购的价格还有逐步增长。我们在向农民供应工业品方面,采取薄利多销、稳定物价或适当降价的政策,在向缺粮区农民供应粮食方面,一般略有补贴。但是就是这样,如果粗心大意,也还是会犯这种或那种错误"③。在合作社同农民的关系上,毛泽东十分注重二者之间利益关系的处理。他强调:"在合作社的收入中,国家拿多少,合作社拿多少,农民拿多少,以及怎样拿法,都要规定得适当。合作社所拿的部分,都是直接为农民服务的。"④对于国家、集体、个人之间的关系处理是关系社会主义建设的大问题,因此毛泽东指出:"总之,国家和工厂,国家和工人,工厂和工人,国家和合作社,国家和农民,合作社和农民,都必须兼顾,不能只顾一头。"⑤

汉族和少数民族的关系直接关系社会的稳定和民族的和睦相处。毛泽东在对我国汉族与少数民族现状的分析基础上指出:"我们着重反对大汉族主义。地方民族主义也要反对,但是那一般地不是重点。我国少数民族人数少,占的地方大。论人口,汉族占百分之九十四,是压倒优势。如果

---

①③④ 《毛泽东文集》(第七卷),人民出版社,1999 年,第 30 页。

② 同上,第 28 页。

⑤ 同上,第 31 页。

汉人搞大汉民族主义，歧视少数民族，那就很不好。而土地谁多呢？土地是少数民族多，占百分之五十到六十。我们说中国地大物博，人口众多，实际上是汉族'人口众多'。少数民族'地大物博'，至少地下资源很可能是少数民族'物博'。"①这种现实再加上历史上的反动统治者，主要是汉族的反动统治者采取的歧视少数民族政策造成的民族隔阂，影响了国家的民族和睦团结，因此新中国要实行无产阶级的民族政策，注重汉族和少数民族之间的关系正常发展。毛泽东强调："我们要诚心诚意地积极帮助少数民族发展经济建设和文化建设……我们必须搞好汉族和少数民族的关系，巩固各民族的团结，来共同努力建设伟大的社会主义祖国。"②

中国共产党与其他党派之间的关系是中国社会主义革命和建设中一个长期而重要的关系，也是中国共产党人和其他民主党派以及无党派人士之间的关系。毛泽东认为，中国共产党和其他民主党派都是历史形成的，也会在历史上消灭，但是在社会主义革命和建设中，是非存在不可的。对待这些非共产党人士，毛泽东提出："一切善意地向我们提意见的民主人士，我们都要团结。""所有民主党派和无党派民主人士虽然都表示接受中国共产党的领导，但是他们中的许多人，实际上就是程度不同的反对派……事物常常走到自己的反面，民主党派对许多问题的态度也是这样。他们是反对派，又不是反对派，常常由反对走到不反对。"③在社会主义建设和发展中，中国共产党与无党派人士和其他民主党是长期共存、相互监督的，这样双方才能共同为社会主义建设服务。

---

①　《毛泽东文集》(第七卷)，人民出版社，1999年，第33页。

②　同上，第34页。

③　同上，第34~35页。

3. 中国要与国际社会建立友好关系

毛泽东不仅注重国内社会关系的平衡与矛盾的解决，他同样也十分关注中国和外国的关系，中华民族与世界其他民族的关系。毛泽东指出："应当承认，每个民族都有它的长处，不然它为什么能存在？为什么能发展？同时，每个民族也都有它的短处。有人以为社会主义就了不起，一点缺点也没有了。哪有这个事？应当承认，总是有优点和缺点这两点。"[①]毛泽东认识到中国社会主义建设是建立在一穷二白的基础上，因此在坚持革命立场的同时还要向外国学习，"我们的方针是，一切民族、一切国家的长处都要学，政治、经济、科学、技术、文学、艺术的一切真正好的东西都要学。但是，必须有分析有批判地学，不能盲目地学，不能一切照抄，机械搬运。他们的短处、缺点，当然不要学"[②]。

对于美洲国家、亚洲非洲国家，毛泽东说："我们和拉丁美洲的朋友，和亚洲非洲的朋友，是处在同一种地位，做同样的工作，为人民办点事，减少帝国主义对人民压迫。搞得好，可以根本取消帝国主义的压迫。在这一点上，我们是同志。"[③] 1956 年 9 月 25 日，毛泽东在同拉丁美洲一些党代表的谈话中指出："美帝国主义是你们的对头，也是我们的对头，也是全世界人民的对头……全世界人民要团结起来，互相帮助，在各个地方砍断它的手。"[④]

为了建设强大的社会主义国家，毛泽东主张团结一切可以团结的力量，包括国际社会上的力量。他指出："在国际上，我们要团结全世界一切可以团结的力量，首先是团结苏联，团结兄弟党、兄弟国和人民，还要团结

①② 《毛泽东文集》(第七卷)，人民出版社，1999 年，第 41 页。

③ 同上，第 75 页。

④ 同上，第 131 页。

所有爱好和平的国家和人民，借助一切有用的力量。"①"巩固同苏联的团结，巩固同一切社会主义国家的团结，这是我们的基本方针，基本利益所在。再就是亚非国家以及一切爱好和平的国家和人民，我们应当巩固和发展同他们的团结。"②为了中国早日成为工业化国家，毛泽东指出："完全不错，一切国家的好经验我们都要学，不管是社会主义国家的，还是资本主义国家的，这一点是肯定的。"③

4. 实施人口计划维护自然生态环境

人口数量的多少与自然环境的承载力有着一定关系。对此，毛泽东比较重视对人口发展规模的控制，1957 年 10 月 9 日在中国共产党第八届中央委员会第三次全体扩大会议的讲话中提出："计划生育，也来个十年规划。少数民族地区不要不推广，人少的地方也不要去推广。就是在人口多的地方，也要进行试点，逐步推广，逐步达到普遍计划生育。"④对于计划生育，毛泽东一直比较关注，在多次中央委员会议上都提到要实行计划生育。到了晚年，他认识到人口过快增长对国家发展带来的压力，制定了"有计划地控制人口增长"的计划生育政策。在毛泽东的关心下，1971 年，中共中央与国务院正式下发了我国第一份计划生育国策报告：《关于做好计划生育工作的报告》。于是，全国都将计划生育工作置于重要地位，收到了较好的效果。按照计划生育政策，人口的增长减少了近四亿，这在一定程度上缓解了长期以来人口增长过快造成的生态不堪重负的问题，缓解了人多地少引起的毁林开荒带来的严重生态问题。

---

① 《毛泽东文集》（第七卷），人民出版社，1999 年，第 88 页。

② 同上，第 243 页。

③ 同上，第 242 页。

④ 同上，第 309 页。

三、毛泽东生态思想的时代价值

(一)毛泽东生态思想为中国领导人生态思想的形成奠定了基础

毛泽东作为新中国的开创者，其生态思想的形成对中国社会主义事业的发展起到了奠定基石的作用。作为第一代国家领导人，在新中国成立后，为了能够屹立于世界民族之林，毛泽东首要的任务是让中华民族站起来，摆脱帝国主义的压迫与剥削，在国内外的巨大压力之下，毛泽东为新中国规划了战略蓝图。毛泽东重视自然资源的节约和利用，注重开发可再生能源，减少对自然资源的依赖和破坏；注重人民生活和生产的自然环境的生态保护和改善，提高人民的生活质量，实现生产的可持续发展；重视对各种矛盾和问题的辩证分析，均衡处理各种关系，形成和谐的社会关系；认识到人的自身发展与经济发展、环境资源之间的统一协调关系，适当控制人口增长，实现人与自然的和谐共存。在毛泽东生态思想中，涵盖了马克思主义生态思想的基本主旨，为中国领导人继续建设和发展社会主义中国提供了宝贵的思想源泉。在改革开放的推动下，中国开始富起来，发展经济成为国家建设的中心，重视自然资源、控制人口的生态思想依然存续，尽管现实中存在很多问题，但是国家领导人并没有放弃生态思想。习近平的生态文明建设、美丽中国、新发展观，绿水青山就是金山银山等一系列新生态理念再一次发展创新了毛泽东生态思想。毛泽东生态思想的精髓得以传承发扬。

(二)毛泽东生态思想是我国生态文明建设的理论渊源

毛泽东生态思想是毛泽东在推进中国革命和建设实践中形成的生态思想,不仅是我国生态文明建设的重要理论资源,而且在指导我国经济、社会、生态的全面、协调和可持续发展中发挥着重要作用。毛泽东生态思想中众多观念主张依然有着生命力,对当今的社会发展、生态治理和国家建设等众多领域发挥着重要的理论指导作用。从毛泽东生态思想的自然观看,他主张改造、合理利用节约自然资源与发展生产力、改善人民生活条件是相互联系的,自然资源是基础,只有合理利用才能造福人民,破坏自然环境的发展不是真正的发展,为可持续发展、绿色发展提供了重要理论依据。从毛泽东生态思想的资源观看,他主张勤俭节约,充分利用资源,变废为宝,对我们今天建设资源节约型、环境友好型社会,实行循环经济提供了重要借鉴。从毛泽东生态思想的人口观看,他主张有计划地控制人口数量,合理增长,缓解生态环境压力,为我国计划生育和环境保护国策的出台提供了重要的节约观。从毛泽东生态思想的水利观看,他主张兴修水利,治理水患,改善人与自然的不和谐关系,为我国生态文明建设提供了现实基础。从毛泽东生态思想的绿化观看,绿化祖国河山,为新的历史时期人与自然的和谐共处,开创新时代中国特色社会主义生态文明建设提供了宝贵经验和思想资源。从毛泽东生态思想的平衡发展观看,经济发展与自然资源要均衡发展,为我国可持续发展理念和科学发展观的提出及实施提供了理论指导。总的来看,毛泽东生态思想的众多主张为新时代中国的生态文明建设提供了重要的理论渊源。

(三)毛泽东生态思想是对马克思主义生态思想中国化的继承与发展

毛泽东的生态思想是从本国的国情出发,注重多领域关系的均衡发展,继承了马克思主义生态思想的本质。在重工业和轻工业的关系上,他强调要处理好它们的关系,"我们比苏联和一些东欧国家做得好些。像苏联的粮食产量长期达不到革命前最高水平的问题,像一些东欧国家由于轻重工业发展不太平衡而产生的严重问题,我们这里是不存在的。他们片面地注重重工业,忽视农业和轻工业,因而市场上的货物不够,货币不稳定。我们对于农业轻工业是比较注重的"①。他指出,"我们现在发展重工业可以有两种办法,一种是少发展一些农业轻工业,一种是多发展一些农业轻工业。从长远观点来看,前一种办法会使重工业发展得少些和慢些,至少基础不那么稳固,几十年后算总账是划不来的。后一种办法会使重工业发展得多些和快些,而且由于保障了人民生活的需要,会使它发展的基础更加稳固"②。关于农民和国家的关系,毛泽东充分认识到苏联的农民政策是不可取的,"我们对待农民的政策不是苏联的那种政策,而是兼顾国家利益和农民的利益……鉴于苏联在这个问题上犯了严重错误,我们必须更多地注意处理好国家同农民的关系"③。这里,毛泽东把马克思主义生态思想运用到我国的社会主义革命和建设的实践中来,对国内的矛盾与问题运用从辩证思维全面分析,均衡处理不同的关系,没有迷信苏联模式,而是批判苏联错误的做法和政策,坚定地继承和发展了马克思主义生态思想。毛泽东在传承马克思主义关于人与自然和谐相处的理论观点的基

---

①② 《毛泽东文集》(第七卷),人民出版社,1999年,第24页。

③ 同上,第30页。

础上，在社会主义制度下对人与自然的辩证统一关系进行了全新的认识和探索，既看到了自然对于人的优先地位，又认识到了人在利用和改造自然中的能动性，同时还指出了人要尊重和善待自然，按照自然规律办事，尤其是围绕如何实现人与自然的和谐关系提出了一系列真知灼见。

四、毛泽东生态思想的评价

毛泽东生态思想是毛泽东思想在生态领域的具体体现和实践展开，是其思想的构成部分。毛泽东生态思想是毛泽东作为新中国第一代领导人，在国内和国际环境的双重压力下领导中国人民进行社会主义革命和建设的伟大事业过程中，形成的具有生态意义的思想理念。毛泽东的生态思想中有符合生态文明的思想，从社会发展的生态视角来看，毛泽东的生态思想具有社会发展的进步性和时代性，为此，对毛泽东生态思想要进行客观和辩证的评价。

（一）毛泽东生态思想是其思想的重要构成部分

毛泽东思想是一个内容丰富的思想体系，它包括军事思想、文化思想、政治思想、生态思想等。毛泽东生态思想是其思想的一个组成部分，它反映了毛泽东对人与自然、人与社会以及人与人的关系的思考。"事实上，毛泽东围绕人与自然关系提出的'开发改造自然，发展生产；计划生育人口，缓解生态压力；节约利用资源，变废为宝；重视兴修水利，治理水患；倡导植树造林，绿化祖国；综合平衡发展，统筹兼顾'的生态思想，充分反映出毛泽东对人与自然和谐相处的深入思考和积极实践，这些思想与毛泽东其他思想一起构成了毛泽东思想的完整理论体系。"①因此,忽略毛泽东生态思想是不完整的毛泽东思想。随着时代的发展,毛泽东生态思想的指导意义将更加突出,也将进一步为毛泽东思想的研究提供视角和材料。

(二)毛泽东生态思想具有实践意义

毛泽东作为国家的领导人,其思想具有重要的实践意义。毛泽东思想是实践的产物,是在长期的社会革命和国家建设中产生的,并指导着社会发展和国家建设。邓小平说过:"毛泽东思想紧密联系着各个领域的实践,紧密联系着各个方面工作的方针、政策和方法,我们一定要全面地学习、宣传和实行"②,"做理论工作的同志,要花相当多的功夫,从各个领域阐明毛泽东思想的体系"③。同理,毛泽东生态思想也是来自国家建设和社会革命,同样也指导着社会发展和国家建设。换句话说,毛泽东生态思想是集理论与实践为一体的。毛泽东生态思想指导着国家的社会发展建设,体现在具体的政策和方针上面。如 1972 年我国派代表团参加了联合国人类环境会议,1973 年国务院专门召开了全国第一次环境保护会议并通过了《关于保护和改善环境的若干规定(试行草案)》,1974 年成立了第一个环境保护机构(国务院环境保护领导小组),1974 年、1975 年、1976 年分别下发了《环境保护规划要点》《关于环境保护的 10 年规划意见》《关于编制环境保护长远规划的通知》、"三废"治理和综合利用,等等。由此可见,毛泽东生态思想体现了重大的实践价值。

---

① 刘海霞:《毛泽东生态思想及其时代价值》,《毛泽东思想研究》,2015 年第 3 期。
② 《邓小平文选》(第二卷),人民出版社,1994 年,第 37 页。
③ 同上,第 44 页。

(三)毛泽东生态思想具有特定的历史局限性

每一个人的思想都与特定的历史环境相联系。毛泽东作为新中国成立后的第一代国家领导人,所面临的生态问题是复杂而多元的。不仅如此,除了国内严峻的环境问题外,国际环境也十分艰难。这些状况也影响了毛泽东生态思想的发展和内容,从而也出现了一些非生态的理念和行为,如毛泽东曾提出的人多力量大、人定胜天等片面的言论,给国内生态环境带来很大的负面影响,如提出了以粮为纲、毁林开荒、围湖造田等政策导致环境问题,结果出现农地质量差,使用化肥代替有机肥和减少绿肥及固氮作物种植面积等,从而加剧了土壤退化;再加上不适当的灌溉使河北平原的盐碱化程度提高,使湖南、江苏、广东等地区的耕地区域沼泽化;城市的工业化发展使得城市环境质量呈现下降趋势;在"三线"[①]建设中,许多排放有害物质的工厂建在深山峡谷中,由于扩散稀释程序条件差,没有严格控制有害物质的排放,造成了大气污染和水体污染,许多河流都带有来自工业废水的有毒物质。自然环境的污染直接关系人的生命健康问题。特殊的历史时期产生的违背生态规律的行为也必然会遭到自然规律的惩罚,后果是中国的自然社会生态都受到严重的破坏与影响。毛泽东生态思想中非生态、反生态的行为是值得反思的,是历史局限性的体现。

因此,对于毛泽东生态思想应该全面认识、客观判断,既要看到它的进步性,也要看到它的局限性。毛泽东的生态思想内容十分丰富,是对马克思主义关于"人—自然—社会"和谐思想的继承与创新,更是把马克思

---

① 在1964年5月15日到6月17日中共中央召开的工作会议上,毛泽东作出了三线建设的重大战略决策,使我国工业建设的布局全面铺开,沿海的一线、中部的二线、西部和西北部的三线并存,而把三线作为建设重点的新思路。

的生态思想与中国的特殊国情相结合的思想成果，这些成果对于后人在解决生态环境、社会发展、人的发展等方面都有非常重要的借鉴意义。

第九章
中国特色社会主义生态思想:继承与革新

　　从党的十一届三中全会到党的十八大召开,国家的主要任务在于解决人民日益增长的物质文化需要同落后的社会生产之间的主要矛盾,国家领导集体相继把主要的精力用在国家经济发展的重要任务上来,发展经济是这一时期的主要任务。同时,在四十多年的发展中,一代又一代的国家领导集体面临着既要促进社会经济又好又快发展的同时也要解决生态环境问题,生态思想依然闪烁着光芒。在国家领导人对环境保护、污染治理、科技运用、植树造林、绿化祖国等实践中,无不体现生态的价值。国家要解决的是社会经济的稳定协调发展和生态环境的生态平衡,该阶段的生态思想处于承上启下的阶段。中国社会经济的发展对中国的自然环境造成了一定的破坏,同时为以后的生态治理提供了一定的思想基础。

一、中国特色社会主义生态思想产生的基础与渊源

从 20 世纪 70 年代末年始，中国开始走上改革开放的社会经济发展道路，发展经济、提高人民的物质生活水平成为国家的首要任务，资源环境成为发展经济的条件与保障，追求经济增长的目标与资源环境的有限容量之间的矛盾显现出来。国家领导人的生态思想是基于国内社会环境和国际环境的共同影响下形成的，离不开强大的理论渊源、思想素养、国内实践和国际环境等多种因素的影响与相互作用。

(一)马克思主义生态思想提供了强大的理论渊源

在社会经济发展和环境的生态治理中，一代又一代国家领导集体都坚持以马克思主义生态思想为指导。马克思主义生态思想是历代领导集体生态思想的理论源泉。马克思主义生态思想辩证地阐释了人与自然和谐统一、休戚与共的双向互动关系，同时提出人对自然改造的能动作用，以及人在改造自然过程中要遵循自然规律的思想。这种思想既体现了人来自自然、依赖自然的关系理念，同时也体现了人对自然的主动创造力和适应力以及尊重自然的要求。

马克思主义生态思想明确表明，人来自自然，依赖自然，强调人与自然的从属关系，人不能离开自然。人是"自然之子"，是自然界长期进化的产物，是从自然环境中演进而来的高级智能动物。"人并不是上帝创造的，而是在大自然中孕育而生的，是自然界长期进化的产物"①，人的产生与发

---

① 《马克思恩格斯全集》(第 27 卷)，人民出版社，1979 年，第 63 页。

展离不开自然界的供养。首先，人的肉体来自自然界。"所谓人的肉体生活同自然界的联系，也就是等于说自然界同自身相联系，因为人是自然界的一部分"①，而且"自然环境是人类生存和发展的物质前提，人首先依赖于自然"②。其次，人的繁衍生存依赖自然界。因为"没有自然界、没有感性的外部世界，工人就什么也不能创造。它是工人用来实现自己的劳动，在其中展开劳动活动，由其中生产出和借以生产出自己的产品的材料"③。自然界为人类提供了生存必需的所有资源，因此人类必须珍惜和爱护这些资源，失去它们，也就意味着失去自己的生存基础。这种思想在历代领导集体的思想中就是重视对国家自然资源的保护和对资源的节约、合理利用。

马克思主义生态思想认为，在人与自然的关系中，人是能动的、有创造力的，通过自身对自然界的利用和改造，实现人的自然存在与社会存在的和谐统一。因为"人直接地是自然存在物，但人具有自然力、生命力、是能动的自然存在物，这些力量作为天赋和才能，作为欲望存在于人身上"④。因此，人类可以通过自身的实践活动，借助这种力量来改变原生天然的存在状态，使原生天然的变为适合人类生存和发展的"人化自然"。这是因为人作为"社会化的人，联合起来的生产者，将合理地调节他们和自然之间的物质变换，把它置于他们的共同控制之下，而不让它作为盲目的力量来统治自己，靠消耗最小的力量，在最无愧于和最适合于他们的人类本性的条件下来进行这种物质变换"⑤。人类的这种对自然的作用力在不断提升，对自然的影响也在不断扩大。可见，人类拥有这种利用自然为其生存发展

① 《马克思恩格斯选集》(第一卷)，人民出版社，1995年，第67页。

② 《马克思恩格斯全集》(第27卷)，人民出版社，1979年，第63页。

③ 马克思：《1844年经济学哲学手稿》，人民出版社，2000年，第53页。

④ 《马克思恩格斯全集》(第42卷)，人民出版社，1979年，第95页。

⑤ 马克思：《资本论》(第三卷)，人民出版社，2004年，第928~929页。

服务的天然能力,人类在自然面前是有能动性的。因此,历代国家领导集体可以发挥国人的创造力和能动力,发展经济,促进社会发展和人类进步。

马克思主义生态思想认为,人对自然的利用和改造是不能破坏其规律的,否则将严重地破坏生态环境,导致生态失衡。在人对自然的改造和利用中,人的行为并非是毫无顾忌的,也不能恣意妄为;人对自然的能动和改造需要遵循自然规律,维持生态平衡,否则将造成严重的危害,给人类带来祸患。恩格斯指出,美索不达米亚平原的生态失衡给人们警醒,"我们不要过分陶醉于我们人类对自然界的胜利。对于每一次这样的胜利,自然界都对我们进行报复。每一次胜利,起初确实取得了我们预期的结果,但是往后和再往后却发生完全不同的、出乎预料的影响,常常把最初的结果又消除了。"[①]这种生态思想明显体现在历代国家领导集体坚持社会经济发展与生态环境的协调发展,坚持节约资源,保护环境,人类的行为要遵守自然规律等一系列的思想中。

(二)人类文明的生态智慧提供了丰富的生态思想素养

"人类发展史就是一部文明进步史,也是一部人与自然的关系史"[②]。人类文明是一部包含丰富的生态智慧的文明史,它展示了人类在实践中认识和处理人与自然关系的历史,包含了辩证认识人与自然关系的知识,蕴含着值得推崇和信奉的生态智慧和生态思想。从人类初期对自然界既爱又恨、既敬又惧的神秘自然观,到古希腊的整体视野下人与自然关系的朴素自然观,这些都包含了淳朴的人与自然关系的基本逻辑。宗教文化中

---

① 《马克思恩格斯选集》(第三卷),人民出版社,1995年,第383页。

② 刘国华:《中国化马克思主义研究》,东南大学出版社,2014年,第156页。

包含着具有一定生态意义的思想，这些宗教文化从信仰的视角将自然与人通过神灵连接起来,形成具有神圣教义性质的宗教自然观和生命观,包含着一定的生态含义。伊斯兰教文化倡导真主创造万物,并使万物各得其所、协调有序、相互依存:在人与自然的关系上,它强调人是自然万物中的一员,人要敬爱自然并与自然相依为命,爱惜生物;在人与人的关系上,它主张和平宽容、倡导善行、鼓励求知、克己恕人、诚实守信、中道和谐等基本理念。佛教文化在对待生态态度上,主张戒杀、放生、素食;在对待环境上主张欲得净土先净其心;在人与自然关系上,主张平等、和谐,人类对自然界及其他生物要有报恩之心,人类应该通过布施以修福和节俭来惜福;在人与人的关系上,主张众生平等和同体大悲。基督教的"爱"人映射出的"人与自然相互依存""回归自然""尊重自然"等思想也洋溢着人与自然和谐相处的气息。历代领导集体从这些包含生态的文化中吸取有益的思想丰富自己的生态思想。

中国传统文化中也包含着丰富的生态思想。一是在人与自然的关系方面，将人与自然的关系概述为天人关系,认为人和万物共生于天地之间,天地造化万物、养育万物,人必须要对天地表示无限的崇敬和尊重,要"敬天地"。道家文化中包含的"人法地,地法天,天法道,道法自然",老子认识到人类的生存离不开自然,就像植物离不开土,鱼儿离不开水。庄子提出"万物一齐"的平等观和"同与兽居"的生活态度。二是关于人对自然的态度上,主张对自然还要"施仁爱""禁贪欲""节物用""忌杀生";要兼爱万物、合理索取、充分利用、善待自然。孔子主张"子钓而不纲,弋不射宿"。孟子指出"顺天者存,逆天者亡"。老子主张"善待万物,与天地万物和谐共存"。这些传统文化中的生态思想是历代领导集体生态思想的直接来源。

20世纪六七十年代以来,因生态环境问题凸显,一些学者纷纷将生态学和生态理念与自己的学科研究结合起来，形成了一些具有生态意义的新理论，如生态政治学理论、生态伦理学理论、生态社会学理论、生态哲学理论、生态经济学理论等，给历代国家领导集体提供了大量的生态知识，这些对国家的政治治理、政策制定等提供了有益的帮助。同时，国际社会中出现一大批关注生态环境的著作，如《寂静的春天》《增长的极限》《只有一个地球》等，这些对历代领导集体了解人类社会的生态环境提供了有益的帮助和启示。

不论是宗教文化、中国传统文化还是西方生态理论中的生态思想，它们犹如涓涓细流，从不同方面汇集到历代国家领导集体的思想意识中，逐渐形成他们各自的生态思想。

(三)为发展社会经济和保护环境的双重任务提供了前提条件

"大跃进"和"文革"的发生给中国的社会经济发展和生态环境建设带来严重的危害，中国政府不仅需要大力发展社会经济来解决人们的温饱问题，还面临着发展经济所需资源不足和环境破坏问题。对中国领导集体来说，国家面临着如何协调发展经济与保护环境的重大问题。1978年12月，党的十一届三中全会力挽狂澜，拨乱反正，做出了实施改革开放的决策、工作重点转移到社会主义现代化建设上来的战略决策。之后，国家领导人以发展经济为中心，大力推进现代化的发展。邓小平开启中国改革开放的新篇章，大力推动了生产力的发展。邓小平1980年4月12日会见赞比亚总统卡翁达时说："中国是一个大国，它应该起更多的作用，但现在力量有限，名不副实。归根到底是要使我们发展起来。现在说我们穷还不够，是太穷，同自己的地位完全不相称。所以，从去年起，我们就把工作重点转到了建设上。我们要把这条路线一直贯穿下去，决不动摇。"①同时，邓小平十分重视资源环境的保护工作。进入 20 世纪 90 年代以来，一些污染和资源浪费现象已经对社会经济发展造成严重影响，协调经济发展和保护环境的任务更加紧迫，资源短缺、环境破坏已成为制约我国社会经济发展的重要瓶颈，迫使国家领导集体必须在理论上解决经济建设与环境保护之间的关系问题，将国家社会经济的可持续性发展问题提到国家战略高度。

（四）国际环境问题的深刻影响是其产生的重要外部因素

工业革命和科技革命给人类社会带来了巨大的物质财富。伴随着物质财富的急剧增长，人类生态环境遭到严重破坏甚至不断恶化，生态环境带来的问题越发严重，人口爆炸、资源枯竭、能源匮乏、粮食危机、气候异常和环境污染等已经成为席卷全球的生态问题。这种生态问题表面看来会对人的身心健康带来直接影响：它将造成生态失衡，危及一个个的生物物种；从深层角度来看，它实际上涉及的是人类的生产方式要发生变革，人类社会的文明内涵要发生改变，关系人类社会的长期发展和前途命运。这场全球层面的生态危机首先在发达资本主义国家爆发。20 世纪 50 年代，西方发达资本主义国家遭受着环境污染的严重危害，生态环境遭到严重破坏，尤其是"八大污染事件"使得西方发达资本主义国家的污染到了历史的最严重时期，许多国家开始下大力气治理环境污染，德国、英国、日本、法国、美国等都开始实施对环境污染的治理。发达资本主义国家的发展经历对中国来说是一个重要的影响：一方面，中国如何避免发达资本主义国家环境污染，不再重蹈覆辙。工业现代化的经济发展方式是产生环境

---

① 《邓小平文选》（第二卷），人民出版社，1994 年，第 312 页。

污染的主要源头,中国经济发展方式如何调整,是中国领导人必须思考的严峻问题。从 20 世纪 80 年代到 21 世纪,在国际经济贸易体制和经济全球化发展的环境下,中国经济发展方式并不能完全摆脱工业经济发展模式的影响。另一方面,中国遭到来自发达资本主义国家环境污染的外部威胁。发达资本主义国家为解决国内环境污染,采取了一种对外的"污染转嫁"措施——将国内的污染转移到国外的发展中国家。在这种国际环境下,作为发展中国家的中国不可避免地遭受到国际污染转嫁的危害。如何在污染危害的国际环境下保护本国的生态环境,成为历代国家领导人思考的重要内容。在国内外环境污染问题的双重压力下,历代领导人必须从思想上突破工业文明带来的生态失衡,才能为社会主义中国的发展与前途提供科学的思想领导。

二、中国特色社会主义生态思想的主要内容

改革开放以来,中国逐渐富了起来。在这四十多年的发展中,中国经济得到快速增长,创造了丰富的物质财富,对资源环境的开发、利用和保护也形成了不同的认识。三代国家领导人形成了人与自然关系要和谐、社会经济发展与生态环境关系要协调、为民谋利的生态思想,在我国生态思想发展中占据重要地位,成为中国特色社会主义生态思想的重要组成部分。

(一)人与自然关系要和谐

三代领导人非常重视人与自然之间的关系。一是重视水利建设,营造水与人的和谐关系。国家领导人历来重视水利建设,自古以来,兴修水利,"功在当代、利在千秋"的古训在国家领导人的生态思想中就很重要。不论

是邓小平、江泽民还是胡锦涛，都将水利建设放在重要地位。国内的几大水系的生态环境并不平稳，汛期洪水给水域附近人民的生产生活带来严重的破坏和危害，治理水域的生态环境是确保民众生产生活的基本条件。水域的生态治理实际上也是实现人与自然和谐的重要组成部分。能源不足是我国经济发展的瓶颈之一，破解我国能源不足的重要措施之一就是合理利用和开发水利资源。我国具有山区多、河流落差大、水电资源丰富的自然资源优势，水资源是可再生的清洁资源，应该大力开发和利用。邓小平说，在资源的开发上，如果"火电上不去，要在水电上打主意。水电大项目上去了，能顶事"[1]。江泽民指出："我国西北和北方一些地区缺水的问题已经非常严重"，"水资源短缺越来越成为我国农业和经济社会发展的制约因素"，同时"水的问题，又同整个生态环境的状况紧密联系着"[2]。胡锦涛指出："长期以来，我国用水方式粗放，水资源短缺和用水浪费并存，生态脆弱和开发过度并存，污染治理和超标排放并存，经济快速增长付出的资源环境代价过高。这种状况不改变，水资源难以承载，水环境难以承受，人与自然难以和谐。"[3]"要牢固树立人水和谐理念，合理开发、优化配置、全面节约、有效保护、高效利用水资源。要正确处理经济社会发展和水资源条件的关系，全面考虑水的资源功能、环境功能、生态功能，科学确定水资源开发利用规模，合理安排生活、生产、生态用水，既满足社会发展合理需求，也要满足维护河湖健康基本需求，决不能为追求一时发展而牺牲子孙后代福祉。"[4]国家历代领导人对水与人的关系认识逐渐完善，体现了

---

[1]　《邓小平文选》(第三卷)，人民出版社，1993年，第17页。

[2]　《江泽民文选》(第二卷)，人民出版社，2006年，第295页。

[3]　《胡锦涛文选》(第三卷)，人民出版社，2016年，第547~548页。

[4]　同上，第552页。

水与人的不可分离的关系,体现了自然与人的关系要和谐。

二是注重人口增长与经济发展关系的平衡。以邓小平同志为代表的领导集体意识到人口增长与经济环境发展之间存在的矛盾,便将人口问题置于国家经济发展全局和资源有限性的战略高度,开始有计划地加强对人口的控制,提出控制人口增长的计划生育政策。邓小平说:"我们要大力加强计划生育工作"①,"应立些法,限制人口增长"②。江泽民认识到人口规模给环境和经济发展带来的巨大压力。他指出:"控制好人口规模,就可以减轻人口过多对经济建设的压力。"③"人口盲目膨胀,与社会生产力发展不相适应,不仅难以满足当代人的生活需要,而且势必破坏资源和环境,危及后代人的生存和发展。"④因此,"要促进人和自然的协调与和谐,使人们在优美的生态环境中工作和生活"⑤。历代领导人都非常重视人口规模、人口压力与环境资源、社会发展的内在联系,并注重二者之间的平衡发展。

三是自然资源对人类生存的不可替代性。历代领导人意识到自然资源对人类社会发展的不可替代的意义,人类离开自然资源就像无根之木,无源之水。邓小平指出:"环境和自然资源,是人民赖以生存的基本条件,是发展生产、繁荣经济的物质源泉,管理好我国的环境,合理开发和利用自然资源,是现代化建设的一项基本任务。"⑥江泽民进一步强调:"促进人

---

① 《邓小平文选》(第二卷),人民出版社,1994年,第164页。

② 中共中央文献研究室编:《邓小平思想年谱(1975—1997)》,中央文献出版社,2004年,第112页。

③④ 《江泽民文选》(第一卷),人民出版社,2006年,第519页。

⑤ 《江泽民文选》(第三卷),人民出版社,2006年,第295页。

⑥ 国家环境保护总局、中共中央文献研究室:《新时期环境保护重要文献选编》,中央文献出版社、中国环境科学出版社,2001年,第20页。

与自然的和谐,推动整个社会走上生产发展、生活富裕、生态良好的文明发展道路"①,并将对资源的合理利用纳入国家的现代化建设过程之中。胡锦涛将整个自然界看作与人类息息相关的基本条件。他指出:"良好生态环境是人和社会持续发展的根本基础。"②"自然界是包括人类在内的一切生物的摇篮,是人类赖以生存和发展的基本条件。"③国家领导集体对自然资源与社会发展的关系认识越来越深入,越来越与国家建设紧密地连接在一起。

　　四是要提高人口素质,尊重自然规律。邓小平十分重视人口素质的提升,他提出要实行优生优育优教,不断提高人口素质,不断发挥我国人力资源的优势。"一个十亿人口的大国,教育搞上去了,人才资源的巨大优势是任何国家比不了的。"④江泽民则重视人口环境的建设。他说:"良好的人口环境,是指适度的人口总量、优良的人口素质、合理的人口结构。"⑤胡锦涛进一步指出:"保护自然就是保护人类,建设自然就是造福人类。要倍加爱护和保护自然,尊重自然规律。"⑥可见,人口素质的提升对保护环境具有重要作用。

　　总体来说,人与自然要和谐相处已经成为历代领导人的共识,并在不同条件下形成不同的生态观念,在人与自然的关系上要统筹人与自然关系的和谐发展,要"促进人与自然的和谐,实现经济发展与人口、资源、环

　　① 《江泽民文选》(第三卷),人民出版社,2006年,第544页。
　　② 胡锦涛:《坚定不移沿着中国特色社会主义道路前进　为全面建成小康社会而奋斗》,《人民日报》,2012年11月18日。
　　③⑥ 中共中央文献研究室:《十大以来重要文献选编》(上),中央文献出版社,2005年,第853页。
　　④ 《邓小平文选》(第三卷),人民出版社,1993年,第120页。
　　⑤ 《江泽民文选》(第一卷),人民出版社,2006年,第519页。

境相协调"①,要"建立和维护人与自然相对平衡的关系"②,并且要"在顺应自然规律的基础上合理开发自然,在同自然的和谐相处中发展自己,是人类生存和进步的永恒主题"③。人与自然关系要和谐的生态思想也是历代国家领导集体的重要生态思想。

(二)注重社会经济发展与生态环境保护之间的协调关系

由于"人口贫困问题"一直是新中国成立以来的主要任务,发展粮食生产、解决人民的生活和疾病问题是国家的主要问题。20 世纪 70 代以后,控制人口增长和缓解资源环境压力成为新时期的主要任务。三代国家领导人面临着如何促进社会经济发展和维护生态环境平衡的新问题。

以邓小平同志为主要代表的中国共产党人将社会经济发展与生态环境之间的协调看作国家发展的战略目标。首先,邓小平非常重视生态环境的重要价值。他认为,生态环境对社会经济具有重要的作用,失去良好的生态环境,社会经济发展将失去基本的保障。邓小平认识到发展旅游业既可以保护环境又可以带来社会效益,是一举两得的好事。在发展经济与保护环境的关系处理上,他把保护环境放在第一位,"保护风景区。桂林那样好的山水,被一个工厂在那里严重污染,要把它关掉"④。良好的环境资源可以发展旅游,利用环境来发展经济。他说:"旅游事业大有文章可做,要突出地搞,加快地搞。"⑤ 1979 年,邓小平在安徽视察工作时说:"这里(黄

---

① 中共中央文献研究室编:《十大以来重要文献选编》(中),中央文献出版社,2005 年,第 69 页。

② 胡锦涛:《在中央人口资源环境工作座谈会上的讲话》,《人民日报》,2004 年 4 月 5 日。

③ 中共中央文献研究室编:《十大以来重要文献选编》(上),中央文献出版社,2005 年,第 505~506 页。

④ 《邓小平文选》(第三卷),人民出版社,1993 年,第 21 页。

⑤ 赵林余:《旅游法概论》,法律出版社,1995 年,第 116 页。

山）发展旅游是个好地方，是你们发财的地方……你们要很好地创造条
件,把交通、住宿、设备搞好","要有点雄心壮志,把黄山旅游的牌子打出
去"。①其次,生态环境对社会经济发展的意义重大,在处理二者的关系上,
不能片面追求经济效益。邓小平指出："重视提高经济效益,不要片面追求
产值、产量的增长。"②他指出："真正摸准、摸清我们的国情和经济活动中
各种因素的相互关系,据此正确决定我们的长远规划的原则。"③邓小平认
为在发展经济的同时,要更加重视对生态环境的保护工作,并将生态环境
的保护置于与国民经济发展的核电、油气开发、铁路公路建设同等重要的
地位。他指出："核电站我们还要发展,油气田开发、铁路公路建设、自然环
境保护等,都很重要。"④因此,在社会经济发展的过程中,邓小平重视对生
态环境的保护,始终关注生态环境的变化,把保护生态环境和发展社会经
济放在同等重要的位置上。

　　以江泽民为主要代表的中国共产党人在社会经济发展与生态环境保
护的协调关系处理上提出了可持续发展战略和全面发展战略。首先,江泽
民强调社会经济发展不应以牺牲环境为代价。江泽民指出："如果在发展
中不注意环境保护,等到生态环境破坏了以后再来治理和恢复,那就要付
出沉重的代价,甚至造成不可弥补的损失。"⑤他认为通过发展循环经济,合
理利用资源,变废为宝,发展再生能源,一方面"将单位国民生产总值的污
染排放量和资源生态损耗量降下来"⑥,另一方面"消费方式要有利于环境

---

　　① 赵林余:《旅游法概论》,法律出版社,1995 年,第 116 页。

　　② 《邓小平文选》(第三卷),人民出版社,1993 年,第 22 页。

　　③ 《邓小平文选》(第二卷),人民出版社,1994 年,第 356 页。

　　④ 《邓小平文选》(第三卷),人民出版社,1993 年,第 363 页。

　　⑤ 《江泽民文选》(第一卷),人民出版社,2006 年,第 532 页。

　　⑥ 同上,第 542 页。

和资源保护,决不能搞脱离生产力发展水平、浪费资源的高消费"①。其次,
良好的生态环境是经济可持续发展的基础。江泽民指出:"任何地方的经
济发展都要注重提高质量和效益,注重优化结构,都要坚持以生态环境良
好循环为基础,这样的发展才是健康的、可持续的。"②江泽民尤其重视少
数民族地区的资源开发和环境保护,他指出:"我们一定要使少数民族从
开发当地资源中得到实惠"要"注意保护和改善"生态环境③,"任何地方的
经济发展……都要坚持以生态环境良性循环为基础,这样的发展才是健
康的、可持续的"④。最后,经济社会与环境要协调发展。1995 年 9 月 28
日,江泽民在党的十四届五中全会上的讲话中提道:"要把控制人口、节约资
源、保护环境放到重要位置,使人口增长与社会生产力发展相适应,使经
济建设与资源、环境相协调,实现良性循环。"⑤他多次强调经济社会发展
中一定不能忽视对生态环境的保护,要重视生态平衡,中国要走可持续发
展的道路,中国的发展"千万要注意,在加快发展中决不能以浪费资源和
牺牲环境为代价"⑥。江泽民进一步提出,实现可持续发展"核心的问题是
实现经济社会和人口、资源、环境协调发展"⑦。

　　以胡锦涛同志为主要代表的中国共产党人在对经济社会发展与生态
环境保护的关系上进一步认识到生态环境的保护重在改变现有的经济发
展方式,认识到经济发展方式对环境破坏的严重性。随着人口增长、资源

　　①② 《江泽民文选》(第一卷),人民出版社,2006 年,第 533 页。

　　③ 《江泽民文选》(第一卷),人民出版社,2006 年,第 185 页。

　　④ 同上,第 534 页。

　　⑤ 同上,第 463 页。

　　⑥ 同上,第 533 页。

　　⑦ 《江泽民文选》(第三卷),人民出版社,2006 年,第 119 页。

短缺、环境恶化等多种问题的接踵而至，寻求社会经济发展与生态环境的协调平衡显得越发重要和迫切。胡锦涛提出，要大力发展循环经济，在人口对资源环境压力下转变原来的经济增长方式，进行资源循环利用，减轻资源生态压力，实现人类发展与资源环境的和谐并存。胡锦涛指出："必须切实提高经济增长的质量和效益，努力实现速度和结构、质量、效益相统一，经济发展和人口、资源、环境相协调，不断保护和增强发展的可持续性。"① 2004 年，胡锦涛在江苏考察时指出："各地区在推进发展的过程中，要抓好资源的节约和综合利用，大力发展循环经济，抓好生态环境保护和建设，构建资源节约型国民经济体系和资源节约型社会。"②胡锦涛在党的十七大报告中强调，必须把建设资源节约型、环境友好型社会放在工业化、现代化发展战略的突出位置。

（三）重视科技在保护生态环境中的作用

18 世纪以来，科技在社会经济发展中的重要性已经被世界公认。美国学者伊夫林·舍克指出："技术已给我们的生活与时代带来根本性的变化，它在各个领域的挺进已日益地改变、修正和更换着我们的环境，我们的面前呈现出一个可供行为与选择的迥然不同的世界。"③对于科技的重要性，国家历代领导集体都十分重视。邓小平提出"科学技术是第一生产力"的著名论断。他指出："农业现代化不单单是机械化，还包括应用和发

---

① 《高举中国特色社会主义伟大旗帜，为夺取全面建设小康社会新胜利而奋斗——在中国共产党第十七次全国代表大会上的报告》，《人民日报》，2007 年 10 月 25 日。

② 《胡锦涛强调树立落实科学发展观》，《人民日报》（海外版），2004 年 5 月 7 日。

③ ［美］伊夫林·舍克、肖巍：《伦理学的新领域——伦理与环境》，《中国青年政治学院学报》，1991 年第 2 期。

展科学技术等"①,"解决农村能源,保护生态环境等等,都要靠科学"②。邓
小平对科技的认识不单是其生产力的发展层面,还强调科技在生态环境
保护方面的运用,通过科技来改善和保护生态环境,为经济发展提供更加
优越的可持续的自然环境。1983年,他强调:"提高农作物单产、发展多种
经营、改革耕作栽培方法、解决农村能源、保护生态环境等等,都要靠科
学。"③"下一个世纪是高科技发展的世纪","将来农业问题的路,最终要由
生物工程技术来解决,要靠尖端技术。对科学技术的重要性要充分认识"。④
以邓小平为主要代表的中国共产党人十分重视科学技术在经济发展中的
运用,尤其是对环境保护方面。

　　以江泽民为主要代表的中国共产党人在20世纪90年代初就提出对
科学技术的运用有利于保护生态环境的观点。首先,科学技术对生态环境
产生双重影响。江泽民在《红旗》杂志上撰文指出,能源利用率的高低会对
生态环境的好坏产生直接影响。提高能源利用率,就可以有效减少能源使
用过程中的废气和有害物质,从而降低工业对生态环境的破坏程度;利用
科技手段促使经济体制和经济增长方式的根本性转变也为生态环境保护
提供了可靠保障,做到"依靠科技提高资源利用率,节约耕地,保护环境,
坚持可持续发展"⑤。科学技术的大规模运用也会造成生态环境问题,"工
业的发展带来水体和空气的污染,大规模的开垦和过度放牧造成森林和
草原的生态破坏"⑥。其次,科学技术的伦理色彩不可忽视。江泽民指出:

---

　　①　《邓小平文选》(第二卷),人民出版社,1994年,第28页。

　　②③　《邓小平年谱》(一九七五————一九九七)(下册),中央文献出版社,2004年,第882页。

　　④　《邓小平文选》(第三卷),人民出版社,1993年,第275页。

　　⑤　《江泽民文选》(第二卷),人民出版社,2006年,第120页。

　　⑥　《江泽民文选》(第三卷),人民出版社,2006年,第104页。

"地球科学愈来愈趋向综合化,为人类探索、保护、合理利用资源和生态环境增加了新的能力。"①这些问题就是科技伦理在生态环境方面的具体表现。江泽民就科技伦理问题谈道:"信息科学和生命科学的发展,提出了涉及人自身尊严、健康、遗传以及生态安全和环境保护等伦理问题……在二十一世纪,科技伦理问题将越来越突出。"②他指出:"全球面临的资源、环境、生态、人口等重大问题的解决,都离不开科学技术"③,这为解决生态安全和环境保护等问题提供了解决思路。

　以胡锦涛同志为主要代表的中国共产党人面对经济发展方式的转变提出了科学发展观,重视科技应用在生态环境和污染治理中的作用。胡锦涛指出:"必须依靠技术进步和创新。要通过政策引导和增加投入,大力研发和推广使用先进能源技术、环境保护技术和资源合理开发利用技术,切实提高资源利用效率,改善生态环境。"④胡锦涛重视并倡导生态科技的发展和创新。他指出,要防污治污,一定要"大力发展新材料和先进制造科学技术"⑤,"大力加强生态环境保护科学技术……要注重源头治理,发展节能减排和循环利用关键技术,建立资源节约型、环境友好型技术体系和生产体系"⑥。"大力加强生态、环境领域的科技进步和创新……加快治理环境污染和促进生态修复,保护生物多样性,遏制生态退化现象"⑦。

---

　① 《江泽民文选》(第一卷),人民出版社,2006年,第427页。

　② 《江泽民文选》(第三卷),人民出版社,2006年,第104页。

　③ 江泽民:《论科学技术》,人民出版社,2001年,第12页。

　④ 中共中央文献研究室编:《十大以来重要文献选编》(中),中央文献出版社,2006年,第825~826页。

　⑤⑥ 胡锦涛:《在国科学院第十五次院士大会中国工程院第十次大会上的讲话》,《光明日报》,2010年6月8日。

　⑦ 中共中央文献研究室编:《十大以来重要文献选编》(中),中央文献出版社,2006年,第116页。

(四)强调植树造林、绿化环境的重要性

我国土地沙漠化、荒漠化、水土流失曾十分严重。因此,增加植被,控制荒漠化、沙漠化成为生态思想主要内容之一。邓小平、江泽民、胡锦涛都把植树造林、绿化环境作为改善生态环境的主要措施。

以邓小平为主要代表的中国共产党人认识到植树造林对环境保护的重要意义,对环境保护的关注度不断提高。邓小平率先倡导开展全民义务植树活动,身体力行,率先垂范,主动参加义务植树活动。国家通过把每年的 3 月 12 日定为植树节,鼓励全民参与,推动全国环境保护活动的展开。为了更加有效地保护环境,治理污染,邓小平强调:"我们准备坚持植树造林,坚持它二十年,五十年……特别是我国西北地区,有几十万平方公里的黄土高原,连草都不长,水土流失严重。黄河所以叫'黄'河,就是水土流失造成的。我们计划在那个地方先种草后种树,把黄土高原变成草原和牧区,就会给人们带来好处,人们就会富裕起来。生态环境也会发生很好的变化。"[①]1982 年的宪法明确把环境保护列入其中,并规定,国家保护和改善生活环境和生态环境,防治污染和其他公害。邓小平高度重视国家的绿化工作,加大对地方政府绿化工作的指导。他在视察江苏时指出:"苏州作为风景旅游城市,一定要重视绿化工作,要制定绿化规划,扩大绿地面积,发动干部群众义务植树,每年每个市民要植树二十株。"[②]之后,国家先后通过《中华人民共和国森林法》《中华人民共和国草原法》《中华人民共和国矿产资源法》《中华人民共和国海洋环境保护法》等不同保护资源环境

---

① 《十三大以来重要文献选编》(上册),人民出版社,1991 年,第 57 页。
② 《邓小平思想年编》,中央文献出版社,2011 年,第 451~452 页。

的法律法规。可见,国家领导人对自然环境保护的重视程度,这也是其生态理念在国家治理生态环境中的重要体现。

20世纪90年代以来,生态环境面临的问题更加复杂,国家领导人对植树造林、绿化环境更加重视。以江泽民为代表的领导集体进一步加强对污染环境治理的高度重视,提出植树种草、保持水土和防风固沙的生态价值,指出建立最严格的资源管理制度,保护自然生态环境是发展经济的前提基础。"大抓植树造林,绿化荒漠,建设生态农业。"①江泽民指出:"历史遗留下来的这种恶劣的生态环境,要靠我们发挥社会主义制度的优越性,发扬艰苦奋斗的精神,齐心协力地大抓植树造林,绿化荒漠,建设生态农业去加以根本的改观。"②他指出:"改善生态环境,是西部地区开发建设必须首先研究解决的一个重大课题……搞水的搞水,种草的种草,栽树的栽树,修路的修路,那就会很快呈现出一派生机盎然的景象"③,"库区两岸,特别是长江上游地区,一定要大力植树造林,加强综合治理,不断改善生态环境,防止水土流失。"④"要大力开展绿色环保运动,爱绿、播绿、护绿,退耕还林还草。"⑤必须把防止人为生态破坏作为工作重点,继续"加强对环境污染的治理,植树种草,搞好水土保护,防止荒漠化,改善生态环境"。江泽民高度关注国家的植树造林事业,积极推动国家绿化环境,改善生态平衡。

以胡锦涛为代表的领导集体坚持了前任领导集体的植树造林精神,退耕还林还草。"植树造林、防风固沙,是功在当代、利在千秋的大事。一定要科学规划,加大投入,全民动员,年复一年地抓下去,为子孙后代多留一

①②　《江泽民文选》(第一卷),人民出版社,2006年,第659页。

③　《江泽民文选》(第二卷),人民出版社,2006年,第344页。

④⑤　同上,第69页。

片绿荫。"①

（五）重视人民生活质量,为民谋福利

中国历代领导人都将人民幸福放在重要位置上。为人民谋取幸福和利益是中国共产党的历史使命,历代领导人始终重视人民的福祉。以人民为中心、以人为本、人民利益至上等都体现了生态思想中人的社会生态需求和自身发展的生态需求思想。

为人民谋取利益是共产党人的神圣使命。邓小平把为人民谋利看作自己工作的出发点和落脚点。当环境问题影响甚至危害人民的利益时,他指出:"长期以来,由于对环境问题缺乏认识以及经济工作中的失误,造成生产建设和保护之间的比例失调……必须充分认识到,保护环境是全国人民根本利益所在。"②他指出,我们工作的任务就是要"植树造林,绿化祖国,造福人民"③。邓小平再次强调:"植树造林,绿化祖国,是件大好事,是建设社会主义,造福子孙后代的伟大事业,要坚持二十年,坚持一百年,坚持一千年,要一代一代永远干下去。"④这体现了邓小平等国家领导集体为人民的利益和幸福高度负责的精神,是一切工作的基本点,离开为人民谋福利的一切工作将毫无意义。

以江泽民为主要代表的中国共产党人把为人民谋福利放在第一位上。江泽民提出"三个代表"重要思想,进一步体现了党和国家为人民服务的历史使命。江泽民高度关注农民利益,他提出要"真心实意为农民服务,

---

① 孙承斌、邹声文:《胡锦涛总书记考察青藏铁路沿线纪实》,《人民日报》,2006年7月2日。

② 1981年2月2日,国务院颁布的《关于国民经济调整时期加强环保工作的决定》。

③ 《邓小平文选》(第三卷),人民出版社,1993年,第21页。

④ 翟泰丰、鲁平、张维庆:《邓小平著作思想生平大事典》,山西人民出版社,1993年,第793页。

想农民之所想，急农民之所急。坚决反对一切损农、伤农、坑农的行为"①。
江泽民说过："因为我们党是代表最广大人民群众的根本利益的，所以全
党同志的一切工作都是全心全意为人民服务的，都是为了实现好、发展好
和维护好人民的利益，任何脱离群众，任何违反群众意愿和危害群众利益
的行为，都是不允许的。"②"人口、资源、环境工作，关系经济社会发展和社
会进步，关系到广大人民群众的根本利益。切实做好人口、资源、环境工
作，不仅关系到我们能否更好地解放和发展生产力，而且关系到能否更好
地实现、维护和发展最广大人民群众的根本利益"③。

　　以胡锦涛为代表的领导集体明确了"以人为本"的全面协调可持续发
展的社会和谐理念。在党的十六届三中全会上，提出"以人为本"为核心的
全面、协调、可持续发展的理念。胡锦涛指出："我们提出以人为本的根本
含义，就是坚持全心全意为人民服务，立党为公、执政为民，始终把最广大
人民根本利益作为党和国家工作的根本出发点和落脚点，坚持尊重社会
发展规律和尊重人民历史主体地位的一致性，坚持完成党的各项工作和
实现人民利益的一致性，坚持发展为了人民、发展依靠人民、发展成果由
人民共享。"④实现"人人共享的生动局面，努力使全体人民学有所教、劳有
所得、病有所医、老有所养、住有所居"⑤。胡锦涛认为："坚持节约资源和保
护环境的基本国策，关系人民群众切身利益和中华民族生存发展，必须把
建设资源节约型、环境友好型社会放在工业化、现代化发展战略的突出位
置，落实到每个单位、每个家庭。""环境恶化严重影响经济社会发展，危害

---

①　《江泽民文选》(第一卷)，人民出版社，2006 年，第 275 页。

②　江泽民：《论"三个代表"》，中央文献出版社，2001 年，第 156 页。

③　《江泽民文选》(第一卷)，人民出版社，2006 年，第 534 页。

④　《胡锦涛文选》(第三卷)，人民出版社，2016 年，第 4 页。

⑤　同上，第 5 页。

人民群众的身体健康,损害我国产品在国际上的声誉。"①

三、中国特色社会主义生态思想的基本特征

在富起来的时代背景下,发展经济是主要任务。在发展过程中,历代国家领导人在不同阶段的生态思想都是在国家的社会主义现代化建设和改革开放的过程中形成的,既表现出时代性和独特性,又具有一定的延续性和继承性,体现了社会主义生态思想的一些共性。正是这些共性促进了中国特色社会主义现代化建设的稳步前进。三代领导集体的生态思想为中国特色社会主义生态思想留下了宝贵的思想财富。

(一)具有继承与创新的双重性

思想的继承是其延续的前提,创新则是其发展的保障。任何一种思想的存在,如果离开继承将是无源之水,无根之木;如果失去创新就行将朽木,难以为继。中国特色社会主义生态思想在改革开放以来,邓小平、江泽民和胡锦涛等国家领导人的生态思想中都体现出了明显的继承性和创新性,这使中国的生态思想具有延续性,并能发挥稳定作用。正是后一代领导集体对前一代领导集体生态思想的继承和创新,中国生态思想才能熠熠生辉。继承性是中国生态思想的内在体现。以邓小平、江泽民和胡锦涛等为代表的领导集体的生态思想都是在继承前人生态思想基础上产生的。每一代领导集体都吸收前代领导集体生态思想的精神,保持思想的基本性和延续性。邓小平、江泽民和胡锦涛的生态思想都是马克思主义生态

---

① 中共中央文献研究室编:《十大以来重要文献选编》(中),中央文献出版社,2006年,第313页。

思想系统中的重要组成部分，作为中国化的马克思主义，邓小平、江泽民和胡锦涛的生态思想在本质上均传承于马克思主义生态思想，并与马克思主义生态思想保持一致。从宏观上说，三代领导集体的生态思想都以马克思主义生态思想为理论指导，以传统生态文化思想为基础，具有社会主义生态思想的相同属性，都体现了人与自然关系的和谐理念。创新性是历代领导集体生态思想的生命力所在。创新是马克思主义应有的理论品质，"是一个民族进步的灵魂，是一个国家兴旺发达的不竭动力"[①]。从微观上说，三代领导集体的生态思想具体主要体现在人口规模与经济社会的协调发展、生态环境与社会经济的均衡发展上。历代领导集体不断推进对人与自然关系的深入认识和实践运用，扩展生态思想的内涵和范围。

(二)具有强烈的实践属性

以邓小平、江泽民、胡锦涛等为代表的领导集体的生态思想来源于实践，并指导实践。生态思想的实践价值体现了思想的新鲜活力和强烈的实践性。这些生态思想都是在总结我国社会主义现代化建设的历史经验和社会主义生态实践经验教训基础上逐步形成的。邓小平的生态思想是在对20世纪六七十年代中国发生"大跃进"和"文革"期间实行的"以粮为纲"的片面指导方针和违背自然规律与经济规律的政策下生态环境问题的重新思考，提出在社会经济发展中只考虑人的吃饭问题而忽视环境承载能力的做法是错误的，应该在人口、资源、环境、经济、社会等各方面保持协调与平衡，改变严重的水土流失，土地沙化、风沙，水旱等自然灾害造成的恶劣生态环境。随后，在党的十一届三中全会、党的十四大上，中央领

---

① 《江泽民文选》(第三卷)，人民出版社，2006年，第64页。

导集体对社会主义生态实践进行深刻反思，调整国内社会经济发展与生态环境的关系，开始把保护生态环境、控制人口增长、实现经济发展与环境保护协调发展等思想作为生态思想的新内容。

江泽民在 20 世纪 90 年代，对环境污染、资源短缺对经济社会发展带来的负面作用有了深刻认识。党的十四大报告中，江泽民首次将环境保护作为 20 世纪 90 年代改革和建设的主要任务提出来，在党的十四届五中全会上将可持续发展战略正式纳入了"九五"和 2010 年中长期国民经济和社会发展计划，大力推进经济与社会相互协调和可持续发展。1996 年 7 月 16 日，江泽民在第四次全国环境保护会议上提到，实施可持续发展战略要做好"五个方面"①的工作。这些生态实践成为其生态思想的动力来源。

胡锦涛认识到 21 世纪以来中国的社会经济发展和生态环境之间的关系发生了新的变化，环境和资源的双重压力已经成为制约经济社会持续发展的关键因素，因此首次提出生态文明建设，大力推动生态环境建设的新发展，提出生态文明理念作为推进人与自然关系和谐的新理念。

（三）具有鲜明的制度性

三代领导集体的生态思想是来源于国家的生态环境治理和社会现代化建设的实践，这些建设都是需要长期坚持下去的，如治理污染、保护环境，植树造林、绿化环境，控制人口、协调环境等。这些不是一朝一夕能够

---

① 五个方面是指：第一，坚持节约利用各种自然资源，协调发展第一、第二、第三产业；第二，控制人口增长，提高人口素质；第三，消费结构和消费方式不能脱离生产力发展水平，要有利于环境和资源保护；第四，加强环境保护的宣传教育，增强环保意识；第五，遏制和扭转一些地方资源受到破坏、生态环境恶化的趋势。

完成的,因此制度的保障就必不可少。邓小平非常注重对环境治理的长期性和有效性,因此非常重视制度建设。邓小平指出:"制度好可以使坏人无法任意横行,制度不好可以使好人无法充分做好事,甚至会走向反面。"在植树造林、改善生态的工作上,邓小平指出:"这件事,要坚持二十年,一年比一年好,一年比一年扎实。为了保证实效,应有切实可行的检查和奖惩制度。"①此外,邓小平生态思想非常重视法制,主张生态文明建设要走法治化道路,通过制定一系列法律法规来保障生态文明建设。1979 年在中央工作会议上,他明确提出环境污染"要有人抓,抓大抓小不一样。要制定一些法律"②。重视法律制度建设成为邓小平生态思想中的重要组成部分。

江泽民更加重视法制在环境保护、生态平衡和经济社会协调发展中的重要作用。江泽民多次强调要将环境保护纳入法制化、制度化的轨道。在党的十五大报告中,他更明确地指出:"坚持计划生育和保护环境的基本国策,正确处理经济发展同人口、资源、环境的关系。严格执行土地、水、森林、矿产、海洋等资源管理和保护的法律。"③

胡锦涛进一步将法律法规规范化、体系化,纳入国家的生态环境建设中。胡锦涛在党的十八大报告中指出:"要把资源消耗、环境损害、生态效益纳入经济社会发展评价体系,建立体现生态文明要求的目标体系、考核办法、奖惩机制。建立国土空间开发保护制度,完善最严格的耕地保护制度、水资源管理制度、环境保护制度。深化资源性产品价格和税费改革,建立反映市场供求和资源稀缺程度、体现生态价值和代际补偿的资源有偿使用制度和生态补偿制度。加强环境监管,健全生态环境保护责任追究制

---

① 《邓小平文选》(第二卷),人民出版社,1994 年,第 260 页。
② 《邓小平年谱》(一九七五——一九九七)(上册),中央文献出版社,2004 年,第 506 页。
③ 《中国共产党第十五次全国代表大会文件汇编》,人民出版社,1997 年,第 29 页。

度和环境损害赔偿制度。加强生态文明宣传教育,增强全民节约意识、环保意识、生态意识,形成合理消费的社会风尚,营造爱护生态环境的良好风气。"①制度建设成为历代领导集体生态思想中的重要内容。

(四)具有可贵的为民性

三代领导人都把为人民服务作为最高宗旨。他们在解决经济社会发展、生态环境保护、人口发展等矛盾和问题上,始终把人民利益放在第一位,这本身就体现了中国共产党为人民服务的根本宗旨。邓小平、江泽民、胡锦涛始终代表和维护了最广大人民群众的根本利益,在生态思想观念的形成和发展中也始终把为人民服务和为人民谋求利益放在思想意识的最深处。三代领导人的生态思想中强调经济社会发展中要重视生态环境保护,良好的生态环境是经济社会发展的基本条件,是满足人民群众物质需求和精神需求的重要基础。在富起来的发展阶段,人们追求物质需求的同时,也在不断提出对良好生态环境的要求。失去良好生态环境也将失去经济社会发展的基本资源。邓小平始终把"人民拥护不拥护""人民赞成不赞成""人民高兴不高兴""人民答应不答应"作为制定各项方针政策的出发点和落脚点,"人民"成为他心中的一个标杆和一把尺子。邓小平提到:"不坚持社会主义,不改革开放,不发展经济,不改善人民生活,只能是死路一条。"②江泽民提出的"三个代表"重要思想明确表明,人民是中国共产党人为之不懈奋斗的目标;提出的建立资源节约型、环境友好型社会,改变经济发展方式的要求最终目标是为了提供更加持续的良好资源,为人

---

① 胡锦涛:《坚定不移沿着中国特色社会主义道路前进 为全面建成小康社会而奋斗》,《人民日报》,2012 年 11 月 9 日。

② 《邓小平文选》(第三卷),人民出版社,1993 年,第 117 页。

民提供更加良好的生存环境。"全心全意为人民服务,立党为公,执政为民,是我们党与一切剥削阶级政党的根本区别"[1]。胡锦涛提出,改善生态,进行生态文明建设, 根本目标就是为了不断推进广大人民群众的根本利益,"以人为本、执政为民是马克思主义政党的生命根基和本质要求"[2]。

四、中国特色社会主义生态思想的综合考量

改革开放以来,对中国环境的生态治理来说是一个重要的阶段。在对环境实施生态治理的过程中, 历代国家领导人的认识和思想也随着时代的变化而与时俱进,顺应时代发展的需要,为中国环境生态治理提供了宝贵的理论指导和思想引领。三代领导人生态思想在我国社会主义现代化建设中发挥了极其重要的理论指导作用,尤其集中在国家环境治理、污染防治、社会可持续发展等方面。三代领导人生态思想的核心精神对中国特色社会主义生态思想的发展发挥着不可磨灭的作用。三代领导人生态思想与国家的发展紧密结合在一起, 其宝贵的生态精神财富将成为一笔可贵的历史遗产,永留史册,这对新时代我国的生态文明建设与生态环境治理带来不可忽视的启示与借鉴。

(一)生态思想要纳入国家政策方针的制定

三代领导人的生态思想都十分重视法规的作用和建设,并将其纳入国家经济社会建设的战略规划和政策制定中。目前,我国正在大力推进生

---

① 江泽民:《在庆祝中国共产党成立八十周年大会上的讲话》,中国网,www.China.com.cn, 2001 年 7 月 1 日。

② 中共中央文献研究室编:《十七大以来重要文献选编》(下),中央文献出版社,2013 年,第 101 页。

中外生态思想与生态治理新论

态文明建设的深入发展,为了建设美丽中国和实现中国梦而努力奋斗。现阶段,中国社会的主要矛盾发生改变,这给我国的现代化建设提出了更加严峻的挑战。正确、科学的思想引领是人们行为的导向。三代领导人的生态思想已经表明,人与自然的关系是人类社会发展中一个永恒的主题。如何处理人与自然的关系已经不再是一个单纯的哲学论题,也不再是一个简单的环境问题,而是直接关系人类本身的生存与发展问题。只有高度的重视,并纳入国家的发展活动中,才能为人类带来福祉。事实表明,生态思想已经成为新时代的新思想,是人类思想进步的表征。新时代要大力推进生态文明思想融入社会经济制度建设实践中去,使得生态思想能够真正成为人们工作、生活、言行的基本指针。

将生态思想纳入国家经济社会发展的具体实施中,要做到以下三点:一是生态思想要具体化在国家制定的政策与方针里。三代领导人的生态思想是直接纳入国家政策和方针制定中,使得生态思想不是空洞的、抽象的事物,而是变成可以操作的行为指南。因此,新时代中国的生态文明建设和环境生态治理都应将生态思想转化为具体的可操作的行为指南。二是生态思想在政策与方针的实施中要连续化。生态环境治理以及生态文明建设是一个长期的工程,是与人类的社会存在相伴始终的,生态思想不能中断更不能停止,这是符合世界万物的生生不息的本性的。三代领导人生态思想的继承与创新表明,生态思想作用的有效发挥是一个持续的、不间断的过程。因此,新时代的中国,要继续将生态思想的基本精神融入国家经济社会的发展中。三是生态思想在融入政策与方针时要与时俱进,不断更新。任何一个生态思想理念都不是一劳永逸的,也不是万能的,只有在社会变迁的流程中,根据条件的变化作出适当的调整才能不断适应新的情况。三代领导人生态思想的形成已经说明,一个符合社会发展需要的生态思想都是与时代发展相同步的。新时代,中国面对的环境更加复杂多变。不但有国内社会矛盾的变化,也有国际社会环境的变化;生态思想不仅要思考国内的人与自然的关系,还要考量整个人类社会与地球环境的关系。因此,生态思想的不断更新与进步是其发挥作用的必然要求。

(二)生态思想要注重科技的生态作用

自从科技革命以来,科技在人类社会中的作用越来越突出,人们对科技的依赖也越来越多。科技的到来已经深深改变了人与自然之间的传统关系,人类对自然界的认识和改变也越来越多;同时,自然对人类的反作用也越来越明显。如何更加合理、科学地认识人与自然的关系是摆在共产党人面前的一个重大的历史性问题,马克思主义经典作家为中国共产党人提供了宝贵的思想理论武器。三代领导人将生态思想融入科技作用的认知之中,提出了新的科技观,对人们认识人与自然的关系提供了有益的帮助。邓小平的"科学技术是第一生产力",江泽民的"科学技术有伦理关注",胡锦涛的"科学发展观"等,从不同的角度重新看待科学技术与人类社会的关系,科学技术对人类社会的作用。因此,在新时代,日新月异的科学技术与人类社会发展的关系更加多元化,更加需要重新衡量科学技术与人类的关系。

三代领导人都重视科技的作用,同时将科技与生态联系起来,提出了具有时代特色的新型生态科技理念,对国家经济社会发展和生态环境保护发挥了有益的作用。历代领导集体在生态环境保护和治理中的经验表明,新时代的中国在推进生态文明建设的过程中要注意做到两点:一是加强科技的生态开发和创新运用。现阶段,国家的资源短缺、环境污染依然是社会经济发展的瓶颈,加快对新型绿色技术的研发和使用,将其运用到资源节约、环境污染的治理、沙漠治理等各种需要中去。需要注意的是,新兴技术在运用中不能产生新型污染,不能节约某一资源而损失另外资源,一定要注意在新旧资源、新旧技术、新旧环境、新旧产业等更新中的生态平衡。二是推动生态科技的多元创新,形成合力。三代领导人都比较重视对生态科技的创新发展,也提出不同部门、机构和人员的参与。生态科技的创新不能由政府唱独角戏。俗话说,独木不成林,单线不成行。生态科技本身是一个系统性的科技体系,需要的是无限多的参与。在生态科技创新的各个环节要求都能做到顺利衔接,相互促进,使得生态技术的应用能够形成一个多元整体的综合效力。在新时代的中国,生态科技创新已经进入一个新阶段,生态科技越发显得重要,因此需要政府、企业、智库、高校以及个人等都参与到这个环节中来,发挥生态科技的良性功能。

(三)生态思想要传承与创新

生态思想的不断丰富与发展,实际上是一个动态的传承与创新过程。中国生态思想在三代领导人的不同时期形成具有重要意义的生态思想,本身就体现了对生态思想发展规律的基本把握。也就是历代领导人的生态思想中既存在具有共同性质的属性,也包含着独特内容的个性。正是这种共性才使得三代领导人的生态思想具有了历史的厚度,同时也因为他们不同的个性和差异性又不断地推动生态思想从一代领导集体发展到下一代领导集体,实现这种生态思想的历史长度。生态思想本身是一部丰富的关于人与自然关系的多元理性思考。三代领导人不同的理论背景、不同的实践经历、不同的文化素养、不同的思维方式必然会使得中国的生态思想在富起来的三个时期形成不同的具体的生态思想内涵。从社会稳定、发展经济、大力推进社会主义革命和建设,到将生态环境建设作为提升人民群众的生产生活水平、提升人居环境的重要手段,三代领导人的生态思想共同指向了相同的战略目标。

生态思想在不同领导人之间的接替和推进是我国社会主义生态思想的基本要求。新时代,中国在生态文明建设和环境生态治理的实施中更应继续传承、发展和创新。需要注意三点:一是马克思主义生态思想和传统文化生态思想是其理论基础和文化基础。三代领导人的生态思想都坚持以马克思主义生态思想为理论基础和基本原则,这是三代领导人生态思想能够保持一致性的根本前提,是社会主义生态思想的本质所在。同时,传统文化的生态思想是历代领导人生态思想的文化本源,同源而生,保持了生态思想的共有理念内涵。因此,三代领导人的生态思想都呈现了代际传承和相同本质。二是现实的社会需求和治国理政的实践需要生态思想的创新。生态思想之所以具有生命力和活力,是因为其适应了社会发展的需要,是实践活动的结晶。邓小平在改革开放的初期阶段将生态环境建设作为一个独立的目标提了出来,是其生态思想的实践基础;江泽民在改革开放的十年后将生态环境建设的重要性提升到生产力的高度,丰富了生态思想的内容;胡锦涛在改革开放的二十年后从更深的层次上全面阐述了对生态环境建设的系统思想。三是生态思想创新的来源不同。邓小平的生态思想的创新来自于需要面对各类显现且逐渐严重的生态问题,开始意识到生态环境问题的重要性;江泽民的生态思想的创新来自于20世纪90年代后国内经济社会发展需要的资源、环境带来的日益严重的生态环境,需要从宏观视野思考社会、资源、环境、人口等的协调发展关系;胡锦涛的生态思想创新来自于复杂化生态环境问题,需要从理论、社会、技术等层面综合思考人与自然的关系问题。

第十章
新时代生态思想：创新与深化

    改革开放四十多年来，中国社会经济发展取得突飞猛进的发展，但是自然的环境生态却没有得到很好的保护，一些地方出现严重的环境污染、水土流失、物种锐减、生态失衡等环境问题，人民的生产生活受到严重影响，经济社会的可持续发展将难以为继。治理生态环境、调整经济发展结构、改变生产生活方式、协调环境生态与人民幸福成为新时代中国领导人面临的新问题。以习近平同志为核心的党中央调整了经济发展的导向，提出新发展观，将生态文明建设纳入国家发展的宏观战略规划，重塑经济发展方式与环境保护的逻辑关系，提出"绿水青山就是金山银山""宁要绿水青山不要金山银山"的新观念，实施生态文明体制改革，制定生态监督机制，为生态画线，坚守生态底线，制定严格的生态保护政策，创建生态协同治理区域（如京津冀），建立河长制、湖长制等新生态保护机制，创新并深化了中国生态思想。习近平生态文明思想已经成为中国特色社会主义思想的重要组成部分，成为指导中国在新时代强起来的重要理论武器。

一、习近平生态文明思想的形成

生态思想在新中国成立以来，在国家的社会发展和经济建设中始终发挥一定的作用。在不同阶段，国家的主要矛盾不同、社会发展任务不同、国际环境形势不同，使得国家领导集体在生态思想的具体内容方面存在差异，但基本理念是一致的，都是以马克思主义生态思想为基本指导原则，实现经济和环境保护的协调发展。

经过四十多年的改革开放，中国的经济发展取得世界瞩目的成就。但自然环境生态暴露的一些问题也越来越凸显，现有的自然环境已经不能继续支撑盲目追求国内生产总值的经济目标了，自然生态环境赤字严重制约了社会经济的持续发展。习近平提出新发展理念，大力推进生态文明建设，在继承前辈领导集体生态思想的基础上创新了新时代中国特色社会主义生态思想，形成了习近平生态文明思想。

（一）习近平生态文明思想形成的条件

1. 社会主要矛盾发生改变，生态需求纳入国家战略构成

党的十九大明确提出，"我国社会主要矛盾是人民日益增长的美好生活需要和不平衡不充分的发展之间的矛盾。"[①]经过四十多年的改革开放和社会经济的持续高速发展，中国的经济实力和水平已经大幅度提高，人民的生活状况已经发生根本性改变，人民开始从温饱型向小康型的需要转变，从吃饱到吃好，从穿暖到穿好，从物质到精神，人们的追求和期许已经

---

① 中共中央宣传部：《习近平新时代中国特色社会主义思想学习纲要》，学习出版社、人民出版社，2019年，第17页。

发生很大变化,但是与此相适应的中国经济结构和产业结构也要进行调整,尤其是急需为人民提供更加舒适良好的公共环境。人民不仅要过富足的生活,更要生态环境优美的生活,人们对蓝天青山绿水的要求与发展经济中产生的生态环境问题成为一个新的矛盾焦点,为人民提供生态公共产品已经成为新时代中国的新任务,"因为,如果土壤、水源、森林、气候等环境基础发生退化,那么国家经济基础将衰退、社会组织会蜕变,政治结构变得不稳定,这将会导致一个国家内部发生骚乱或者造反"①。因此,生态需求成为人民的一种新需求,促使习近平对人与自然的关系进行思考,并纳入对国家发展战略的思想认识之中。为此,习近平深谋远虑,实施新的战略布局,为新时代的中国发展提出了新的发展蓝图,推动生态文明建设,将人民的生态需求纳入国家的发展轨道和战略框架,推动中国走上富强的新阶段。

2. 国内外生态环境问题的考验需要将生态政治理念纳入政治体制

新时期新问题都对党的执政能力提出严峻的考验和新的要求。现阶段,国内外的生态环境问题已经成为对国家执政的一种严峻考验。这种考验来自两个层面:一是国内生态环境问题,二是国际生态环境问题。从国内层面来讲,民众对改善环境问题质量的要求越来越高,并与社会问题叠加在一起,产生蝴蝶效用,演变成为影响国家政治稳定和党的执政能力的重要问题。中国共产党在新时期面临新的问题对其执政能力带来新的考验。"生态环境问题考验着党的执政能力、影响着党的执政地位,因此生态环境治理能力是增强党的执政能力、巩固党的执政基础的一项战略任务,是国家治理体系和治理能力现代化的题中应有之义。"②从国际层面来讲,

① [美]诺曼·迈尔斯:《最终的安全——政治稳定的环境基础》,王正平、金辉译,上海译文出版社,2001年,第19页。
② 段蕾:《习近平生态文明思想的生态政治学阐释》,《云南行政学院学报》,2016年第3期。

全球生态环境治理对中国提出挑战。作为最大的发展中国家，经济实力的提升，国际社会对中国的国际责任提出新的要求。中国的国际责任和担当直接影响中国的国际形象。党的十八大报告指出，坚持共同但有区别的责任原则、公平原则、各自能力原则，同国际社会一道积极应对全球气候变化。[①]党的十九大报告提出："中国将积极参与全球环境治理，落实减排承诺。""中国将继续发挥负责任大国作用，积极参与全球治理体系改革和建设，不断贡献中国智慧和力量。"[②]中国在国际生态环境与社会发展中将作为负责任的大国发挥相应的作用。因此，将生态政治理念纳入国家的政治体制可以提升国家对内对外事务考量的政治效能和作用力。

3. 习近平亲身实践生态治理的经历为其思想形成提供坚实基础

实践出真知，一切思想的形成都离不开实践的检验。只有经过实践的锤炼，人的思想才能更加符合行为认知的思考。习近平生态思想的形成离不开其实践的生态治理经历。习近平在陕西梁家河的七年知青经历、在福建等地方的具体工作中，身体力行，将生态的思考融入工作中，从中领悟到人与自然的生态价值，并将其实施到对当地环境的生态治理中。习近平在梁家河的七年生活工作中，参加修建沼气池、拦河大坝等劳动，为其提供了对"人与自然的和谐关系"的思考，从中体会到人类如何科学合理利用大自然，实现资源的可持续利用，环境的协调发展与经济的持续发展。在福建工作期间，更是提出了从生态的高度进行经济发展和社会建设，并积极建设以生态村、生态乡、生态县等不同范围为样本的具体生态区域，

① 阮锡桂、郑璜、张杰：《绿水青山就是金山银山——习近平同志关心长汀水土流失治理纪实》，《福建报》，2014年10月30日。

② 习近平：《决胜全面建成小康社会 夺取新时代中国特色社会主义伟大胜利——在中国共产党第十九次全国代表大会上的报告》，新华社，http://www.gov.cn/zhuanti/19thcpc/baogao.htm，2017年10月27日。

为当地人民的生产生活指出了一条可持续的人与自然的和谐发展之路。习近平指出："各类环境污染呈高发态势,这种状况不改变,生态环境不堪重负,反过来必然对经济可持续发展带来严重影响,我国发展的空间和后劲将越来越小。"①

4. 中国优秀传统生态思想文化为其生态思想形成提供重要思想渊源

中国优秀传统文化中包含着丰富的生态智慧,这为习近平生态文明思想的形成提供了丰富的生态思想素养,奠定了雄厚的生态思想基础。儒家思想提出关爱动物、怜爱禽兽、以德待物、情系山水等生态命题。儒家文化中包含着丰富的与土地、山川、河流、草木、动物等密切相关的生态系统思想。儒家用人的仁、人的德、人的情来对天地万物,将人与天地万物看作一个共生体,提出万物一体、和谐共生的和谐理念。儒家的大同社会包含着社会生态和谐的思想;道家的"道法自然""天人一体"的思想和佛教的"众生平等"的生命观等都包含着丰富的生态意义。习近平从传统生态思想文化中汲取生态智慧,提出新时代人与自然的生态关系,提出美丽中国的宏观生态理想,创新发展了中国传统生态思想,将传统生态思想融入新时代中国生态环境的思考中。

5. 马克思主义生态思想是其生态思想形成的理论支撑

马克思主义生态思想主要体现在其经典著作中,如《1844 年经济学哲学手稿》《英国工人阶级状况》《关于费尔巴哈提纲》《资本论》以及《自然辩证法》等。习近平是第一位出生和成长在新中国的国家领导人,他在马克思主义理论思想的指引下成长,形成独具特色的社会主义生态思想。习近平是一位坚定的马克思主义者,对马克思主义生态思想具有深刻的理

---

① 中共中央宣传部:《习近平总书记系列重要讲话读本》,学习出版社、人民出版社,2016年,第 234 页。

解。"马克思主义是我们共产党人的'真经',不了解、不熟悉马克思主义基本原理,就不能真正了解和掌握中国特色社会主义理论体系。"[1]马克思主义生态思想中包含着人与自然、人与人、人与社会的思想对习近平生态思想具有重要的价值,为其提供基本的理论指导。马克思主义思想中的"人依靠自然界生活","如果说人靠科学和创造性天才征服了自然力,那么自然力也对人进行报复",人是自然的一部分,自然界"是我们人类(本身就是自然界的产物)赖以生长的基础"[2],以及人的自由全面发展思想、生产力理论等为习近平在思考人与自然的关系方面提供了重要的指导。在此基础上,习近平结合中国的生态环境现状、社会发展的需要和社会主义目标等提出了"保护生态环境就是保护生产力,改善生态环境就是发展生产力"的生态生产力理念,"人类发展活动必须尊重自然、顺应自然、保护自然,否则就会遭到大自然的报复"[3]的自然生态观,"绿水青山就是金山银山,宁要绿水青山不要金山银山"[4]的生态经济观,"环境就是民生,青山就是美丽,蓝天也是幸福"的生态生活观念。

(二)习近平生态文明思想形成的过程

任何一种思想的形成并非突然的,它需要一个提炼与升华的过程。习近平生态文明思想的形成是在其长期的工作思考中逐渐产生和形成的,经历了萌芽、进步与扩展和成型三个阶段。

---

① 中共中央宣传部:《习近平总书记重要讲话系列读本》,学习出版社、人民出版社,2016年,第34页。

② 《马克思恩格斯选集》(第四卷),人民出版社,1995年,第222页。

③ 宋文新:《马克思主义生态观的创造性发展》,《行政与法》,2019年第1期。

④ 中共中央宣传部:《习近平总书记重要讲话系列读本》,学习出版社、人民出版社,2016年,第230页。

中外生态思想与生态治理新论

1. 习近平生态文明思想的萌芽阶段

习近平在七年知青岁月中就有了生态的意识，陕北黄土高原恶劣的
自然环境导致土地粮食生产受到影响。他在梁家河工作期间，帮助村民修
建了牢固的淤地坝。"因为这个坝的位置在正沟——也就是通往村里一条
必经之路上，在雨季时，这个地方就会汇聚整条山沟所有的雨水，在下大
雨的时候，这里的水势是最大的。那个时候，山上植被稀疏，土壤存不住水
分，黄土高原的水土流失严重。下雨的时候，河里的水特别大，淤地坝建在
这个位置就面临着山洪高强度的冲击。""河口的一侧给它拦住，淤地坝的
另一侧给它好好加固，把自然河道的一部分加深、清淤，形成一条大的泄
洪沟。只要保障夏天水量最大的时候，泄洪沟能够承受得住，淤地坝的安
全就不成问题。咱们精心施工，保证质量，只要这个淤地坝搞好了，从这里
一直延伸到咱们村的大片良田就出来了。"① 20 世纪 80 年代初，在河北正
定工作期间，习近平主持制订《正定县经济、技术、社会发展总体规划》时
强调，宁肯不要钱，也不要污染。此时正值改革开放初期，经济增长论至
上，环境保护意识淡薄。20 世纪 80 年代末和 90 年代，在福建工作期间，
习近平强调资源开发不是单纯讲经济效益的，而是要达到社会、经济、生
态三者效益的协调。②在这些地方的生活和工作中，习近平逐渐认识到自
然环境生态的重要意义，认识到自然生态资源对社会经济发展的制约性。

2. 习近平生态文明思想的进步与扩展阶段

随着工作区域的扩大，习近平对自然环境生态与社会经济发展的关
系认识逐渐深刻，将发展与生态连接起来。习近平在浙江主持工作期间

① 中央党校采访实录编辑室：《习近平的七年知青岁月》，中共中央党校出版社，2017 年，
第 216 页。

② 参见习近平：《告别贫困》，福建人民出版社，2014 年，第 109 页。

开始突出绿色的生态理念，形成以绿色为中心的生态思想。主要体现为：一是以人为本的绿色理念。"以人为本，其中最为重要的，就是不能在发展过程中摧残人自身生存的环境。如果人口资源环境出了严重的偏差，还有谁能够安居乐业，和谐社会又从何谈起？"[1]要"让人民群众喝上干净的水，呼吸上清洁的空气，吃上放心的食物"[2]。生态思想不能偏离人的中心，这与西方的"动物中心论"有着本质的区别。在世界万物的错综复杂关系中，不能脱离人在自然界中的生存主体，"以人为本"是符合人类社会发展的基本规律的。二是人与自然和谐为核心的生态观。人与自然是相互依赖的，人在发展经济的同时不能牺牲环境，要建立环境友好型社会、资源节约型社会，"必须懂得机会成本，善于选择，学会扬弃，做到有所为，有所不为，坚定不移地落实科学发展观，建设人与自然和谐相处的资源节约型、环境友好型社会"[3]。三是绿色导向的生态发展观。习近平指出，经济社会的发展要遵循生态原则，倡导生态的生产、生活，提出"生产、生活、生态"的良性互动。他提出"绿色GDP"概念、绿水青山就是金山银山、破坏生态环境就是破坏生产力，保护生态环境就是保护生产力，改善生态环境就是发展生产力等具有生态蕴意的新理念。他倡导生产方式绿色化，改变片面追求生产效率的做法。他在工作期间提出，浙江走新型工业化道路，促进经济转型升级的可持续发展纲领，实施绿色产业、绿色制造、循环经济、清洁能源、低碳经济等具体措施。他提出生活方式绿色化，珍惜地球上的所有生物，善待地球上的所有生命，节约自然资源，保

---

① 乔清举：《习近平的生态文明思想》，浙江省社会科学界联合会 http://www.zjskw.gov.cn/xssy/11392.jhtml，2017 年 1 月 23 日。

② 《习近平为何如此看重"美丽"》，新华网 http://www.xinhuanet.com/politics/2018-01/29/c_1122330942.htm，2018 年 1 月 29 日。

③ 习近平：《之江新语》，浙江人民出版社，2013 年，第 138 页。

护我们赖以生存的地球家园。

3. 习近平生态文明思想的成型阶段

担任国家领导人使得习近平开始从全国甚至全球的层面思考人与自然的关系，逐渐形成完整的生态文明思想理念。党的十八大以来，习近平从全国、全球以及人类整体的高度进一步发展生态思想，并从整体上形成生态思想的主体内涵：一是提出"生命共同体"的生态理念，将人与自然关系和谐的生态范畴扩展到全球的整个人类与整个地球，使得生态思想具有普遍价值。他指出："山水林田湖是一个生命共同体，人的命脉在田，田的命脉在水，水的命脉在山，山的命脉在土，土的命脉在树。"①二是生态思想在全国范围成为一种政治民生思想，使得生态思想成为指导国家发展、社会进步以及人类行为的一种理论武器。在党的十八大上，习近平将生态文明建设上升为国家建设的重要内容，并将生态文明建设纳入国家整体战略发展的五大建设之一，将生态文明提升为继农业文明、工业文明之后的新文明阶段。三是生态环境与发展生产力要统筹兼顾，不能牺牲环境发展生产，提出环境生产力理念。习近平把"自然休养"发展为更为积极主动的"生态修复"，强调"给自然留下更多修复空间"。自然生态环境对人类是极为珍贵的，生态环境没有替代品，要"像保护眼睛一样保护生态环境，像对待生命一样对待生态环境"②。习近平生态文明思想不仅涉及人与自然之间的环境生态，还包括国家的政治治理、环境保护与经济发展、全球人类与全球环境等众多领域，体现了他生态思想的最终成型。

---

① 《中共中央关于全面深化改革若干重大问题的决定》，和讯新闻网，http://news.hexun.com/2013-11-16/159746110.html，2013年11月16日。

② 《习近平总书记系列讲话读本》，人民出版社，2016年，第233页。

二、习近平生态文明思想的主要内容

习近平生态文明思想是新时代中国特色社会主义思想的重要组成部分，它内容丰富、思想深刻，承前启后地开辟了中国特色社会主义生态思想的新里程。目前，习近平生态文明思想的研究成果比较丰富[①]，主要集中在生态与文明、经济生产发展、国土安全、社会民生、法制机制等层面，具体包括生态安全、生命共同体、生态经济体系、生态制度建设、人类命运共同体、全球共赢、生态环境、民生福祉、两山论、全球环境治理等主要内容。

（一）人类命运共同体和全球环境治理的全球生态思想

习近平生态文明思想是一个具有大国特质的新型生态思想，它突破一些学者、思想家的狭隘国家利己观，将自己的思想视野扩展到整个人类和整个地球，他的胸怀和气度是常人难以比拟的。生态文明思想是一个体系思想、整体思想的体现。从人的维度看，体现在整个人类层面，是人类社会作为一个整体的基本生态要求，是人的完整意义上的生态理念；从空间范畴上看，体现在全球层面，是生态所涵盖的区域范围，是人的生存空间的生态范畴。因此，生态本质上体现在人类社会与其所处的空间环境关系上，深刻地体现了马克思主义生态思想中人与自然关系的和谐本质。从这

---

① 刘海霞、王宗礼：《习近平生态思想探析》，《贵州社会科学》，2015 年第 3 期；周光迅：《习近平生态思想初探》，《杭州电子科技大学学报》（社会科学版），2015 年第 4 期；徐水华：《习近平生态思想的多维解读》，《求实》，2014 年第 11 期；李建涛：《习近平生态思想的四重视域》，《大连海事大学学报》（社会科学版），2016 年第 3 期；段蕾：《习近平生态文明思想的生态政治学阐释》，《云南行政学院学报》，2016 年第 3 期。

个意义上说,习近平提出的人类命运共同体和全球环境治理的理念都是对生态思想的深刻思考,具有深远的时代意义。

习近平生态文明思想中的人类命运共同体理念彰显了生态思想的普遍价值观。2015年,习近平在第七十届联合国大会上指出:"当今世界,各国相互依存、休戚与共。我们要继承和弘扬联合国宪章的宗旨和原则,构建以合作共赢为核心的新型国际关系,打造人类命运共同体。"[1]他认为,人类命运共同体体现在"人类生活在同一个地球村,各国相互联系、相互依存、相互合作、相互促进的程度不断加深,国际社会日益成为一个你中有我、我中有你的命运共同体"[2]。众所周知,人类命运共同体的实现并非易事,它需要将生态思想的系统观和整体观纳入到人类社会的整体发展道路之中,因此"打造人类命运共同体,要建立平等相待、互商互谅的伙伴关系,营造公道正义、共建共享的安全格局,谋求开放创新、包容互惠的发展前景,促进和而不同、兼收并蓄的生态体系"[3]。党的十九大报告再次强调:"人与自然是生命共同体,人类必须尊重自然、顺应自然、保护自然。人类只有遵循自然规律才能有效防止在开发利用自然上走弯路,人类对大自然的伤害最终会伤及人类自身,这是无法抗拒的规律。"[4]习近平将对人的生态意义的生存思考上升到人类社会的整体层面,并提出具体的含义和实施的方式,在整个关于"人类命运共同体"的生态理念中,充满了整体观和系统观,展现了对人的普遍存在的思考,是与国际社会的需要相联系

---

[1] 中共中央宣传部:《习近平总书记重要讲话系列读本》,学习出版社、人民出版社,2016年,第264页。

[2][3] 同上,第265页。

[4] 习近平:《决胜全面建成小康社会 夺取新时代中国特色社会主义伟大胜利——在中国共产党第十九次全国代表大会上的报告》,新华社,http://www.gov.cn/zhuanti/19thcpc/baogao.htm,2017年10月27日。

的生态智慧。

　　全球环境治理是具有实践意义的生态理念，是对全球环境问题的一种具有远见的思考。习近平对环境治理问题的思考不局限于中国本土，还放眼于全球；不仅关心中国环境的治理，还关注全球环境的治理，这充分体现了生态问题的相互依赖、相互影响的特性。2018 年 5 月 18 日—19日，习近平出席全国生态环境保护大会并发表重要讲话，提出一个重要原则是"共谋全球生态文明建设，深度参与全球环境治理"[①]，形成世界环境保护和可持续发展的解决方案，引导国际合作。

（二）生态与文明以及建设相联系的生态文明思想

　　生态与文明的结合是时代的需要，是人类社会发展的必然。对于生态与文明的结合，习近平提供了新的含义，是对人类文明发展的重大认识和进步。习近平指出："人类经历了原始文明、农业文明、工业文明，生态文明是工业文明发展到一定阶段的产物。"[②]习近平在 2013 年中央政治局第六次集体学习时的讲话中深刻地指出，"历史地看，生态兴则文明兴，生态衰则文明衰"[③]。生态与文明是息息相关的，如影随形。

　　习近平生态文明思想主要体现在三个方面：一是将生态文明与环境紧密连接在一起。环境对人的生存与发展意义重大，如果没有良好的生态环境，人类将失去生存的基础。为此，习近平指出："良好生态环境是人和社会持续发展的根本基础。"[④]良好的生态环境是生态文明与环境的结合，

---

① 《建设"美丽中国"，习近平提出这么干》，《人民日报》，2018 年 5 月 19 日。

②③④　习近平：《在中央政治局第六次集体学习时的讲话》，http://www.Zgtks.gov.cn/xuexiyuandi/jianghuajingshen，2013 年 10 月 14 日。

也就是用生态文明理念看待环境的人文价值，使得自然环境与人类社会形成一种新型的和谐共处关系。二是将生态文明与国家的发展目标连接在一起。生态文明是人类社会文明发展到一定阶段的产物，同样也是中国实践发展的时代要求。为此，习近平指出："走向生态文明新时代，建设美丽中国，是实现中华民族伟大复兴的中国梦的重要内容。"①中国在新的发展阶段重新分析了时代发展的新任务、存在的新问题，为此提出中国发展将以生态文明的新型文明形态为指针，指引中国走向新的征程。三是将生态文明与国家建设连接在一起。生态文明不是静态的，是能自发形成，需要人们在生态理念指导下的实际行动。习近平总书记提出："要清醒认识保护生态环境、治理环境污染的紧迫性和艰巨性，清醒认识加强生态文明建设的重要性和必要性。"②习近平指出："按照尊重自然、顺应自然、保护自然的理念，贯彻节约资源和保护环境的基本国策，更加自觉地推动绿色发展、循环发展、低碳发展，把生态文明建设融入经济建设、政治建设、文化建设、社会建设各方面和全过程，建设美丽中国，努力走向社会主义生态文明新时代。"③

习近平对生态文明的认识是以马克思主义的生态思想为基础的，将人类社会的发展与自然环境的关系进行理论的升华，使得人类对自然的认识上升到与人同等重要的意义上，真正体现了人与自然在社会文明发展中的本质联系。正像马克思所指出的那样："人对自然的关系直接就是

---

① 习近平：《在中央政治局第六次集体学习时的讲话》（2013年10月14日），http://www.Zgtks.gov.cn/xuexiyuandi/jianghuajingshen/2013-10-14/20110.html。

② 《习近平谈生态文明》，http://cpc.people.com.cn/n/2014/0829/c164113-25567379.html，2014年8月29日。

③ 习近平：《习近平谈治国理政》，外文出版社，2014年，第211~212页。

人对人的关系，正像人对人的关系直接就是人对自然的关系。"①自然环境在人类社会发展的过程中，不再是被任意践踏和破坏的服务人类的对象，而是和人本身一样具有了同样重要的存在价值，甚至在某些地区某些领域，自然环境比人类的经济发展要重要得多。正如党的十九大报告中强调的那样："必须树立和践行绿水青山就是金山银山的理念，坚持节约资源和保护环境的基本国策，像对待生命一样对待生态环境，统筹山水林田湖草系统治理，实行最严格的生态环境保护制度，形成绿色发展方式和生活方式，坚定走生产发展、生活富裕、生态良好的文明发展道路，建设美丽中国，为人民创造良好生产生活环境，为全球生态安全做出贡献。"②"积极参与全球环境治理，落实减排承诺"③。

（三）生态与经济相结合的绿色发展理念

新中国成立七十多年里，中国的社会经济发展环境已经发生重大变化，资源环境的压力给经济社会带来巨大挑战，中国经济改革已经进入深水区，经济结构、经济发展理念、经济发展方式等都需要调整，创新现代化经济发展路径。工业文明下的西方现代化经济发展模式的不可持续变相指引了我国经济发展改革的方向。生态文明建设提出后，中国经济的改革开启了生态方向的航向。习近平在工作中十分注重在经济发展中要保护环境、关心自然、节约资源，逐渐形成经济发展的生态理念，并提出"和谐、协调、共享、开放"的绿色发展观。

---

① 《马克思恩格斯全集》（第三卷），人民出版社，2002年，第296页。

②③ 《决胜全面建成小康社会 夺取新时代中国特色社会主义伟大胜利——在中国共产党第十九次全国代表大会上的报告》，http://news.sina.com.cn/o/2017-10-18/doc-ifymyyxw3516456.shtml，2017年10月18日。

中外生态思想与生态治理新论

　　一是经济发展是以良好生态环境为前提的。中国经济发展过程中的不当行为带来了严重的空气污染、土壤污染、水域污染等生态环境问题，被破坏的生态环境成为制约社会经济可持续发展的关键因素。习近平指出："良好的生态环境是人和社会经济持续发展的根本基础。蓝天白云、青山绿水是长远发展的最大本钱。良好的生态环境本身就是生产力，就是发展后劲，也是一个地区的核心竞争力。"①但是我国"大部分对生态环境造成破坏的原因是来自对资源的过度开发、粗放型使用"②。二是在经济发展与环境保护的关系上选择后者。如何平衡社会经济发展与生态环境保护的关系？习近平给出了响亮的答案，那就是："我们既要绿水青山，也要金山银山。宁要绿水青山，不要金山银山，而且绿水青山就是金山银山。"③习近平特别强调："必须要坚持保护优先方针，在保护中进行发展、在发展中不忘保护。"④显而易见，没有良好的生态环境，经济发展是难以持续的。因此，保护生态环境是第一位的。三是以生态理念纳入经济发展，实现经济生态化发展。习近平提出生态环境与生产力是内在的本质联系。2013 年5 月 24 日，习近平在十八届中央政治局第六次集体学习的讲话中指出："要正确处理好经济发展同生态环境保护的关系，牢固树立保护生态环境就是保护生产力、改善生态环境就是发展生产力的理念。"⑤在党的十九大报告中，他用生态思想指导经济发展并提出："坚持去产能、去库存、去杠

---

　　①　中共中央宣传部：《习近平总书记系列讲话读本》，学习出版社、人民出版社，2014 年，第209 页。

　　②　习近平：《在中央政治局第六次集体学习时的讲话》，http://www.Zgtks.Gov.cn/xuexiyuan-di/jianghuajingshen，2013 年 10 月 14 日。

　　③　中共中央宣传部：《习近平总书记系列讲话读本》，学习出版社、人民出版社，2016 年，第230 页。

　　④　周生贤：《走向生态文明新时代》，《求是》，2013 年第 17 期。

　　⑤　《习近平谈治国理政》（第二卷），外文出版社，2017 年，第 209 页。

杆、降成本、补短板，优化存量资源配置，扩大优质增量供给，实现供需动态平衡。"报告中指出，实施区域协调发展战略，"以疏解北京非首都功能为'牛鼻子'推动京津冀协同发展，高起点规划、高标准建设雄安新区。以共抓大保护、不搞大开发为导向推动长江经济带发展"。"加快建立绿色生产和消费的法律制度和政策导向，建立健全绿色低碳循环发展的经济体系。"绿色发展成为习近平解决污染和提供经济质量的根本之策，也是解决社会主要矛盾的必要手段。由此可见，生态思想已经成为习近平关于经济发展的重要理念，并将生态理念融入国家经济发展的规划和宏观指导之中。

（四）生态与民生相结合的生态民生思想

何谓民生，通俗来讲就是人民的日常生活需要，主要是指民众基本的生存状态和生活状态、基本发展机会、基本发展能力以及基本权益等方面。习近平高度关心民生问题，对民生的理解体现了习近平的真知灼见。

首先，生态逐渐成为人民基本需要的重要内容。正如习近平指出的："老百姓过去'盼温饱'现在'盼环保'，过去'求生存'现在'求生态'。"[①]为什么生态对人民变得越来越重要？习近平深刻地指出："随着经济社会发展和人民生活水平不断提高，环境问题往往最容易引起群众不满，弄得不好也往往最容易引发群体性事件。"[②]目前，"良好的生态环境是最公平的公共产品，是最普惠的民生福祉"[③]。可见，生态已经和人民的满意与否联

---

①③ 中共中央宣传部：《习近平系列重要讲话读本》，学习出版社、人民出版社，2014年，第123页。

② 习近平：《在中央政治局第六次集体学习时的讲话》，http://www.Zgtks.gov.cn/xuexiyuandi/jianghuajingshen，2013年10月14日。

系得越来越密切。如果不能引起高度的重视,民生问题将影响社会发展。

其次,生态在民生中的重要性不可忽视。习近平站在国家全局和战略的高度,高度关注生态民生。他指出:"人民群众对环境问题高度关注,可以说生态环境在群众生活幸福指数中的地位必然会不断凸显。""建设生态文明,关系人民福祉,关乎民族未来。"①他要求加大环境治理和保护的力度,保障民众热切渴望的生态民生权益,并明确提出:"保护生态环境,关系最广大人民的利益,关系中华民族的长远利益,是功在当代、利在千秋的事业,在这个问题上,我们没有别的选择。"②习近平在 2015 年 5 月鲜明地指出:"让良好生态环境成为人民生活质量的增长点。"③党的十九大报告指出:"必须始终把人民利益摆在至高无上的地位,让改革发展成果更多更公平惠及全体人民,朝着实现全体人民共同富裕不断迈进。"④为了更好地实现人民生态利益,维护人民生态利益,解决人民关心的公共生态产品,2018 年 5 月 18 日—19 日,习近平在全国生态环境保护大会讲话中强调:"要把解决突出生态环境问题作为民生优先领域。"⑤由此可见,生态民生已经成为习近平为人民服务的新理念,是关乎民众的最深远的基本需要和持续生存的基本保障。

---

① 《习近平谈治国理政》(第二卷),外文出版社,2017 年,第 209 页。

② 中共中央宣传部:《习近平系列重要讲话读本》,学习出版社、人民出版社,2014 年,第 123 页。

③ 《习近平在浙江召开华东 7 省市党委主要负责同志座谈会》,《新华每日电讯》,2015 年 5 月 29 日。

④ 《决胜全面建成小康社会 夺取新时代中国特色社会主义伟大胜利——在中国共产党第十九次全国代表大会上的报告》,http://news.sina.com.cn/o/2017-10-18/doc-ifymyyxw3516456.shtml。

⑤ 《习近平出席全国生态环境保护大会并发表重要讲话》,http://www.gov.cn/xinwen/2018-05/19/content_5292116.htm。

（五）生态与安全相结合的生态安全观

安全是国家的重要组成部分，拥有什么样的安全理念和安全内涵对国家的安全具有重要意义。传统的安全涉及政治、军事、经济、文化、意识形态等领域。冷战结束后，非传统安全理念进入人们的视野，将粮食、能源、环境等纳入安全领域。但是关于人的最基本的生存与发展的领域却没有纳入进去。习近平提出的"生态红线"创新了人们对安全理念的新认识，并提出"生态安全"的新概念。

首先，生态安全的意义重大。生态安全是一条不可逾越的警戒线。这条警戒线向人们亮出了红灯，也就是安全的底线。习近平指出："生态红线，是国家生态安全的底线和生命线，这个红线不能突破，一旦突破必将危及生态安全、人民生产生活和国家可持续发展。"[①]习近平指出："牢固树立生态红线的观念。在生态环境保护问题上，就是要不能越雷池一步，否则就应该受到惩罚。"[②]"要精心研究和论证，究竟哪些要列入生态红线，如何从制度上保障生态红线，把良好生态系统尽可能保护起来。对于生态红线全党全国要一体遵行，决不能逾越。"[③]习近平指出，一定要"在重要生态功能区、陆地和海洋生态环境敏感区、脆弱区，划定并严守生态红线"[④]。

其次，生态安全在国家安全中具有重要地位。党的十六大报告指出，要把生态安全作为国家安全的重要组成部分。党的十八大报告又明确指出，要构建科学合理的生态安全格局。习近平结合我国的生态现状进一步

---

① 中共中央宣传部：《习近平系列重要讲话读本》，学习出版社、人民出版社，2014年，第126页。

② 《习近平谈治国理政》，外文出版社，2014年，第209页。

③ 中共中央宣传部：《习近平系列重要讲话读本》，学习出版社、人民出版社，2014年，第127页。

④ 习近平：《在中央政治局第六次集体学习时的讲话》，http://www.Zgtks.Gov.cn/xuexiyuan-di/jianghuajingshen，2013年10月14日。

指出,要"构建科学合理的生态安全格局,保障国家和区域生态安全,提高生态服务功能"①,并要求加快实施"主体功能区战略……增强生态产品生产能力,推进荒漠化、石漠化综合治理,保护生物多样性"②。2014 年 4 月 15 日,习近平在中央国家安全委员会第一次会议的讲话中更是明确指出,一定要坚持"总体国家安全观……构建集政治安全、国土安全……生态安全、资源安全、核安全等于一体的国家安全体系……打造命运共同体"。2015 年 10 月在党的十八届五中全会公报中习近平进一步指出,要"构建科学合理的生态安全格局……以提高环境质量为核心,实行最严格的环境保护制度……筑牢生态安全屏障"。生态安全已经成为新时代的新生安全,成为与人的基本生存直接相关的生态安全。

(六)生态与法制相结合的生态法制理念

法制是法律制度的简称。法制是一个国家发展社会经济、治理国家的最基本保障。在新时代背景下,国家社会经济发展中面临着新的生态环境压力与挑战,法制作用的发挥受到影响,必须适当改革和完善法制的内容以适应国家社会经济发展的需要。

首先,严格完善的法制为生态文明建设提供了重要保障。党的十八大报告指出:"保护生态环境必须依靠制度。""只有实行最严格的制度、最严密的法制,才能为生态文明建设提供可靠的保障。"③制度不单是保护生态环境的基本保障,更是推进生态文明建设的有力保障,我们"建设生态文

---

①② 习近平:《在中央政治局第六次集体学习时的讲话》,http://www.Zgtks.Gov.cn/xuexiyuandi/jianghuajingshen,2013 年 10 月 14 日。

③ 《习近平谈治国理政》,外文出版社,2014 年,第 210 页。

明,必须建立系统完整的生态文明制度体系。实行最严格的源头保护制度、损害赔偿制度、责任追究制度、完善环境治理和生态修复制度,用制度保护生态环境"①。习近平强调"用最严格制度最严密法治保护生态环境,加快制度创新,强化制度执行,让制度成为刚性的约束和不可触碰的高压线"②。

其次,法制改革需要生态理念。法制自身的改革关系其作用的发挥。党的十九大报告中指出:"推进科学立法、民主立法、依法立法,以良法促进发展、保障善治。建设法治政府,推进依法行政,严格规范公正文明执法。深化司法体制综合配套改革,全面落实司法责任制,努力让人民群众在每一个司法案件中感受到公平正义。加大全民普法力度,建设社会主义法治文化,树立宪法法律至上、法律面前人人平等的法治理念。各级党组织和全体党员要带头尊法学法守法用法, 任何组织和个人都不得有超越宪法法律的特权,绝不允许以言代法、以权压法、逐利违法、徇私枉法。"③报告的内容体现了法制应具有的系统性、体制性、平等性,这些包含了一定的生态理念,如生态的整体、系统和完整的理念。法制与生态的有机结合反映了国家生态文明建设的内在要求和发展的必然趋势。生态法制是新时代生态文明建设的重要保障。

---

① 《习近平谈治国理政》,外文出版社,2014年,第210页。

② 习近平:《用最严格制度最严密法治保护生态环境》,https://www.chinanews.com/gn/2018/05-23/8520663.shtml,2018年5月23日。

③ 《决胜全面建成小康社会 夺取新时代中国特色社会主义伟大胜利——在中国共产党第十九次全国代表大会上的报告》,http://news.sina.com.cn/o/2017-10-18/doc-ifymyyxw3516456.shtml。

三、习近平生态文明思想的特点

习近平生态文明思想不仅继承了中国传统生态思想的精髓，还传承了前辈国家领导人的生态思想，在坚持马克思主义生态观的基础上，将生态治国和生态思想紧紧融合在一起，体现了思想与实践的高度统一，形成了具有新时代特色的习近平生态文明思想。

（一）多维性

习近平生态文明思想的多维性体现在研究对象的维度、研究内容的深度、研究领域的广度等方面。首先，从研究对象的维度看，习近平生态文明思想包含了人与自然、人与社会以及人与自身三个维度生态理念，不仅研究人与自然的环境生态，还注重人与社会的社会生态以及人自身发展的身心生态，体现了生态思想研究对象范畴的全面性。习近平生态文明思想提倡以人为本，将与人相关的三个维度进行考量，体现了生态的哲学价值。从哲学领域看，习近平生态文明思想是一个体系完整、内涵全面的思想体系，它深刻地反映了习近平生态文明思想的精髓。其次，从研究内容的深度看，习近平生态文明思想既体现了对中国传统生态文明思想的传承与发展，又坚持了马克思主义生态思想的基本原则，将中国生态思想与马克思主义生态思想有机地整合在一起，形成新时代的独特生态思想。最后，从研究内容的广域看，习近平生态文明思想包含了科学社会主义、马克思主义、自然环境、道德伦理、生物、哲学、经济、社会等众多的学科领域。习近平生态文明思想反映了当今社会科学发展的新进展、新成果，主要包括生态生产力、生态安全、绿色发展、生态法治、生态文明制度、生态民生、人类命运共同体等新观点、新思想。

（二）人民性

习近平生态文明思想是围绕着人展开的，一切思想从人民出发，一切思想为了人民。作为人民领袖的习近平将人民幸福牢记心中，始终把实现人民幸福作为生态思想的目标，这是与马克思主义生态观中强调的实现"人的自由全面发展"的宗旨是高度一致的。习近平提出的生态民生是人民幸福的基本保障。习近平的民生是广义的，他不仅关怀本国人民的民生，为本国人民谋幸福，还有国际人道主义的世界生态情怀，关怀世界人民的生存发展，他的"人类命运共同体观"彰显了其宽广的胸怀。他不仅考虑本国人民与本国的自然生态环境，还高度关注人类整体与整个地球的生态环境；不仅修复生态环境，还要帮助人民脱贫致富；不仅要环境美丽，还要人民幸福；不仅要实现中国梦，还要推动世界梦。习近平指出，环境就是民生。习近平生态文明思想中彰显了大国领导人的新人民思想和为民情怀。党的十九大报告中一共提到"人民"两百多次，彰显了习近平生态文明思想的人民性。"人民是历史的创造者，是决定党和国家前途命运的根本力量。必须坚持人民主体地位，坚持立党为公、执政为民，践行全心全意为人民服务的根本宗旨，把党的群众路线贯彻到治国理政全部活动之中，把人民对美好生活的向往作为奋斗目标，依靠人民创造历史伟业。"[①]

（三）实践性

习近平生态文明思想是在其工作的实践中产生的，并将其运用在发

---

① 《决胜全面建成小康社会 夺取新时代中国特色社会主义伟大胜利——在中国共产党第十九次全国代表大会上的报告》，http://news.sina.com.cn/o/2017-10-18/doc-ifymyyxw3516456.shtml。

展经济、社会进步、自然环境的保护中,是理论与实践的有机结合。习近平在实际工作中逐渐将自己的生态理念转化为工作措施,再上升到思想理论,循环往复,最终形成了习近平生态文明思想。习近平不论是在地方政府还是在国家领导工作中,都遵循着理论与实践的有机统一,从而形成的生态思想更具指导价值,实践检验着理论,理论指导着思想。习近平生态文明思想中提出的"绿水青山就是金山银山""像保护眼睛一样保护环境",都是他对实践生态的直接思考,形象而生动地反映了其生态思想的实践意义。他提出的"绿色生产方式""绿色生活方式""循环经济""绿色 GDP""生态红线"等都是从生态环境治理实践中提炼的思想火花,具有重要的现实指导意义。习近平生态文明思想成为指导推动生态文明建设的思想指针,成为推动中国建设美丽中国的思想基石,也成为中国在全球生态治理中发挥重要作用的理论武器。生态文明建设的实践继续助推着生态思想的不断发展,生态思想的实践意义也将继续加强。

(四)制度性

没有规矩不成方圆。环境生态治理是一项长期的社会工程,需要健全的制度体制给予保障。习近平生态文明思想中提出了建设生态文明体制,创建了河长制、湖长制,加强生态环境的修复和补偿机制等建设。习近平指出:"只有实行最严格的制度、最严密的法治,才能为生态文明建设提供可靠保障……要建立责任追究制度,对那些不顾生态环境盲目决策、造成严重后果的人,必须追究其责任,而且应该终身追究。"①制度的完善是推进生态文明建设的有力保障,不论是对国家的资源管理、国土开发、污染

---

① 《习近平谈治国理政》(第一卷),外文出版社,2018 年,第 210 页。

治理等都是必要的制度保障。通过建立具体的、可操作性的生态制度，可以有效地调控市场自由机制带来的盲目和无序，有效地掌握国家资源的合理使用，体现自然生态固有的价值。习近平再次强调："完善天然林保护制度，扩大退耕还林还草。严格保护耕地，扩大轮作休耕试点，健全耕地草原森林河流湖泊休养生息制度，建立市场化、多元化生态补偿机制。"[①]习近平生态思想中包含着强烈的制度意识和制度功能，把这种生态意识和制度功能结合起来，为生态文明建设提供了多层次、全方位的制度体系，宏观设计、亲自督导、严格监控，为国家的自然生态环境制定一套严密的制度保障，为生态文明建设提供有力的保障机制。

（五）国际性

习近平生态文明思想不仅是对本国的人与自然关系的思考，更是放眼全球，将人类的整体命运与地球生态环境连接在一起，提出了人类命运共同体的全球生态理念。习近平指出，全球环境治理需要世界各国共同协调，共同努力。全球气候治理、全球治理体系（机制）、全球环境治理、全球生态安全等全球生态理念体现了习近平的国际视野和世界情怀。"推动形成公平合理、合作共赢的全球气候治理体系……在推进国内生态文明建设的同时，要深度参与全球气候治理，积极参与应对全球气候变化谈判……积极承担与我国基本国情、发展阶段和实际能力相符合的国际义务……为推动世界绿色发展、维护全球生态安全做出积极贡献。"[②]习近平指出："保护生态环境，应对气候变化，维护能源资源安全，是全球面临的共同挑

---

① 《决胜全面建成小康社会　夺取新时代中国特色社会主义伟大胜利——在中国共产党第十九次全国代表大会上的报告》，http://news.sina.com.cn/o/2017-10-18/doc-ifymyyxw3516456.shtml。

② 中共中央宣传部：《习近平系列重要讲话读本》，学习出版社、人民出版社，2016年，第239页。

战。中国将继续承担应尽的国际义务,同世界各国深入开展生态文明领域的交流合作,推动成果分享,携手共建生态良好的地球美好家园。"①

四、习近平生态文明思想的时代意义与理论贡献

习近平生态文明思想在新时代的中国社会主义事业进程中,为中国社会经济的可持续发展提供了明确的方向指导。习近平生态文明思想不仅是中国共产党人在新时代对人与自然观的新认识新发展,是对人与自然关系规律的新探索,更是对人类社会可持续发展的科学解答,表现了中国人对人与自然和谐关系的认识到达了一个新高度。习近平生态文明思想是党和国家在新时代关于马克思主义生态观的中国化新发展,是对中国历代领导集体生态思想的发展创新,是习近平对社会主义现代化建设在新时代的理论成果。任何一个时代的社会发展都离不开科学理论的指导。新时代的中国在新的历史征程中需要强大的理论给以指引。

(一)习近平生态文明思想坚持并发展了马克思主义生态思想

习近平生态文明思想是在坚持马克思主义生态思想的基础上形成的独具特色的新时代生态思想。习近平尊重中国传统思想文化,从中继承中国传统的生态智慧,从源头上探寻中华民族的生态根脉。中国哲学主张"天地之性人为贵""人为天地之心";人与动物的区别之一就在于能够体会和服从天地生生之德,把天地生养万物的职能作为自己的职责,"延天佑人"、参赞化育,这是天人合一作为生态理念的积极意义。习近平将古代天

① 《习近平谈治国理政》(第一卷),外文出版社,2018年,第212页。

地人的生态理念与现实的生态环境结合在一起,在强起来的新时代中国将具有新的天地人的生态精神。习近平在坚持马克思主义生态思想基础上提出了中国特色社会主义生态思想。中国特色社会主义生态思想是马克思主义生态思想在中国的新发展、新创造,是结合中国国情的马克思主义生态新思想。

(二)继承和发展国家历代领导人的生态思想,创新了生态思想新观点

从毛泽东提出的绿化祖国、植树造林,到邓小平的保护生态环境与社会经济发展相协调,到江泽民的退耕还林,改变生产方式,到胡锦涛的生态文明建设,始终强调自然环境与社会发展的重要关系。习近平继承前辈领导人的生态理念,更加重视自然环境对人类社会发展与生存的意义。习近平说:"环境就是民生,青山就是美丽,蓝天也是幸福。要像保护自己的眼睛一样保护生态环境,像对待生命一样对待生态环境,把不损害生态环境作为发展底线。"①在对环境与发展的取舍上他还强调:"我们既要绿水青山,也要金山银山。宁要绿水青山,不要金山银山,而且绿水青山就是金山银山。"②习近平将天地人的抽象理念转化到人们的实际生产生活中来,使得生态思想更加具体生动,进一步发展了天地人在当代的生态寓意。

国家历代领导人的生态思想在实践中不断与时俱进,习近平在新时代的背景下更加坚定和创新了中国领导人的生态思想。党的十七大提出

---

① 中共中央宣传部:《习近平总书记系列重要讲话读本》,学习出版社、人民出版社,2016年,第233页。

② 同上,第230页。

的以人为本,人与人和谐相处、人与自然和谐共生,建设资源节约型、环境友好型社会,人民在良好生态环境中生产生活,以及建设生态文明的基本思想都继承下来了,在党的十八大、十九大中继续得到发展。习近平继承国家前代领导人的基本思想,提出绿色 GDP、经济发展新常态、不能以牺牲环境为代价发展经济、绿色生产生活、命运共同体等一系列新生态理念,将中国特色社会主义生态思想推向一个新的历史阶段,开创了中国特色社会主义生态思想的新征程。

(三)习近平生态文明思想包含着深刻的全人类生存与发展的价值观

人类的生存与发展是一个永久性的话题。习近平生态文明思想是在马克思主义生态思想的指导下,在本国传统生态思想文化的熏陶下,应时代的需要而产生的新型生态思想。它不同于西方学者单纯的环境生态理论研究,也有别于西方发达资本主义国家对环境进行治理的思想指针。西方学者和国家的生态思想是局限于某一领域或视角,针对某一国家或区域的狭隘生态思想。习近平生态文明思想是将全人类的共同命运连接在一起,展现了共产党人为人类解放的历史使命感和责任感。习近平生态文明思想着眼于人类整体与地球的生生相依关系上,体现了生态系统的同一性和完整性,从而将人类生存发展的认识提升到人与自然关系的新高度。

第十一章
发达资本主义国家生态治理:路径与经验

　　科学技术革命的浪潮一浪高过一浪,人类对新技术的开发和利用一代超过一代,人类对自然界的开发与掠夺已经到了自然环境承载的临界点,自然环境的功能逐渐退化,自然系统的自我修复时间在不断延长。同时,自然界对人类的疯狂行为开始了反扑,西方发达国家首先爆发了科技发达后环境污染的严重事件,民众的身体健康、生命受到致命性威胁,居住的生存环境遭到严重污染,一些受污染区域的生物也遭到灭顶之灾,人类依赖的自然界向人们发出警告:停止违背自然规律的疯狂举动,还自然界一个和谐共融的生态环境。瑞士环境史学家克里斯蒂安·普费斯特认为,从 20 世纪 50 年代起人类社会开始真正进入全球危机时代。20 世纪六七十年代,西方发达资本主义国家在社会经济发展中出现极度污染并引发大量的负面效应,为此,发达资本主义国家开始对污染的环境采取措施进行治理。值得肯定的是,有的国家对污染治理采取的措施是有效的,但也有的治理出现了治理后的二次污染或污染反复。迄今为止,发达资本主义国家在对污染、垃圾等破坏自然环境的危害方面已经形成比较明确的认识,也比较早地实施了生态治理,取得了一些成效。目前,在全球生态治理①中,发达资本主义国家也取得了一定经验,对世界各国和全球生态治理有一定的启发和意义。

一、发达资本主义国家的生态治理概况

发达资本主义国家在工业化过程中,对本国的环境带来严重的污染和破坏。欧洲地区受到战争与工业的双重污染,生态环境的破坏更为严重。其中,德国成为 20 世纪环境污染最为严重的国家之一。第二次世界大战后,德国全境的主要河流不仅生物无法生存,居民也无法在其中游泳;整个鲁尔矿区一片漆黑,树木以及栖息的蝴蝶也是黑色的。生态环境的恶化已经严重危及居民的生命和健康。欧洲发达资本主义国家从 20 世纪 50 年代开始对本国的自然环境采取治理措施。发达资本主义国家的生态治理是在民间人士和环保组织的推动下,逐渐上升到国家政策层面,并形成不同的生态治理模式的。总体上,发达资本主义国家对本国的空气污染、河流污染、植被保护、生态系统恢复等实行了一系列的生态治理措施。经过半个多世纪的生态治理,发达资本主义国家的生态环境基本上得到比较好的修复,取得了一些效果。但是发达资本主义国家在生态治理中也出现了一些问题,需要继续应对。

---

① 本书关于"生态治理"的概念是一个狭义上的概念,主要是指对自然环境的生态治理,也就是人与自然的关系层面。目前,人类对生态治理主要集中在对自然环境的保护、修复和改善方面,在某种程度上来说是人类实施生态治理的初级阶段。

第十一章　发达资本主义国家生态治理：路径与经验

（一）发达资本主义国家生态治理的起步阶段

从某种程度上说，发达资本主义国家比较早地开始实施生态环境的治理。这在很大程度上，是与当时资本主义工业化发展中带来的严重污染和对自然环境的严重破坏有直接关联的。欧洲国家的大气污染治理开启了西方发达资本主义国家生态治理的序幕。英国的生态治理源于1952年伦敦的烟雾事件，美国开始于20世纪50年代洛杉矶光化学污染事件，日本发端于1960年石化工厂附近患哮喘病人的数量激增事件。工业污染给自然环境造成的危害甚至危害民众生命的污染，成为发达资本主义国家采取措施进行生态治理的主要根源。同时，民众的生态意识开始提高，自发地组织起来维护生态环境。

1. 对空气污染的治理是发达资本主义国家生态治理的主要领域

从20世纪50年代开始，欧洲对烟煤型污染、酸雨和污染物跨界传输等采取能源替代、总量削减等措施，到20世纪80年代，欧洲基本上实现对大气污染的有效治理。美国从20世纪50年代开始，先后颁布了治理空气的一些法律法规，包括《空气污染控制法》《清洁空气法》《清洁空气洲际法规》。经过六十年的综合治理，空气中的污染物已经大幅度减少，多数区域的空气质量已经达标。"英国1956年的《清洁空气法》就明确在控烟区内改装炉灶的费用，30%自理、30%由地方政府解决、40%由国家补助，如果不能按照规定完成的个人将受到经济罚款甚至最高三个月的监禁。"[①]日本政府从20世纪60年代开始先后颁布了《大气污染控制法》《烟尘限制法》《公害对策基本法》《大气污染防治法》《减少汽车氮氧化物总排放

---

① 刘锋、黄斌、刘如菲：《发达国家治理大气污染的经验》，《中国经济时报》，2013年7月29日。

中外生态思想与生态治理新论

量的特殊措施法》《环境基本法》等法律,经过五十多年的治理,日本本土的空气质量得到基本改善,但是还有部分区域的空气污染并没有完全达标。

2. 多元化治理污染措施

发达资本主义国家为了能够加强对污染的治理,开始采取法律、税收、技术、资金等多元化的治理措施:一是加强对企业工厂污染源的治理,控制污染源头。如英国政府颁布的《工厂法》《工作场所健康和安全法》。德国政府从 20 世纪 70 年代开始关闭污染严重的企业,运用先进的技术减少企业的污染输出。日本政府通过补贴和低息贷款的方式促进中小企业采用洁净能源,减少污染生产。二是控制汽车使用,减少对空气的污染。英国颁布《汽车使用条例》,日本通过《减少汽车氮氧化物总排放量的特殊措施法》等来减少对汽车的使用和加强对污染的控制。三是加强对公害的治理和受害者的救助。英国颁布《控制公害法》,日本政府颁布《公害受害者救济特别措置法》《公害健康损害补偿法》,政府运用法律和资金帮助企业和个人,并对大气污染受害患者给予医疗补助。四是进行产业结构调整,鼓励节能。日本东京政府通过制定东京圈基本规划来调整产业结构,重新布局产业类型,实施生态生产。英国政府从 20 世纪 70 年代开始鼓励市民和商家使用节能电器,日本和美国则通过建立电器使用的"节能标签"制度和"能源之星"标识体系鼓励企业节能,并给予适当的财政补贴和税收优惠。五是运用资金对污染企业进行惩处。日本政府向污染企业强制征收污染费,增加环境保护的资金来源。德国政府投入大量资金来对污染严重地区进行生态修复。

3. 民间力量推动生态治理

20 世纪六七十年代,发达资本主义国家的民间力量得到迅速发展,各种绿党组织、环境保护组织等也纷纷成立,各类生态绿色群体和绿色政党不断推进生态治理社会运动的展开。从 20 世纪 60 年代末到 70 年代，发达资本主义国家均不同程度地爆发保护环境和生态的平民运动，各国的绿色政党也相继成立。绿色政党组织进一步推动本国民间生态运动的发展，二者相辅相成，相互促进，在生态治理的道路上不断前进。1972 年成立的新西兰价值党（Values Party）为欧洲的绿色生态运动带来强大推动力，是世界上第一个全国性绿党组织，该政党发表的宣言——《明天以后》给欧洲乃至全世界的生态运动以有力的鼓舞。"新西兰价值党纲领认为，社会的发展与进步必须坚持以人为核心的原则，必须有一种稳定状态的人口和经济，有一个分散的政府，有妇女平等和广泛的民权，并强调社会的合作、抚养、医疗、养育和调解活动。"①

　　欧洲的绿党得到发展，并在国家的政治生活中发挥重要作用。英国绿党的前身是人民党，它积极参加议会选举，推动本国生态运动、和平运动和核裁军运动的发展，并且促使这些运动联合在一起，形成强大的政治影响力，促进生态治理。1973 年，英国发表了《为生存而奋斗的行动计划》，生态党便积极投入议会选举，推进和平运动，并使生态运动、和平运动和核裁军运动向联合同盟的方向发展。德国绿党的政治影响力在欧洲各国的绿党中是比较突出的，在国家环境治理决策中具有重要的影响。德国绿党在 1979 年欧洲议会选举中，以 3.2% 的选票（约九十万张）得到了大约一百三十万美元的联邦基金。1973 年，美国成立的绿党十分关注民权运动、女权运动、反文化运动、生态运动以及反核运动等社会运动。"生态主义从关注自然发展到关注多方面的社会问题，不仅要还原绿色生态，更要建立绿色政治，主张在整体论的背景下实现符合人性标准的美国社会。"②此

---

① 于文杰、毛杰：《论西方生态思想演进的历史形态》，《史学月刊》，2010 年第 11 期。

② 于文杰：《现代化进程中的人文主义》，重庆出版社，2006 年，第 308 页。

外,比利时、澳大利等国家也成立绿党,他们将"生态优先"作为自己的政治目标,推动本国生态环境保护和生态污染治理,发挥着重要的作用。

《寂静的春天》《增长的极限》等著作的问世推动着国际社会民众开始关注环境污染和环境保护,国际社会普遍认识到以工业发展、财富积累为目的的人类活动已经给自身的生存环境带来了严峻的威胁。国际社会对环境污染和人类生存环境的关注也促使发达资本主义国家纷纷把生态环境治理提上了重要日程。发达资本主义国家对自然环境进行生态治理的合作意识和行动开始出现,他们认识到自然环境的治理需要跨国合作和联合治理,因为空气污染、生态失衡是没有国界的。

发达资本主义国家生态治理的初期阶段主要表现为公民对污染的高度关注和反"公害"意识高涨,推动政府和企业采取措施进行治理,主要集中解决污染问题突出的领域,以"单兵作战"为主,取得了初步的成效。

(二)发达资本主义国家生态治理的发展阶段

进入 20 世纪 80 年代,发达资本主义国家对环境的生态治理开始进入比较系统的、有机制的发展阶段。在该阶段,发达资本主义国家的生态治理核心是环境空气质量标准和污染物排放标准。为了治理的时效和质量,发达资本主义国家在本国开始制定相对完备的法律制度、建立生态环境监督机构、对污染企业进行整体治理,自然环境的生态治理进入比较规范有序的发展阶段。

20 世纪 80 年代,欧美传统大气污染基本得到治理,但是为了能够持续维持和整体提升治理效果,欧盟实施了对部分污染物的浓度限制,制定了统一的建议标准,并不断修订与更新 1989 年欧盟委员会首次制定农业面源污染的正式文件,并通过相关农业环境立法,如《硝酸盐施用指令》

《饮用水指令》《农业施用指令》等，加强对欧盟地区农业的环境保护。美国对国内清洁水源加大了控制治理力度，于1987年修正《清洁水法》，提出面源控制计划。美国于1987年和1997年先后制定了国家空气质量标准。欧美国家通过对面源污染的有效控制，减少对区域的污染。此外，欧美国家采取多污染物和多污染源协同控制来改善空气质量。欧盟成员国联合中东欧国家联合签署《哥德堡协议》，美国则颁布一系列法规或计划来严格控制颗粒物及其前体物的排放。同时，欧美国家通过建立空气质量综合管理区域和区域污染联防联控协调机制的双控措施来保障空气质量改善和不反弹。在大气污染的治理中，欧美国家基本经历了从治理企业污染到局部污染，再到城市污染，最后到区域污染的逐步扩大的过程，结果表明，区域空气质量的控制必须依赖于区域大气污染治理的协调控制。其中，欧盟形成一体化的污染控制框架，美国制定了一系列的法规和计划，这些都比较成功地改善了本国的空气质量。对污染源的治理也是欧美发达资本主义国家进行空气生态治理的重要措施。欧盟国家采取以气代煤，直接从污染源头着手，从而很快地减少了颗粒物的排放。美国通过调整本国的能源结构，减少煤炭的使用量，增加天然气消费，因此也大大减少了污染源。通过对污染源的直接控制，欧美国家的空气环境质量得到很大的改善。

　　自20世纪80年代开始，发达资本主义国家扩大了对污染的治理范围，加大了治理力度，从控制排放浓度转向控制排放总量，从控制企业污染到控制区域污染，从政策法规到技术标准。发达资本主义国家对本国的污染治理开始了更严格的举措，它们通过修订相关标准，实施了控制排放总量的措施：日本政府将总量控制分为排放口总量控制和区域总量控制，[①]并

---

　　①　排放口总量控制以最高允许排放总量和浓度为基础，以不超标为要求；区域总量控制以排放总量的最低削减量为基础，以削减达标为要求。

对排放总量,总量限制指标和削减措施、期限等总量削减计划以及额度分配等进行了严格界定。日本 1999 年颁布《食物、农业、农村基本方法》《家禽排泄物法》等法规加强对农村环境的生态保护。

英国加大对区域的污染治理。1986 年对大伦敦地区开始实施以治理碱工业污染的污染物——氯化氢为重点的专项整治,并在 1989 年关闭了伦敦最大的燃煤发电站巴特西发电站。1995 年制定《国家空气质量战略》,设置空气质量管理区局限于市郡层面,英国政府发布交通状况白皮书,规定从 2000 年起提高停车费用,市内原有的各大公司、公共场所的免费停车场一律改为收费停车场。伦敦市政府公布了更为严厉的《交通 2025》方案,限制私家车进入伦敦,计划在 20 年内减少私家车流量 9%,每天进入塞车收费区域的车辆数目减少超过 6 万辆, 废气排放降低 12%。① 1993 年,英国环境、交通、建筑研究等部门共同开发了衡量建筑物能源利用效率的能源效率标准评价程序,要求从 1993 年起,所有新车必须加装催化器以减少氮氧化物污染,并在伦敦市中心设立污染监测点,对超标车辆进行罚款。"1995 年,通过政府和行业代表的共同协商,明确了 78 个行业的主要污染物标准。"②伦敦市在 1999 年建立了第一个细颗粒物监测站。

为了加大对环境的生态治理力度,美国环保局于 1982 年设立了刑事执法项目,加强对有意或故意的严重违法行为采取刑事罚款和监禁惩罚。20 世纪 90 年代互联网蓬勃发展, 美国通过信息披露来管控生态环境问题,通过公开企业或产品的信息,利用各方市场来对制造污染、超标的企业不断施加压力,以达到管控目标。根据污染物构成变化和实际情况,美

---

① 参见张远航、王金南:《发达资本主义国家大气污染治理的经验与方法》,http://www.xi-anjichina.com/news/details_28118.html。

② 《发达国家治理大气污染的经验》,中国经济新闻网,http://jjsb.cet.com。

国实时修正相关的法律法规:1990 年,美国国会修正《清洁空气法》,将原来的六个标准大气污染物调整为臭氧、一氧化碳、二氧化硫、二氧化氮、铅以及颗粒物,并明确了新的标准,从而大幅增加了管理计划,控制酸雨和固定污染源操作许可证,并增设了相关的执法机关。美国加州要求 1994 年后出售的汽车全部安装"行驶诊断系统",即时监测机动车的工作状态,让超标车辆及时脱离排污状态和接受维修。"根据环保局估算,美国 20 世纪 90 年代在空气污染控制领域的支出在每年 310 亿美元到 370 亿美元之间。"[①] 1993 年瑞典修改了《森林法》,称为《新森林法》。

　　到 21 世纪前,发达资本主义国家运用技术、法律、政策、资金等在发展经济、修复自然环境、保护动植物物种等方面采取诸多具体措施实施生态治理。德国、美国、英国、法国等对本国的污染企业进行治理,制定法律,划定区域进行生态治理。此外,欧美民间的环保力量也得到极大的发展。1984 年欧洲绿党成立,使不同国家的绿色生态运动和绿党政治相互协调和协作,这一政党组织秉承着关注世界和平、环境保护、社会经济和第三世界国家的宗旨,体现出很强的生态人文主义精神,为传统的生态治理思想赋予了新的时代特征。

(三)发达资本主义国家生态治理的推进阶段

　　21 世纪以来,发达资本主义国家的生态治理进入一个新阶段。经过长达半个多世纪的生态治理实践,一些被污染的自然环境基本得到治理,一些生态失衡的地区和领域逐渐得到恢复, 自然生态环境也逐渐得到改善。如德国鲁尔矿区。但是也有一些国家出现了生态环境的二次污染,如

---

　　① 　张远航、王金南:《发达资本主义国家大气污染治理的经验与方法》,http://www.xianjichina.com/news/details_28118.html。

英国伦敦、美国的洛杉矶。这种情况不能不引起人们更多的思考,对治理的手段、措施、理念、技术等实行新的修正。

交通运输污染控制一直是发达资本主义国家治理空气中的重点领域,其中机动车的排放是增长最快的大气污染源。"欧盟通过制定机动车排放标准、燃料质量标准、构建可持续交通系统和经济手段等措施减少机动车排放标准。"①美国则制定全面机动车污染控制计划实现对排放减幅的最大化。2000年以后,英国和日本均大力投资发展氢燃料电池公共汽车。日本2002年建立了颗粒物浓度限值加入机动车尾气排放标准。2001年,加拿大制定一系列法律法规来治理运输业,减少污染。2002年,美国制定了《农业安全与农村投资法案》。2007年,英国政府宣布将在全国建设十个生态镇,将对所有房屋节能程度进行"绿色评级",并要求从2016年开始,所有新建住宅必须实现"零排放"。2009年,英国政府又投入近一亿英镑设立绿色公交基金,鼓励公交车采用低排放技术,英国的贝丁顿社区已经成为世界低碳社区典范。"英国到2009年12月共有234个地方政府申请设立空气质量管理区,占地方当局总数的58%。"② 2008年,伦敦区内设立"低排放区",设定污染物排放限值,从管制时间、覆盖地域、管制对象、运作流程、排放标准与进度安排、收费金额、付费方式、处罚规定、应对措施等方面明确了低排放区的政策要求。"2010年,英国绿化带总面积约1.6万平方千米,占英国国土面积的13%。这些绿化带有效地置换了城市空气,控制了城市蔓延。"③ 2011年,英国能源消费结构煤炭、天然气、石

---

① 张远航、王金南:《世界各地大气治理有哪些启示》,《宁波通讯》,2017年第7期。

② 《发达资本主义国家治理大气污染的经验》,《中国经济时报》,2013年7月29日。

③ 张远航、王金南:《发达资本主义国家大气污染治理的经验与方法》,http://www.xianjichina.com/news/details_28118.html。

油、电力比例已调整为 1.8:30.7:45:19.8,并计划于 2020 年将再生能源比例提高为 15%。[①] 2012 年起,英国开始实行新的空气质量指数评价体系,明确规定了二氧化硫、二氧化氮、细颗粒物、铅等十二项污染物的上限值或目标值。

固体垃圾的处理是保护自然环境的重要举措。发达资本主义国家对本国的固体垃圾采取了掩埋、回收利用和海外转移等方式。欧美国家、澳大利亚以及日本等国废弃垃圾大部分被出口到中国大陆,剩余一小部分被运往马来西亚、泰国等东南亚国家。"美国是全世界垃圾产生量最大的国家之一,每年有三分之一的垃圾被美国回收商卖到国外,这其中有一半都出口到了中国。"[②]"美国对固体垃圾的处理主要设立了大约有 15500 家固体废物贸易单位,大约 11500 家固体废物处理单位,美国每年处理大约 5.44 亿吨固体废物,其中 3.7 亿吨通过填埋处理,2900 万吨通过焚烧处理,还有 1.46 亿吨的固体废物被再生利用。"[③]"2014 年,英国掩埋或者回收利用了 38% 的包装类塑胶废料,总量约 84 万吨。2014 年到 2016 年,英国每年出口 80 万吨塑料废料,其中大约 50 万吨运往了中国。"[④]针对本国的塑料垃圾问题,英国环境大臣迈克尔·戈夫表示,他的长远计划是要减少塑料在经济当中的比重,减少不同塑料的数量,简化地方当局法规,令人们能够更容易判断什么是可回收和不可回收的,以及增加回收率,同时他还强调,英国必须"停止将垃圾送出海外"。英国制定了"25 年环境改善

---

① 参见《发达资本主义国家治理大气污染的经验》,《中国经济时报》,2013年7月29日。

② 外媒:《中国禁止进口"洋垃圾",英美垃圾回收站"崩溃了"》,2017年12月9日。

③ 《2018年美国固废处理及回收展Waste Exp》,https://www.chemdrug.com/exhibit/115/13/60723.html,2019年10月1日。

④ 《面对打击不知如何应对！中国禁进口塑料废品　英国现垃圾危机》,http://news.sina.com.cn/w/2018-01-02/doc-ifyqchnr8433894.shtml。

计划"，包括鼓励市民喝完饮料后回收塑料瓶，鼓励零售商减少使用塑料制品。2018 年，英国女王带头向塑料垃圾宣战，"她下令禁止在白金汉宫和王室产业内使用塑料吸管和塑料瓶，逐步淘汰或禁止在公共咖啡馆及员工餐厅内使用塑料吸管。在爱丁堡的温莎城堡以及荷里路德宫殿内，只允许餐饮人员使用瓷盘子、玻璃制品或可回收的纸杯"①。

日本对固体废弃物的处理主要是由民间企业来进行，绝大多数是通过再生利用，还有一部分是通过焚烧、脱水等减量化处理，少量的会通过最终处置。瑞典 2011 年起生活废品中仅有 1% 被送往堆积站，对固体垃圾基本实现"自产自销"。发展中国家加大对洋垃圾进口的限制，加大了发达资本主义国家对本国固体垃圾处理的难度。法国规定，自 2018 年 1月 1 日起，含塑料微粒的化妆品全部下架，家用塑料棉签也不能卖了，全部变成了可降解纸的棉签。

发达资本主义国家加大对新技术的开发及应用。日本积极开发轻油低硫磺化和柴油汽车低公害化的新型技术。日本在《城市规划法》《城市绿地保护法》的基础上制定实施了五个城市绿地保护五年计划，建立了详细的城市绿化标准，包括人均占有城市公园面积、布局、服务半径、规模、选址、服务设施设置及允许建筑面积等。东京都政府出台了补助金等一系列政策，鼓励和支持屋顶绿化。《绿色东京规划（2001—2015）》提出，到 2015年东京屋顶绿化面积要达到 1200 公顷。2002 年，东京在临海副中心首先建设了氢燃料供应站；2003 年，东京都政府在部分运营公交线路上试运营氢燃料电池汽车，并制定了《低油耗汽车利用章程》。美国大力研发页岩气开采技术，加强新能源建设。

① 吴兴人：《英国女王为何发怒》，http://newsxmwb.xinmin.cn/yedu/2018/03/24/31372056.html。

第十一章 发达资本主义国家生态治理:路径与经验

21 世纪以来,发达资本主义国家除了推进本国的生态治理,还参与全球环境的生态治理。气候变化是全球各国共同应对的生态环境问题。从哥本哈根气候峰会以来,应对世界气候变化的合作治理成为发达资本主义国家外交中的重要内容,同时也是其推进国内生态治理的一部分。整体上,发达资本主义国家进入新世纪以来,继续改进和推进本国的生态治理。但是其中也有一些国家在全球生态治理问题上出现消极抵抗甚至开倒车的行为。

二、发达资本主义国家生态治理的路径

发达资本主义国家对自然环境的生态治理是比较明显的,基本是典型的"先污染后治理"路径。为了解决国内出现的严重环境污染和生态失衡,发达资本主义国家花费了大量的金钱、颁布了众多的法律,选用先进治理技术,对被污染地区和受破坏的环境进行生态修复、生态保护,从而出现了不同的治理方式和方法。发达资本主义国家中的德国、美国、英国、加拿大、韩国、日本、瑞典等国家利用自己的技术、资金、法律、政策等实施生态治理,形成自己独有的路径。经过几十年的生态治理,德国现在已经成为世界上生态环境最好的国家之一。震惊世界的"伦敦烟雾事件"使得当年的英国生态环境备受瞩目,伦敦空气质量经过几十年治理已经有了极大的改善。客观地讲,发达资本主义国家的国内生态环境经过长达半个多世纪的治理,目前呈现出较好的生态环境,自然环境的污染和破坏基本上得到明显的改善。从世界范围来看,发达资本主义国家的生态环境基本上得到治理,其间,资本主义国家在生态治理中采取的举措为世界其他国家及全球生态治理提供了有益的借鉴和启示。

中外生态思想与生态治理新论

(一)重视科学技术的利用

　　发达资本主义国家在对本国的污染进行治理中，比较重视对科技的作用。运用科学技术解决生态污染问题、保护自然环境是发达资本主义国家进行生态治理的一项十分有效的手段。其中德国就是这样一个重视运用科技进行生态治理的国家。首先，运用科技修复被破坏了的生态环境。德国拥有世界上先进的科学技术，针对被科技破坏严重的生态环境，他们利用科技将渗透在德国土地上的各种重金属和化工有毒物质逐渐清除。德国先利用科技对被污染的环境和地区进行检测，然后对各种情况进行针对性的科学治理，制定实施方案，进行科学操作，逐步将污染进行清除，然后修复土壤。其次，运用科技对污染区域进行全程控制和监测。德国通过卫星、飞机、雷达、传感系统等技术对现有的生态环境和治理中的生态环境建立环境监测站，并在全国设立检测体系，对德国境内的气候、土壤、空气、降水、水域、污水处理等进行实时监测，一旦发现问题尽快制定治理措施。最后，实施全民科技教育。德国将环保科技教育纳入国民教育，使得德国公民自动形成环保意识和环保行为，公民对环保科技的学习和身体力行推动了德国环保事业的全民化发展。

　　美国利用科技建立环境质量监测站、海洋环境监测站，实施海洋生态系统修复工程，海洋垃圾回收处理、海上油污清理等。英国设立空气质量检测、空气质量评价体系和污染物排放限值，日本已经形成较为发达的一系列海洋生态环境治理技术，包括海洋生态环境监测技术、海洋垃圾处理技术、海洋生态系统环评技术、海洋生态系统修复技术和海洋资源开发利用技术。瑞典利用科技对废水处理、地表水收集处理和垃圾处理等进行生态处理。科技是发达资本主义国家进行污染处理和生态环境修复的重要手段。

(二)制定严格的法律体系

在对自然环境实施生态治理过程中，发达资本主义国家非常注重对法律法规的运用，他们通过制定严密的法规来保障生态治理措施的实施和对自然生态环境的保护。美国从 20 世纪五六十年代就开始对污染治理实施生态环境整治，并将此理念纳入国家的法律制度。"纵观美国生态保护的发展史，其实也是其整个环境法和政府管理监督机构逐渐完善的历史，而先进的环境立法理念也是一国在生态环境保护方面越做越好的基础支撑。"①美国目前已经形成涵盖几乎所有生态领域的、较完善的由多立法主体、多层级的复杂体系构成的环境法律体系格局。"美国生态环境治理相关的法律法规主要来源六个方面，即宪法、立法机关（国会）、行政命令（总统或内阁）、司法（法院解释或判例）、行政部门法规（国会或法律授权）和国际法。"②在美国的生态法律体系格局中，呈现出环境执法与环境立法并重、务实理性与市场机制并存的特征。德国在自然环境的生态治理中制定了非常完备的环境立法体系，包括《核能法》《转基因法》《化学品使用法》《污水排放法》《电-烟雾法规》《放射线防护法》《自然保护法》《循环经济法》《可再生能源法》《环保行政法》；同时，德国在矿山治理方面建立起比较完备的法律体系以保证煤炭开采补偿有法可依，矿山生态保护有效，如《德国经济补偿法》《德国矿产资源法》等。瑞典 1993 年制定的新《森林法》中明确了环境目标和生产目标必须放置于同等地位。英国持续有效

---

① 《国家治理周刊》编辑部：《国外生态治理体系的建构模式探析》，http://www.rmlt.com.cn/2017/0803/487646.shtml，2017 年 8 月 3 日。

② 王莹：《国外生态治理实践及其经验借鉴》，《国家治理周刊》，2017 年第 6 期。

地进行生态环境立法工作。日本《公害对策基本法》《环境基本法》，制定了大量的法规来确保自然环境的生态治理和对污染、固体垃圾等的处理。瑞典制定了《森林法》《禁猎法》《自然保护法》《建筑和规划法》等相关的健全森林法律体系。总体上，发达资本主义国家都非常重视法规在生态治理中的保障作用。

(三)加强对原生自然生态环境的保护

发达资本主义国家在生态治理过程中非常注重对本国自然生态环境的保护和自然生态环境功能的修复，恢复原有的自然生态环境成为发达资本主义国家生态治理的主要目标。瑞典是一个非常重视对自然环境进行保护的国家。瑞典建立了自然保护区，在常规林业中加强对濒临物种的保护，维护森林生物多样性。英国在改善空气质量方面采取严格的措施，确保空气的清洁，伦敦的空气污染治理是典型的自然环境修复。德国对鲁尔矿区自然环境的生态治理，对莱茵河大生态系统的整体性生态理念推进，对城市、农村和社区以及森林、湖泊的自然生态环境的协同治理，对动植物保护栖息地的建设，对河流中的城市生活药品残留物进行监测、过滤，改变工业化时期对河道截弯取直等反生态改造，恢复其自然弯曲原貌等都展现了对原生自然生态环境的修复。

(四)发展循环经济,调整产业结构,节约资源

发达资本主义国家大都是资源比较缺乏的国家，工业化经济需要大量的资源，因此发达资本主义国家除了掠夺，剩下的只能是对资源的节约利用，依靠消耗资源的经济模式和产业结构是不可持续的。发达资本主义国家认识到节约资源的必要性，开始加强对本国产业结构的调整，注重发

展循环经济。德国、英国、美国、日本、瑞典等国家开始发展新兴产业，实现资源的循环利用，减少对资源的消耗和浪费。

瑞典在循环经济的发展中不断创新，对废旧纸张进行回收再利用，对未加工的废弃木材和木制残渣实行能源再生产。著名的利乐包装（Tetra Pak）在废物的回收再利用中是世界闻名的。瑞典对本国的优势森林工业进行生态改造，实行严格的环保标准，加强对林木生物质能的研发。德国对本国污染严重的企业实行裁撤并举的生态化升级战略，对高成本、低机械和低效率的企业实行关停等措施，对污染空气的企业实行严格的指标控制，对排放污水的企业实行严格的管控；同时加快节能、减排和循环企业的再生，实行绿色生产，生态发展。瑞典为了降低能量消耗，较少空气热量的排放，从2004年开始鼓励在一些大型建筑物和公共场所建筑内使用木制材料和木制产品。

（五）积极发展环境教育

美国黑人民权运动领袖马丁·路德·金说，一个国家的繁荣，不取决于它的国库之殷实，不取决于它的城堡之坚固，也不取决于它的公共设施之华丽；而取决于它的公民的文明素养，即在于人民所受的教育，人民的远见卓识和品格的高下。这才是真正的利害所在，真正的力量所在。对人民素质教育重要性的认识是一个国家发展的根本力量。为了让民众更加积极地参与到自然环境的生态治理中来，发达资本主义国家十分重视对公民素质的环境教育。

德国是世界上生态环境质量最好的国家之一，这不仅归功于其完备、详尽的环境立法，更归功于德国对公民环境素质教育的重视。为此德国实施了一些有益的措施：德国建立了从幼儿园到大学、从政府到民间社会的环境素质教育体系,为德国培养了具有生态素质的国民,全社会形成自发的环境保护意识,提高了公民生态治理的参与度、普及度和广泛度。德国为了推动环境教育,成立环境教育协会和教师培训中心,设立环境教育中心、自然博物馆及国家公园等环境教育机构,创新教育方法,不仅传授保护环境、善待环境的理念,还进行户外自然实践探索:接触自然、感受自然,亲近自然、珍爱生命,与自然实现零接触,感受人与自然的相互依存的关系,感受人与自然的和谐统一,形成健康的生活方式。

日本的环境教育包括三个方面:一是大学环境专业教育。日本大学大都设立了环境类专业,培养环境科学方面的专业人才。二是成人继续教育。日本国内拥有政府所属的官民结合的机构、公共团体委托设立的各种培训班、企业设立的培训班等不同类型的环境教育机构。三是社会宣传教育。政府经常组织散发各种宣传生态环境保护的材料,日本环保协会进行环保宣传,日本的研究所、工厂企业等进行义务宣传等。

(六)鼓励企业、民间组织与个人等非政府力量的参与

发达资本主义国家民权运动的发展,使得公民形成了自主的参与意识。同时,发达资本主义国家政府也比较重视发挥企业、个人、民间组织等非政府的作用:德国的"大众传媒和环保非政府组织 NGO 成为民众参与生态治理的有效途径。大众传媒不仅在普及环保知识方面起到关键作用,而且在发挥媒体监督方面也起到不可低估的作用"[①]。瑞典在各项保护实践中,起到突出作用的是保护森林生物多样性以及处理各方利益关系的各类机构,例如政府机构瑞典森林机构(Swedish Forest Agency,简称 SFA),

---

① 曹荣湘:《生态治理》,中央编译出版社,2015 年,第 94 页。

还有民间组织瑞典农场联合会(Federation of Swedish Farmers)。美国注重民众在生态环境治理中的作用,并建立公民诉讼制度推动生态问题的合法解决。

日本的民间企业和各类团体等社会力量积极参与自然环境的生态保护。日本的企业一般都设有相应的生态环境管理机构,设立专职人员负责日常的生态环境管理,企业内还设有环境对策会议,有的企业设立公害防治管理员制度,负责检测本企业的污染排放,管理、检测、记录、整理相关资料并向有关行政部门汇报。

三、发达资本主义国家生态治理中存在的问题

20世纪六七十年代,发达资本主义国家在社会经济发展中出现极度污染并引发大量的负面效应,为此,发达资本主义国家开始对本国的污染环境采取措施进行生态治理。值得肯定的是,有的国家对污染治理采取的措施是有效的,但也有的出现了治理后的二次污染或污染反复,如2013年伦敦和洛杉矶再现烟雾。①实际上,洛杉矶与伦敦在空气污染方面已经进行了长达半个世纪的治理,甚至伦敦再现"花园城市"的三十年之后又再现雾霾。这一方面说明了污染治理的艰难性,另一方面也暴露了发达资本主义国家生态治理中存在问题。同时让我们看到了治理污染的长期性和持续性,也使我们认识到需要更加严肃认真地对待污染问题,也必须更加深入思考发达资本主义国家污染治理中存在的问题。这些问题的根源

---

① 2013年《中国企业家》第5期周恒星的《洛杉矶雾霾之战》和2013年新浪财经上郝倩的《欧盟空气治疗标准过低被吐槽》两篇文章,都提到造成洛杉矶和伦敦空气污染的罪魁祸首是汽车尾气。

在于发达资本主义国家对污染的治理大多是以单一技术改进为主，并没有对污染造成的受损的生态系统的整体性、统一性和弹性恢复等加以解决，也就是没有进行综合性生态治理，不能合理根除污染根源。

　　发达资本主义国家是世界上比较早地开始实施生态治理的国家。经过几十年的实践，发达资本主义国家的生态环境已经得到一定的治理与恢复，自然环境状态基本恢复到一定的生态水平，但是也有的国家在治理中出现反复或二次治理。发达资本主义国家的环境污染治理取得了一定效果，并不能证明资本主义内在矛盾的解决，而只是表明了这种矛盾的转移。发达资本主义国家在环境污染的治理过程中采取了污染源转移，尽管实现了本行业、本领域、本地区甚至是本国家的自然环境生态健康，但是事实上，发达资本主义国家通过生态殖民，把污染源转移到其他行业、其他领域、其他地区，甚至是发展中国家，原有的污染环境虽然得到改善，但是从生态系统的整体上来看，生态问题并没有根本解决，而且污染转嫁造成二次污染，扩大了生态问题的区域污染。发达资本主义国家的生态治理依然存在结构性、体制性等矛盾和问题，这种困境的根本原因在于其根本性的制度。先发展后治理是发达资本主义国家生态治理的通病。发达资本主义国家的生态治理路径都是先污染后再治理，这是工业化发展的通病，也是发达资本主义国家在发展中不可改变的逻辑所在。

（一）资本主义制度的弊端导致单一的技术或法律手段不能从根本上解决生态环境问题

　　资本主义制度在本质上是反生态的。马克思在《资本论》《1844年经济学哲学手稿》等著作中深刻地指出，资本主义财产制度造成的自然异化、人的异化，资本主义的大工业和大农业造成严重的新陈代谢断裂，私有财产制度与自然的对立是普遍的。"马克思的生态世界观清清楚楚地告诉人们:人类消除生态危机、在人与自然之间建立起真正和谐的关系的最大障碍就是资本主义制度"。①J.B.福斯特指出:"资本主义积累的逻辑无情地制造了社会与自然之间的新陈代谢的断层, 切断了自然资源再生产的基本过程。"②"我们只能寄希望于改造制度本身,这意味着并不是简单地改变该制度的'调节方式',而是从本质上超越现存的积累体制。能解决问题的不是技术,而是社会经济制度本身。"③资本主义制度的私人财产制度成为阻碍发达资本主义国家进行生态治理的根源。"资本主义制度希望借助于自然资本化来解决环境的办法是断然行不通的。关键在于,环境问题的真正根源在于资本主义社会经济制度本身。"④发达资本主义国家对本国的环境污染进行生态治理,主要以技术和法律等为手段。应该说,技术或法律对污染环境的治理和控制具有一定的作用, 尽管在初期和短期内有一定的效果,但是并不能从根本上解决问题,也不能保护生态环境的长久持续状态。德国尽管已经是目前世界上生态环境良好的国家之一,但依然受到空气污染的困扰。英国、美国等出现的二次污染再次表明,单纯的技术或法律是不能实现对自然环境生态治理的根本目标的。

(二)政治体制上的缺陷,影响了污染环境生态治理政策制定

　　二元制的政府体制或美国式的三权分立制的政府体制使得政府部门在作出决策时相互牵制,相互制约,导致政策制定的拖而不决,影响政策

---

① 陈学明:《谁是罪魁祸首:追寻生态危机的根源》,人民出版社,2012 年,第 148 页。

② J.B.Foster,The Ecology of Destruction, *Monthly Review*,2007,2.vol.58,No.9.

③ J.B.Foster,*Ecology Against Capitalism*,Monthly Review Press,2002,p.101.

④ Ibid.,p.98.

制定的效率。发达资本主义国家的这种政府体制导致制定政策过程中产生严重的分歧甚至是对立。生态环境问题本身具有整体性,需要不同的部门联合起来共同应对。但是官僚制的政府结构使得各个部门各自为政,对同一个问题形成争执和冲突,从而影响对污染环境的生态化处理,不能有效解决污染环境问题。比如,德国在解决空气污染问题方面,交通部与环保部之间关于柴油车的改造上存在严重分歧。2018 年,德国环保部部长索尼娅·舒尔策表示,对柴油车进行软件更新并不足以解决德国的空气污染问题,而只有对硬件设施进行全面改造才是避免柴油车禁令的唯一出路;来自基督教社会联盟(CSU)的德国交通部部长安德里亚斯·朔伊尔强烈反对对柴油车进行成本高昂的硬件改造,并坚称将使用已经实施的政策达到减排目标。对于环保部部长与交通部部长围绕柴油车改造与解决空气污染之间的争论,甚至直接冲突,表明在应对空气污染举措上德国政府内部分歧在进一步加剧。

(三)党派之争影响到政府对生态环境问题认识的一致性和连续性

政府是有政党组织的,但是政党却不能始终如一地控制政府的决定。政党之间的激烈竞争使得他们争取对自身有利的政策。美国的詹姆斯·麦迪逊在《联邦党人文集》中指出:"党争就是一些公民,不论是全体公民中的多数或少数,团结在一起,被某种共同情感或利益所驱使,反对其他公民的权利,或者反对社会的永久的和集体的利益。"①政党制度使得国家在政府决策上需要经常投票解决问题,几大政党通常几乎是一致同意或一致反对。政党影响选举,胜者组阁。政党竞选并非始终获胜,总是轮替胜

---

① [美]沃尔特·弗克默尔:《美国政府》,汪威译,上海社会科学院出版社,2016 年,第 94 页。

出,交替执政。不同政党的立场或主张直接影响政府对生态环境问题的政策制定。政党不同、政党组阁的政府的政策主张也不同,从而在生态环境问题认识上出现变化,导致对生态环境政策的不一致性和不能连续。不同发达资本主义国家的政党制度使得各国众多的政党有参政的权利, 从而影响政府的政策制定。发达资本主义国家的执政党受到反对党的制约,双方之间的矛盾影响政府政策的制定。如德国在解决国内空气污染问题上,对于如何处理柴油车超高的氮氧化物排放这一问题,总理安格拉·多罗特娅·默克尔所在的基督教民主联盟(Christian Democrats)与最大反对党社会民主党(Social Democrats)之间的矛盾将会因此而加剧。发达资本主义国家中不论是两党制还是多党制, 不同党派在对某一生态环境问题的认识上存在不同的观点和争议, 这些直接影响政府在具体政策制定上的同一性。党派之间的争斗最明显地体现在在野党与执政党之间。

(四)市场机制制约了污染环境生态治理的效果

市场机制往往不能很好地解决由于个人利益和社会利益的对立所引起的重大社会问题,而生态环境问题就是需要统一个人利益与社会利益。事实上,生态环境问题的产生本身就是个人利益与社会利益矛盾的产物。美国学者哈丁的《公地的悲剧》就是一个典型的实例。在市场机制下,市场在社会资源中具有基础性作用,但是外部性使得市场机制失效,市场机制不能对各种公共资源发挥优化配置作用,造成市场失灵。市场机制的本质是自由竞争、优胜劣汰,在激励人们劳动方面具有特殊的功效。但是它却制造了利益对立,客观上迫使人们把努力的方向转向竞争。在这种情况下,自然界沦落为人们使用的竞争工具。也就是说,市场机制对自然生态环境是不能起到保护作用的,反而是产生了破坏作用。发达资本主义国家实行市场机制,不能对公共资源发挥优化配置作用,未消除各种外部性,需要借助政府力量对公共资源进行有效管制。"如果人们接受了自由市场经济体制下的游戏规则,当生物生产量无法与任何可选择的投资方式匹敌时,不可持续地使用可再生资源就是理性的。"①

(五)利益集团的个体利益之争给自然环境的生态治理带来困难

利益集团可以解释为持有相同态度、代表共同利益的人们的总和。利益集团代表了特定民众的观点与需求,并且运用民众的力量从政府获益。亚当·斯密在《道德情操论》中提道:"在人类社会的大棋盘上,每个个体都有其自身的行动规律,和立法者试图施加的规则不是一回事。如果他们能够相互一致,按同一方向作用,人类社会的博弈就会如行云流水,结局圆满。但如果两者相互抵牾,那博弈的结果将苦不堪言,社会会在任何时候都陷入高度混乱之中。"②在发达资本主义国家,利益集团的利益是少数利益群体的共同利益,又是一部分人的自我利益,体现了部分利益群体的需求。利益集团追求的是本集团的个体利益,这种动机同生态环境必然是相冲突的,个体利益动机必然驱使他们破坏环境。发达资本主义国家内存在着大量的各式各样的利益集团,不同利益集团对生态环境的利益需要是各不相同的。生态环境是代表共同利益的生态环境,具有公共性质,这种公共属性使得个人利益最大化并不等于群体利益最大化。在自然资源利用上,在生态环境的共同财富上,个体与集体、少数群体与整体群体之间存在冲突,存在利益的零和博弈是合情合理的。代表少数人的利益集

---

① [英]杰拉尔德·G.马尔腾:《人类生态学——可持续发展的基本概念》,顾朝林等译,商务印书馆,2012年,第157页。

② [日]青木昌彦:《比较制度分析》,周黎安译,上海远东出版社,2001年,第1页。

团在维护自身的生态财富、生态资源或生态权益上必然与全社会的整体发生争夺。利益集团通过游说政府部门、政府人员等获得有利于本集团的政策或利益，或者向决策者施压，通常是通过威胁或承诺以实现其利益目标。

四、发达资本主义国家生态治理值得借鉴的方面

西方发达资本主义国家的生态环境治理经历了一个发展变化的过程，从最初的政府独立采取措施到重视公众参与，运用市场机制配置优化生态资源再到非政府组织参与到整个生态治理过程中来。由此可见，发达资本主义国家生态治理已经积累了一些成功经验，当然也有一些教训，这些前车之鉴对发展中国家污染环境的生态治理具有十分重要的意义。

(一)完善的法律体系是生态治理的保障

发达资本主义国家在对污染环境进行治理的过程中，都十分注重法律法规的制定与运用。由于生态环境的治理、修复、管理等具有鲜明的外部性特征，市场机制对自然环境的生态治理是不能实现对生态资源的有效配置的，这就需要政府的干预机制。对于政府来说，行之有效的措施就是运用法律强有力的制约作用。长期以来，发达资本主义国家制定的诸多法令条款在对自然环境的生态治理上发挥了有效的作用。

(二)先进的生态技术是实施生态治理的有效手段

著名经济学家库兹涅茨认为，"科技的负面效应从来没有超过它的正面影响，而且在负效果出现之时，技术的潜力就会被用来减少或消除这种

负面影响"①。对于工业污染环境对生态系统的破坏或引发的生态系统的
退化等只能通过更加先进的技术手段按照生态原理进行治理，这在发达
资本主义国家的治理经验中已经得到证明。但是，当自然环境遭受破坏的
程度远远超过了自然界自我恢复的能力，甚至产生了生态危机，在生态失
衡的自然环境状态下，仅仅依靠自然界本身的恢复功能是很难恢复自然
生态系统平衡的。生态技术是一种符合生态发展规律的重要科学技术，它
的使用能够在一定时期内较快地恢复一些生态环境系统，从而较好地恢
复良性的自然生态系统。德国、美国、英国、日本等国家在治理空气污染、
土壤污染、水污染等方面采用了有效的措施，较好地保护了一定区域空间
内的生态安全和生态系统的平衡。

(三)民间参与提供了实施生态治理的主要力量

发达资本主义国家的民众生态保护意识比较强烈，主动组织起来向
政府提出抗议和要求，促使政府采取生态保护措施。在生态治理过程中，
政府也注重利用民间力量推动生态治理的实施，从而达到较好的效果。在
美国，生态主义运动也由思想文化转向社会政治，不断彰显其强大的生命
力。从 19 世纪 60 年代到 19 世纪末，美国社会充斥着平民党的社会运动，
反对工业化带来的诸多弊端，为美国 20 世纪的生态运动奠定了重要基
础。在新西兰、英国、德国等国家，民间绿党组织在推进政府的生态治理中
起到了积极作用。"德国政府通过政府主导、企业参与的合作方式，充分发
挥民间政治经济力量在生态治理中的积极作用，取得一系列富有成效的
治理效果。"②民间力量是一个范围广泛、人员众多的群体。"实践也证明，

---

① 郭熙保：《发展经济学经典论著选》，中国经济出版社，1998 年，第 67 页。
② 曹荣湘：《生态治理》，中央编译出版社，2015 年，第 94 页。

如民间环保组织、环保基金、野生动物保护协会等,它们积累了某些特殊的知识,拥有丰富的和充分的专门知识或信息,在生态治理活动中,往往能够发挥独特的、有益的作用,能够教育和引导公众对生态治理活动的参与,推动强制性制度下具体措施的实施和改进,并从各个方面帮助公众提高生态治理意识,自行监督生态治理行为的实施,对提高生态治理水平有不可替代的作用。"①

(四)培育人的生态环境素质是实施生态治理的关键

作为具有机体自然属性和社会属性的统一的人来说,需要是多层次的,生态需求也是必需的,有享受自然美的精神需求。良好的生态环境是人类生存发展的条件。"据调查,80%的德国人在购物时会考虑到环境问题,90%以上的美国消费者在购物时都关心自己所买到的东西是否为绿色产品;在加拿大,80%的公众宁愿多付10%的费用来购买对环境影响较小的产品。"②自然生态环境的保护是一项长期的永久性工作,但是仅依靠技术、法律等外部力量的强制或手段是不能真正实现自然生态环境的永久平衡的。在人与自然的关系中,人作为具有主动性、能动性的高级动物,要增强对人与自然关系的深刻理解和认识,要学会去"中心"讲"关系",去"利己"讲"互利",去"索取"讲"有度",增强爱自然、不破坏,爱简洁弃奢侈,不浪费。人的生态环境素质是人的全面发展的重要组成部分,发达资本主义国家比较重视对人的生态环境教育,从而提高人的生态环境素质。

---

① 王伟:《转型期中国生态安全与治理:基于 CAS 理论视角的经济学分析框架》,经济科学出版社,2015 年,第 134 页。

② 臧立:《绿色浪潮》,广东人民出版社,1998 年,第 39 页。

(五)"府际合作"是实施生态治理有效动力

"府际合作"是指政府之间的合作,既包括不同国家的中央政府之间的合作,也包括不同国家的地方政府之间的合作和一国内部的地方政府之间的合作。自然环境的生态系统具有整体的特性,因而也就形成自然无国界的现实环境。生态系统的退化、受损或破坏不以国界的划分为限,污染的环境也不会停止在行政区划单位之内,长期的污染治理使得发达资本主义国家认识到,对自然环境的生态治理需要开展区域间、国际的合作才能取得生态系统功能的修复和恢复。在莱茵河流域的治理中成立了由德国、法国、瑞士、荷兰、卢森堡等国家共同组成的"保护莱茵河国际委员会",进行跨国治理。其中,其秘书长永久性地由生活在莱茵河下游的荷兰人担任,以便于其全力监督上游各国的污染问题。在生态治理中,美国比较注重跨行政、跨流域问题,因此美国联邦政府也很重视跨行政区域、跨流域污染的合作治理,美国的州、地方政府之间存在很多合作形式,一些州之间还制定了州际协定,合作解决生态环境问题。在日本的中央政府与地方政府之间的合作,是以地方政府为主导、中央政府为指导的一种合作分工模式,在生态治理的具体操作中,地方政府是主动实施推动国家污染治理的地方化解决,遇到跨区域的生态环境问题则由中央政府负责协调解决。这种"府际合作"有力地推动了污染环境生态治理的政策制定与具体实施的合理协调和作用的有效发挥。

第十二章
发展中国家生态治理：问题与应对

　　发展中国家也称欠发达国家，包括亚洲、非洲、拉丁美洲及其他地区的一百三十多个国家，占世界陆地面积和总人口的 70%以上。有人说，发达国家的生态治理是"先污染后治理"，那么发展中国家的生态治理呢？从全世界的国家数量以及所占的世界地理空间来看，发展中国家占绝对多数。目前，全世界面临的自然环境生态治理，发展中国家的行动、态度、效果具有关键性的影响。发展中国家的环境污染与发达国家相比更严重，生态治理的困难也更加突出。从目前发展中国家的自然环境生态治理整体情况看，才刚刚起步。发展中国家的社会经济发展情况差异较大，领导人对自然环境生态治理的认识和重视程度千差万别，普通民众对自然环境生态治理的要求和愿望也是参差不齐。发展中国家的生态治理在社会经济发展与环境治理之间充满着矛盾，要在解决贫困和可持续发展之间寻求平衡，这对发展中国家来说是一个严峻的挑战。现在的发展中国家依然存在着两个方面的欠发展：一是物质的、技术的、经济的，二是普遍存在的心理的、道德的、理智的。这些对发展中国家的生态治理是重要的考验。

一、发展中国家自然生态环境问题①

目前,发展中国家的自然环境状况是参差不齐的,有的国家的自然生态环境得到很好的保护,有的国家的自然生态环境在不断恶化。越来越多的国家已经开始意识到自然生态环境对人类生存发展的重要意义,开始加强对自然环境的保护和修复。但是由于众多的原因,多数发展中国家的自然生态环境状况是非常糟糕的,它们不但要承受着本国经济发展带来的环境破坏的压力,还要遭受着发达国家破坏生态环境后带来的环境污染和气候异端灾难,诸如旱灾、洪涝、山崩、泥石流、海啸、疾病、饮用水的缺乏等。尽管有的发展中国家已经认识到自然环境生态的重要性并开始采取措施进行生态治理,而且也取得了一定的成效,但是,绝大多数的发展中国家自然环境的生态状况令人担忧。

与发达资本主义国家相比,发展中国家的自然环境生态问题具有双重性质:一方面,与发达资本主义国家一样,伴随工业化发展而产生的环境污染,如大气污染、水污染、土壤污染、噪音污染、自然环境的生态破坏等;另一方面,是因为不发达而带来的贫困污染,如土地利用不合理引发的土壤污染、缺乏对水源的保护引发的水污染、过度放牧和砍伐森林引发的生态破坏等。

(一)工业污染积重难返

发展中国家的工业化过程中产生的污染相当严重。20 世纪六七十年

---

① 需要说明的是,在人与自然的关系中,环境的构成要素很多,但主要的还是空气、水、土壤、森林、野生动植物等。这些因素对人类的影响最直接、最突出。

代以来,发展中国家开始遭受工业污染的危害:人口集中地区和工业中心带来的噪音污染,机动车排放的尾气造成的空气污染,大量未处理的工业污水造成严重的水域污染,农业耕地中大量使用化学农药造成土地污染严重。发展中国家的工业污染问题,除了来自本国的工业污染,还有来自发达资本主义国家的工业垃圾的污染转嫁。从 20 世纪 60 年代起,发达国家进行自身工业污染的治理过程中采取了专业措施,把一些污染企业转移到发展中国家。目前,发展中国家的空气质量、水源、土壤、食品等基本的生活条件遭到破坏,一些发展中国家已经没有了洁净的空气、可饮用的水源、适合种植的土壤和安全的食品,工业污染已经侵蚀到人们的身体,对民众的生活、健康带来严重的影响,民众的健康令人担忧。

(二)白色污染令人触目惊心

发展中国家的塑料污染十分严重,已经对世界自然环境带来严重破坏。2015 年,意大利非政府组织 ACRA(铝可以回收协会)对柬埔寨居民的一项问卷调查发现,生活在柬埔寨的城市居民使用的塑料袋数量相当惊人,是中国和欧洲各国的十倍之多。据调查结果,按照市民每人日均使用六个塑料袋来计算,一年下来,他们至少使用两千多个塑料袋,这还不算农村居民的使用量。柬埔寨的塑料垃圾污染严重,保护环境迫在眉睫。[1]不仅柬埔寨如此,印度尼西亚、马来西亚、菲律宾等许多发展中国家都面临着塑料垃圾——白色污染的危害。发展中国家政府没有处理塑料的技术和措施,塑料垃圾堆积如山,在河流、海边、生活区到处可见废弃的塑料物。

---

[1] 参见《柬埔寨塑料垃圾污染严重　保护环境在行动》,http://www.gstv.com.cn/news/folder925/2016-11-01/298426.html。

由于缺乏对塑料有效的污染处理和回收再利用，堆积如山的塑料垃圾成为发展中国家面临的重要污染。尤其是沿海国家，大量的塑料杯丢弃在河流、海洋里，堆积在海洋的沿岸地带，到处可见的塑料垃圾对发展中国家的自然环境造成严重的破坏，威胁生物的生存环境。印度尼西亚、菲律宾等发展中国家被称为世界两大海洋塑料污染来源国。众所周知，塑料是耐用的，不可降解的，其保存的时间相当长，对自然环境是一个持久的威胁。大量的塑料保留在地球的任何空间，都会对地球上的生物带来致命性的危害，进而威胁人类自身的生命。白色的污染已经严重威胁到了自然环境的生态平衡。

(三)自然环境的生态系统破坏严重

一些发展中国家有着丰富的自然资源，是发达资本主义工业原料的主要来源地。发达国家对发展中国家的矿藏、森林等资源进行了掠夺性和破坏性的开采，发展中国家的自然环境受到严重破坏，生态系统也被破坏。除了发达资本主义国家对发展中国家自然资源的掠夺性侵害，发展中国家在长期的发展中对自然资源的不合理利用也加重了自然生态系统的失衡。比如，过度放牧、捕捞、采矿、焚烧和砍伐森林，任意向河流中排放未处理的污水，农田大量使用化学药物，土地沙漠化等这些已经严重破坏了自然环境生态系统的平衡。

亚洲的自然资源环境相对较好，但是由于人口压力大，一些国家实行毁林开荒，大火焚烧林草，不但破坏了自然生态环境的平衡，还造成严重的空气污染。非洲的自然生态环境资源比较匮乏，自然生态系统比较脆弱，一些国家由于实施不合理的耕种和过度的垦荒导致生态系统功能严重退化。拉丁美洲国家是世界上自然资源最丰富的地区之一，但是却有将近二千三百万公顷土地由于人类活动而被严重地破坏了，几乎等于全部农业耕地的三分之一。生态环境被破坏在中美洲和墨西哥的山岭地区更为严重，已经发展到影响 40%~60% 的潜在可耕地。其中，拉丁美洲的巴西、乌拉圭、厄瓜多尔、秘鲁、委内瑞拉和中美洲国家的墨西哥、智利和哥伦比亚等国家由于高度集中种植热带经济作物，如棉花、橡胶、咖啡、甘蔗、新鲜水果和蔬菜，并由于密集使用化学药物，引起了土壤污染、水污染和森林退化等，对自然环境造成严重的破坏。"在阿根廷来自自然资源管理局的报告表明，由于在干旱和半干旱地区过度种植单一作物、非保护性农业政策、砍伐森林和扩大牲畜养殖等导致大约四百万公顷土地被严重地腐蚀了。"[①]事实上，这种农业对生态环境的严重影响几乎在每个发展中国家都存在。

(四)水资源严重短缺，水安全环境问题突出

全球水资源不仅短缺而且分布极不平衡，按地区分布，发展中国家的巴西、俄罗斯、中国、印度尼西亚、印度、哥伦比亚和刚果等国家的淡水资源占世界淡水资源的一半左右，大多数发展中国家面临淡水不足，其中一些国家处于缺水状态。根据联合国粮食及农业组织(FAO)2015 年的数据报告，加尔各答、墨西哥、曼谷等大型城市，随着城市人口的不断增长，供水和饮水安全问题进一步凸显，对水利基础设施的需求越来越高。印度恒河三角洲地区的加尔各答市人口在近 30 年间增长了 54%，都市圈总人口达 1411 万，成为印度人口最稠密的地区之一。泰国的曼谷在近 30 年间人口增长了 76%，达到 828 万人。人口的快速增长带来了严重的水危机，包

---

① 曲如晓：《农产品贸易自由化与发展中国家的生态环境》，《山东财政学院学报》，2003年第11期。

括地表水体消失、河水污染、地下水位下降、供水安全受到威胁等。水资源短缺已经越来越严重地影响发展中国家民众的生活，同时也引发水生态系统的失衡。

发展中国家农村人口饮水安全问题更加突出。根据联合国粮食及农业组织 2015 年的数据分析，蒙俄及中亚板块、南亚板块和东南亚板块2015 年的农村人口饮水不安全比例均在 10% 以上。其中，土库曼斯坦、也门、阿富汗、蒙古、东帝汶、塔吉克斯坦、柬埔寨、老挝八国的农村人口饮水不安全比例在 30% 以上。根据亚洲开发银行（Asian Development Bank）的《亚洲水发展展望 2016》报告分析，南亚地区的水生态环境安全指标最低，主要表现在河流健康指数低（主要受气候变化、人口增长、经济发展、农业灌溉和农田生产力提升等多方面影响）、径流扰动剧烈、环境管理效率不高。总体上看，大多数发展中国家属于水资源匮乏的地区，再加上人口增长、农业灌溉、气候干旱等因素的影响，水资源严重短缺成为发展中国家自然生态环境中的严重问题。

（五）森林自然资源生态问题愈加严重

发展中国家存在土壤面积减少、荒漠增加、森林地带减少。许多世纪以来，发展中国家依靠开垦土地取得发展。到 21 世纪初，这种可能性实际上已经被消耗殆尽。发展中国家的可垦耕地几乎消失，农村生产的集约化将引发严重的生态后果。砍伐森林曾经是实现新耕地增加的手段，森林也曾经作为珍贵的原料资源因为商业目的被砍伐，酸雨、空气和水污染影响着日益枯竭的森林资源，许多发展中国家已经失去自己的森林宝藏，森林的消失使得土壤腐蚀和荒漠扩大。同时，森林的大幅度减少也导致物种数量的减少。森林自然资源生态问题已经成为发展中国家面临的重要问题。

(六)战争、武装冲突引发的生态灾难

发展中国家在二战结束后通过战争、武装革命等方式取得国家独立和民族解放。但因为宗教、民族等因素的影响导致发展中国家内部的分离主义力量与政府之间的武装冲突不断，中东成为世界上动荡不安的地区之一。连年的战争，导致房屋倒塌、植被烧毁、土地伤痕累累。1991年发生的海湾战争，油井燃烧对当地生态造成重大的危害，空气污染、水资源污染、石油污染、武器爆炸、烈火焚烧给海湾地区的生态带来深重的灾难。发展中国家的复杂国情和脆弱的生态环境，使得"即使不大的局部冲突也可能产生最大的生态灾难"[①]。

二、发展中国家实施生态治理的措施

越来越多的发展中国家开始重视本国的自然生态环境，加强对自然环境的生态治理。有的国家比较早地开始在农业领域使用生态技术，维持土地的生态环境；有的国家注重保护海洋生态环境，保存了良好的海洋生态系统；有的国家控制对塑料的使用，减少白色污染；有的国家成立了民间环保组织……发展中国家根据本国的实际情况，针对本国的不同污染开展保护环境、修复生态的行动，取得了明显的效果。从全球角度来看，发达资本主义国家是全球环境恶化的罪魁祸首，而发展中国家却成为环境恶化代价的主要承担者。对发展中国家而言，生态环境问题的治理并不能简单对待，发展中国家处于保护环境与发展经济的双重任务之下，协调和统筹的生态治理措施显得尤为重要。几十年来，发展中国家根据本国的生

① ［俄］M.M.列别杰娃：《世界政治》，刘再起、田园译，武汉大学出版社，2008年，第198页。

态环境问题采取了一些有益的生态治理措施和手段，生态治理的行动记录得星星点点、参差不齐、质量不一，但总的来说，他们的整体生态环境治理意识在逐渐加强，生态治理的效果也逐渐显现。有一些发展中国家的自然生态环境是公认的世界前列的，如哥斯达黎加、古巴、哥伦比亚、毛里求斯等。

（一）制定法律、法令，保护环境

尽管发展中国家没有制定完备的生态环保法律体系，但是也制定了对环境保护的相关法律法规。东南亚、拉美国家、非洲国家、南亚国家等不同程度地利用法律保护本国的生态环境。东南亚国家 20 世纪 70 年代开始运用法律保护环境：印度尼西亚颁布了水质污染法，但是环境立法并不完备；菲律宾制定了环境法；马来西亚制定了一些法令、条例和环境质量法。与发达资本主义国家相比，这些国家的环境立法起步较晚，体系也不完备。

拉美地区的巴西是比较早注重运用法律的国家，并且制定了详细的可施行的规定。早在 1938 年就出台首个森林保护方面的法律——《森林法》，明文规定了对亚马逊热带雨林采伐的指标。按照法律规定，如果破坏了一公顷森林，就要被处以两千多美元的罚款。1972 年，巴西的《环境基本法》，对各种污染的防治和自然资源的保护作出了细致而严格的法律规定。巴西 1988 年在新宪法中专门增加环境一章，成为世界上第一个将环保内容完整写入宪法的国家。巴西《环境犯罪法》规定，"在禁渔期和禁渔区捕鱼者，可处一至三年徒刑并处罚金；虐待动物者可处六个月至一年的刑期和罚金；私自采取路边野果会被判入狱"。[1]不仅如此，巴西还制定了

---

① 王友明：《巴西环境治理模式及对中国的启示》，《当代世界》，2014年第9期。

专门的《环境犯罪法》(1998 年)，法律规定，"政府不仅可以无偿收回私人砍伐的木材，而且所有销售畜产品以及木制品的商家都必须有销售记录，同时购买方要向政府提交购买地点及企业名单。政府会将破坏亚马逊热带雨林的庄园或企业的名单公布在网上，凡是上了黑名单的企业，其产品就销不出去"①。2008 年，巴西发布的新环保法律除了要求信息公开，也有绿色信贷的条款。古巴先后制定保护环境的法律，包括 1997 年的《环境法》，1998 年的《森林法》，1999 年的第190 条法令中的生态安全，1999 年的第 201 条法令中的保护区，2000 年的第 212 条法令中的沿海地区管理等相关法律法令。

　　非洲国家的法律起步较晚，但是措施比较有效。尼日利亚合理利用石油和天然气资源，保护环境问题通过了三项国家法令。2000 年 8 月 29 日，南非政府正式推出第一个环境法庭，以支持政府制止捕捞珍稀鲍鱼、保证海洋资源可持续利用的行动。2017 年 8 月 28 日，肯尼亚强制实施"禁塑令"，规定在肯尼亚境内禁止使用、制造和进口的所有用于商业和家庭用途的手提塑料袋和平底塑料袋。肯尼亚实行的这道反塑料袋法令，号称全球最严"禁塑令"。该法令规定，生产、销售与使用塑料袋的肯尼亚公民将最高面临四年有期徒刑或约四百万肯尼亚先令(约合三万八千美元、人民币二十六万元)的处罚。肯尼亚政府称，此举旨在最大限度地降低塑料袋对环境造成的污染。按肯尼亚政府的解释，禁令适用于商业和家庭用途的塑料袋的使用、生产或进口，工业用途的塑料袋不在禁令范围内。

　　亚洲的印度依据《国家绿色法庭法》，于 2010 年 10 月 18 日成立国家绿色法庭，规定自然人、公司、企业、协会或团体、董事或理事、地方机构等

---

① 郄建荣：《巴西借助民间力量保护亚马逊》，《法制日报》，2012 年 6 月 5 日。

都被赋予环境案件的起诉资格。据统计,"印度 2011 年受理 168 件,2012
年受理 503 件,2013 年受理 1703 件,2014 年受理 1517 件。截至 2015 年
1 月底,国家绿色法庭共受理各类案件 7768 件,审结 5167 件,未结 2601
件,审结比为 66.52%,约 2/3 的案件得到了妥善解决"[①]。1992 年,越南颁
布《越南社会主义共和国环境法》。

　　法律手段已经成为发展中国家保护环境的重要手段,正在发挥作用。
正如印度一位专门从事环境保护案件的律师强调的:"在一个发展中国
家,谈环境保护似乎是一件奢侈的事情,然而快速发展经济绝不能以污染
环境为代价。国家绿色法庭在尽力不阻碍经济发展的同时,为环境保护提
供足够的法律支持。""在一些地方政府保护环境不力的情况下,法官们已
经成为印度环境保护及防治污染的有力推手。"[②]发展中国家在保护本国
环境的道路上尽管问题重重,还是依然前行。

(二)发挥环保组织作用,保护自然生态

　　利用民间社会力量,加强对自然环境生态的保护是发展中国家实施
生态治理的一个措施。发展中国家对自然环境生态的保护过程中,不仅组
织民间环保组织对本国本区域的自然环境和野生动植物等展开保护,还
进行跨区域的联合保护。目前,很多发展中国家成立了多种类型的环境保
护组织,对具体领域、具体物种等进行专业性、专门性的保护。巴西的亚马
逊热带雨林生态环境遭到了破坏,为了实施有效的生态治理,巴西 1990
年成立第一个保护亚马逊热带雨林的非政府组织——亚马逊人类与环境

---

①②　印度:《国家绿色法庭功不可没》,https://www.xzbu.com/2/view-7227390.htm。

研究所(IMAZON)。①它作为一个民间环保组织,由专业的人员通过卫星监测违法采伐行为,工作范围跨越整个巴西亚马逊热带雨林地区。此外,巴西还组建了"4000人环境小组"。巴西的民间环保组织在不断成长壮大,它发挥着政府、个人所不能替代的职能,开展与众不同的工作,能够与全社会不同的机构或组织建立良性公共关系,有一套完善、科学且符合市场规律的运营机制。非洲是野生动物的集中地,大量的野生动物聚集在这块古老的土地上。1926年成立的南非野生动物和环境协会(WESSA)是全世界最古老和最大的独立的非政府环保组织,旨在启动和支持高影响的环境和保护项目,促进公众参与关爱地球。还有南非动物保护组织、米德兰动物保护协会、肯尼亚野生动物保护组织等。

此外,发展中国家开始跨区域生态保护,通过成立联合民间合作组织和机制,对更大区域的自然环境和生物物种、动植物等展开合作保护。澜沧江-湄公河流域是全球生物多样性最丰富的地区之一,区域的野生动物保护面临重大挑战。2018年3月26日,中、老、柬、缅、泰、越等六国的野生动物保护部门代表,共同启动了澜湄流域跨境野生动物保护机制,宣布将通过精诚合作,切实加强该区域的跨境野生动物保护,通过澜湄跨境野生动物保护对话机制,对本区域的自然生态进行有效生态治理。2015年8月,东南亚中心正式启动,至今已成立四个核心研究团队并启动二十八个区域性国际合作项目、重点领域拓展项目和青年人才培育项目,资助和启动的东南亚生物多样性信息平台和中国西南-中南半岛十个大型生态监测平台已初具规模,影响逐渐凸显。在缅甸、泰国、越南、老挝等国的连续大规模野外生物多样性考察,成为东南亚国家生物多样性和环境保护、资

---

① 《巴西借助民间力量保护亚马逊》,《法制日报》,2012年6月5日。

中外生态思想与生态治理新论

源可持续利用等方面专业技术人才的培养基地。

(三)提倡环保教育,培育环保生态理念

发展中国家开始将环保教育纳入教育课程,培育民众对环境保护的认知和情感,增强对环境保护和自然生态的行为自觉。巴西是发展中国家中比较早的对环保教育以立法形式进行保障,并重视对中小学生实施环境教育的国家。20世纪70年代起,巴西政府规定,依据《环境基本法》,全国的中小学必须开设环保教育课程,环保课程是中小学生的必修课。1999年4月,巴西正式出台《国家环境教育法》,明示加强环保教育是政府带头、全社会共同参与的职责所在,各级教育机构责无旁贷,必须开展环保教育,各企事业单位、媒体等社会主体必须明确自身所承担的、必须积极履行环保教育与宣传的责任。巴西的环保教育已经形成浓厚的氛围和良好的传统,民众的环保意识已经转化为自觉自愿的行为。

古巴是发展中国家生态治理做得非常出色的国家。古巴的环保教育主要是通过成立"古巴环境治理与教育信息中心"展开对公民提供环境治理的知识信息,并普及环境教育。同时对青少年进行环保教育,主要是通过出版图文并茂、语言生动的图书和建立相关的青少年环境教育网站等措施,引导他们参与到环保中来。2006年3月,古巴著名的环保人士罗莎·埃莱娜博士因其环保贡献和其倡导的"着眼于全球,实施于局部"的环保理念被联合国环境署授予"绿色地球卫士"称号。

(四)政府主动实施政策、计划、资金,推动生态治理

1. 政府重视对污染企业的治理,加大生态治理的资金投入

发展中国家中尽管经济欠发达,但是也认识到污染治理、保护环境的

重要性,开始加大对自然生态区域的资金投入和积极治理。在 1991—2000 年的十年间,巴西政府就投入近一千亿美元用于亚马逊地区的生态保护。巴西政府几乎每年都向钢铁、造纸和纸浆等易造成污染的企业提供优惠环保贷款。以 2013 年为例,巴西在设备、工程、咨询服务、污染控制及清理项目投资金额高达 107 亿美元,其中 46 亿美元投入水和废水处理,固体废物处理约为 50 亿美元,空气污染控制为 11 亿美元。[①]

2. 政府设立专门机构,制定发展规划

一些发展中国家政府认识到国家制定保护环境发展经济的战略规划的重要性,从国家角度统筹环境保护计划。古巴 1964 年就设立了加强自然资源与环境保护研究的科学院;1977 年,创立了总管环境保护与自然资源合理开发的国家委员会;1994 年,专门成立了国家科技与环境部,以及相关的环保科研机构。1993 年,制定了《国家环境与发展计划》,1997 年实施《国家环境战略》。作为世界上拥有环保荣誉很高的哥斯达黎加,其总统阿里亚斯于 2007 年 7 月正式推出了旨在加强环境保护、防止气候变暖、促进再生能源利用的"与大自然和谐共处"计划。

3. 政府建立激励机制

发展中国家十分重视对国内民众保护环境的激励和奖赏,甚至有的国家制定了专门的激励机制。古巴政府为了完善和推动环境保护的可持续发展,为了激励更多的团体、个人、企业等主动投身到生态环境的保护行动中,实施了多种多样的奖励措施:2000 年,设立环保人士和团体来推进环境法贯彻与环保意识普及的"环境鼓励奖"。2001 年,成立了清洁生产国家网络,激发生产企业界的环保精神;设立国家环境大奖以资鼓励

---

① 参见王友朋:《当代世界:巴西环境治理模式及对中国的启示》,http://world.people.com.cn/n/2014/0915/c187656-25664057.html,2014 年 9 月 15 日。

在环保方面做出突出贡献的个人、企业、社会团体、非政府组织和官方机构等。

(五)建设生态工业园,进行工业发展的综合生态治理

发展中国家在工业化发展中对生产过程中产生的工业污染开始采取建设生态工业园的方式来发展经济。生态工业园是对生态工业学理论的一种主要实践形式,它寻求社会经济、环境和人类需求三者之间的平衡,整合了清洁生产、生态工业和废弃物综合利用等优势,合理利用资源,充分保护环境,实现了区域内工业体系与生态环境的协同发展,带来了环境、经济和社会的综合效益。目前,发展中国家中的菲律宾、泰国、印度、印度尼西亚等的生态工业园发展初见规模,形成了各具特色的新发展模式。菲律宾马尼拉南部的五个工业园区服务的"生态工业网"是亚洲最早的生态工业试验之一,得到了联合国开发署的资助,项目被称为"PRIME",增强园区企业、政府、当地居民之间的合作,取得了综合效益。泰国生态工业园项目更是上升到国家高度,选择四个工业园作为生态工业园项目的示范项目,得到政府的政策与资金的支持,实现了对工业发展的生态化改造。印度的纳罗达工业区是世界上最大的工业园之一,是以制糖业为主体的达到污染防治合作的生态工业园。开罗的扎巴林资源回收工业园是埃及最著名的生态工业园,它"不仅为当地居民提供工作岗位,改善了扎巴林地区的生活条件,促进了当地的经济发展,还提高了城市的废物管理绩效,为开罗创建了一个更为有效的固体废物管理系统"[1]。

---

① 路超君、乔琦:《发展中国家生态工业园建设对我国的启示》,《环境保护》,2007年第12期。

三、发展中国家生态治理中面临的问题及原因

发展中国家属于后发国家，在国际经济发展的结构中长期处于弱势地位。由于历史的原因，发展中国家的经济结构单一、畸形。殖民地历史的经历，使得作为世界经济中的受压一方的发展中国家的经济发展长期受到发达资本主义国家的压制和剥削。发展中国家从20世纪40年代以来，数量不断增加，至今所占国家数量比重在全球是最大的。目前，世界上数量占全球绝大多数的诸多发展中国家在工业化的发展道路上受到发达资本主义国家后工业化的影响，在世界经济发展的链条中处于比较被动和落后的地位，承载着发达国家大量的工业垃圾，成为发达国家垃圾转移的场所，从而造成双重污染：一方面，是本国的工业化发展过程中产生的污染问题；另一方面，是来自发达国家的工业转嫁污染。因此，从整体上来说，发展中国家面临的自然生态问题更加严重，生态治理的实施也更加困难。

（一）发展中国家自然环境生态治理中面临的问题

在长期的发展过程中，很多发展中国家走上了资本主义发展道路。由于国际经济旧秩序的存在，发展中国家在国际经济贸易链条环节中处于被动地位，一些发展中国家的产业结构形成单一的畸形结构，并成为发达国家工业发展的第二市场。长期的经济发展落后、经济基础薄弱，再加上国内政治的动荡和社会不稳定，导致诸多发展中国家在独立后没有过多地关注本国的自然生态环境，没有重视自然资源的合理开发和科学利用，没有深刻认识到自然与人的重要关系。诸多发展中国家在获得民族解放和独立后，主要精力用在本国的经济发展和政权稳固上，从而长期以来忽

视了对本国自然环境的生态保护，导致自然环境生态治理问题日积月累。由于资金、技术、民众的生态意识、政府的手段等多方面的原因，发展中国家在自然环境实施生态治理中面临的问题相当严重，这些也对全球自然环境生态治理带来重大的不利影响。

1. 缺乏先进的生态治理技术

技术是进行生态治理的根本手段。从全球科技发展的水平来看，发展中国家普遍落后于发达资本主义国家。尽管有少数国家的科学技术在某些领域占据重要地位，但是大多数发展中国家的科学技术水平依然远远不及发达资本主义国家，尤其在生态治理技术方面。从发达资本主义国家生态治理的经验来看，先进技术依然是治理工业污染的主要手段。目前，发展中国家存在的工业污染问题、白色塑料污染问题、水污染问题等，主要还是通过运用先进的科学技术来进行生态治理。但是发展中国家自身生态治理技术的缺乏制约了对本国生态环境问题的治理。人类每时每刻都会产生大量的垃圾，发展中国家人均量虽少，但是垃圾处理技术落后，废物危机更加严重。

2. 生态治理项目缺乏所需的资金支持

资金是实施环境生态治理的基本保障。对发展中国家而言，经济发展的落后造成本国财政资源的严重匮乏。面对生态环境问题的生态治理是需要政府投入大量的资金，但是大多数发展中国家是不能提供充足的资金来满足生态治理的需要。如果缺乏足够的资金，或在发展中国家财政资金不足的情况下，该国就不能对国内生态环境治理提供必要的环境修复资金支持，不能对民众在生态环境中的损失提供环境补偿，不能购买国外生态治理技术，不能研发可替代性的无污染的产品。在人口聚集的环境恶化的城市，生态资源被破坏严重的区域，被污染严重的水域、土壤、海域都需要投入大量的资金,但是资金不足成为发展中国家生态治理的软肋。如果说发达资本主义国家采取法律措施,并花费不少资金同废气及其他空气污染源做斗争,那么发展中国家却很难做到这些。例如,"越南政府每年的财政预算支出中,90%用于基础设施建设相关领域,只有10%的资金用于建设'PPP模式应用于海洋环境保护项目'相关的管理和维护工作。越南政府对环境保护投入的资金增长处于较低水平,每年增幅仅有5.1%"①。

3. 政府实施生态治理手段存在困难

对发展中国家来说,政府对自然环境实施生态治理的手段主要包括政府管制和经济影响两个方面。从政府管制手段来说,一般是通过采取政府禁令、许可颁布和标准制度等形式来实现对环境资源利用的直接干预。这种手段具有一定程度的强制性,利用行政干预来实现维护生态环境的目标。从经济影响手段来说,政府一般是通过影响污染者备选活动的成本与收益,引导经济当事人进行有利于环境的选择。这种手段是非强制性的,通过经济利益引导实现保护生态环境的目的。实际上,这两个方面的手段在发展中国家都是很难实施的。具体体现在:第一,在于发展中国家自然资源产权不明确,权责不分明,缺乏有效的产权制度,从而长期形成了对自然资源的粗放式开发和利用。再加上法律体系、管理、监控和实施程序等运行不规范,缺乏一套行之有效的保护环境的规则设计、监督和执行体系,从而导致这些行政管制手段在运用中受到限制。第二,实施经济手段、推行环境成本内部缺乏相应的市场机制。多数发展中国家的市场经济起步晚,保护生态环境的制度不健全,对时间成本和监控成本的组织能力和管理技巧方面存在严重缺失,导致环境成本内部化的设置、实施存在

---

① 越南:《PPP模式用于环境保护需跨过这几道坎》,《中国政府采购报》,2015年7月23日。

不合理,甚至根本不存在。在发展中国家,政府对生态治理手段或者不健全或者形同虚设,不论是从行政管理还是市场机制上都不能有效地实现对自然环境的生态治理。

4. 生态治理中民众的参与严重不足

发展中国家的民众多数处于贫穷的状态,主要精力与需求是获取生存需要的资料,没有剩余的时间或精力去关注自然环境的变化,甚至还可能破坏自然环境获取生存资料。"根据马斯洛的需求理论来看,人的需求分成生理需求(Physiological needs)、安全需求(Safety needs)、爱和归属感(Love and belonging)、尊重(Esteem)和自我实现(Self-actualization)五类,并且依次由较低层次到较高层次排列。"①尽管有学者对该理论提出质疑

---

① 这个理论由美国心理学家亚伯拉罕·马斯洛 1943 年在《人类激励理论》一书中提出。书中将人类需求像阶梯一样从低到高按层次分为五种,分别是:生理需求、安全需求、社交需求、尊重需求和自我实现需求。马斯洛的需求层次理论是:第一层次的生理需求包括呼吸、水、睡眠、事物、生理平衡、分泌和性。如果这些需求(除性以外)的任何一项得不到满足,人类个人的生理机能就无法正常运转。也就是说,人类的生命就会因此受到威胁。因此,从这个意义上说,生理需求是推动人们行动最首要的动力。马斯洛认为,只有这些最基本的需求满足到维持生存所必需的程度后,其他的需求才能成为新的激励因素,而到了此时,这些已相对满足的需求也就不再成为激励因素了。第二层次是安全上的需求,包括人身安全、健康保障、资源所有性、财产所有性、道德保障、工作职位保障以及家庭安全。马斯洛认为,整个有机体是一个追求安全的机制,人的感受器官、效应器官、智能和其他能量主要是寻求安全的工具,甚至可以把科学和人生观都看成是满足安全需要的一部分。当然,当这种需求一旦相对满足后,也就不再成为激励因素了。第三个层次是情感和归属的需求,包括友情、爱情和性亲密。感情上的需求比生理上的需求来得细致,它和一个人的生理特性、经历、教育、宗教信仰都有关系。第四个层次的需求是尊重,第五个需求是自我实现。关于这一理论中的需求层次,有的学者提出批评。Douglas T Hall(道格拉斯·霍尔)和 Khalil Nougaim(哈利勒·诺加伊姆)曾做过五年的相关研究,没有足够实验证据证明马斯洛的需求层次关系的确存在;即使需求层次存在,但其之间的联系并不明显。沃赫拜(Wahba M.A.)和布里奇韦尔(Bridwell, L.G)在 1976 年发表于《组织行为和人类表达》(*Organizational Behavior and Human Performance*)的文章《马斯洛反思:对需求层次理论的研究概述》(Maslow reconsidered: A review of research on the need hierarchy theory)中表示,马斯洛理论的需求排名,或者某些特定需求存在的证据并不足。吉尔特·霍夫斯塔德(Geert Hofstede)将马斯洛需求层次理论批评为种族中心主义。

或批评,但是对一个人的需求的重要程度来讲还是有一定道理的。对一个生命个体来说,首先是满足基本的生活需求,也就是要生存下去。换句话说就是活着,而活着的最基本需求就是食物,假如离开食物,人的生存就是空谈,变得毫无意义。这与马斯洛的生理需求有相似的内容。对于一个国家来说,多数人的需求层次结构,是同这个国家的经济发展水平、科技发展水平、文化和人民受教育的程度直接相关的。在发展中国家,生理需要和安全需要占主导的人数比例较大,而高级需要占主导的人数比例较小;在发达国家,则刚好相反。因此,发展中国家在自然环境保护和获取食物来源的选择上,获取食物成为第一位的需求,民众关注的重点就是如何获得更多的食物,并没有时间或精力去考虑自然环境的承受力,或者是否被破坏,更不要说去参与生态治理了。在这种情况下,自然环境完全处于为民众需要的地位。

5. 发展中国家的生态治理与发达资本主义国家的斗争

经济全球化将世界上不同国家和地区紧紧连接在一起,全球生态危机的发生也迅速将发展中国家的生态环境与发达资本主义国家的生态环境连接在一起,因此发展中国家的生态治理成为全球生态治理的重要组成部分。发展中国家的生态治理已经不再是单纯的发展中国家自己的事情,在国际政治、国际贸易中双方围绕生态主权、生态利益、生态安全等展开了一场持久而激烈的斗争。在这场全球层面的生态治理较量中,发展中国家与发达资本主义国家之间不仅是搏斗、竞争、对抗、损害与反损害,还是相互影响、共生、互补。在这样一种既对抗又依赖、既竞争又合作的双重关系中,发展中国家在生态治理中既有自己的重点与需要,也要应对发达资本主义国家提出的任务与要求,因此来自发达资本主义国家对发展中国家生态治理的要求与压力深刻影响着发展中国家的生态治理。

6. 不可忽视的"生态难民"问题

"生态难民"①是新生的一种难民群体,多发生在发展中国家。发展中国家遭受着全球生态危机变化带来的恶果,在相同的生态灾难面前,发展中国家遭受到的威胁更加严重。2000 年 5 月 15 日,英国基督教援助组织公布了题为《非自然灾害》的报告,指出"饮用水的缺乏将继续对人类构成威胁,印度、非洲和中东地区将有 30 亿人受到影响。海水的上涨和风暴的增加每年使印度和东南亚沿海的 9400 万人面临洪涝的威胁。与气候有关的灾害迫使大批人涌向城市,使城市增加了贫民窟,生活的贫困使疾病、犯罪率上升"②。大量的"生态难民"将贫困与环境复杂地交织在一起,加剧了生态治理的难度,使得发展中国家的生态治理面临着历史性考验。

(二)影响发展中国家实施生态治理的因素

1. 殖民历史是制约实施生态治理的一道障碍

发展中国家的殖民历史经历就像一个沉重的枷锁禁锢在发展中国家身上,自然环境的恶性破坏成为发展中国家实施生态治理中不可逾越的障碍。从葡萄牙 1415 年占领休达开始,西方资本主义的殖民主义历史便开始了。随着殖民主义在世界范围内的扩张和发展,导致发展中国家大面积的森林被砍伐,丰富的矿藏被开采,自然资源遭到严重的掠夺,自然环境被严重破坏。殖民主义者对殖民地国家的无情掠夺、肆意破坏,导致森林资源、耕地资源、不可再生矿藏资源等迅速减少,原生的自然生态环境受到历史性的摧毁。同时,殖民主义者在殖民地国家开办企业、修建铁路

① "生态难民"是指由于生态状况严重恶化、生物多样性减少、土地荒漠化、森林植被被破坏、水资源危机和海洋环境破坏等严重影响人类的生存,从而导致受这些状况影响的人们被迫离开自己长久的居住地而四处迁徙。

② 汤民国:《发达国家污染环境、发展中国家受其害》,《新闻晚报》,2000 年 5 月 17 日。

等工业化行为给当地带来空气、水域等方面的污染。殖民主义者在殖民地国家是生态环境问题的制造者、生态环境的破坏者。直到20世纪70年代，大多数殖民地半殖民地国家才摆脱殖民统治，获得民族国家独立，殖民主义的历史才基本告一段落。发展中国家殖民历史中形成的生态环境问题是不可逾越的一道鸿沟，这使得发展中国家对本国的自然环境实施生态治理面临严峻的考验。

2. 人口增长给生态治理增加负担

人口与自然环境问题本身就是直接相关，人口增长至少以双重方式影响自然环境：一是地球居住人口数量的增加需要消耗更多的食物、资源和能源等生存资料；二是经济的积极增长通过废气排放、空气污染、水资源污染等污染自然环境。地球上人口的增长已经影响了环境，不仅是对单一国家或地区而是对整个地球。20世纪下半叶初，发展中国家人口数量急剧增长。发展中国家在自然环境生态治理的实施中主要是协调人与自然的关系，从某种意义上来说就是要改变人类长期以来对自然界形成的"人类中心"的认识，改变破坏自然环境行为，从人与自然和谐共生的相互关系上重新认识自然界在人类社会中的地位与作用。"在1990—2000年的10年间，世界人口可能从50亿增长到60亿，90%的新增人口都在发展中国家。这可能会对地球资源如森林、水、石油造成强大的压力；对这些资源不假思索的开发可能导致环境退化"①。联合国2001年的年度报告指出，2050年前，世界上48个最贫穷国家人口将增加2倍。②人口数量的剧

---

① ［英］奈尔·麦克法兰、云丰空：《人的安全与联合国：一部批判史》，张彦译，浙江大学出版社，2011年，第144页。

② 参见［俄］М.М.列别杰娃：《世界政治》，刘再起、田园翻译，武汉大学出版社，2008年，第189页。

增产生一些规模庞大的城市,这也造成一系列的生态环境管理问题。人口的增加必然会带来更多的废气、废水、废物,从而污染环境,使得人类生存空间的环境质量受到严重影响。不断急剧增加的庞大人口消耗越来越多的资源,地球的自然环境承受的压力越来越大,这也给发展中国家带来巨大的压力。

3. 全球化的冲击,加剧了生态环境的负担

在全球化的发展过程中,并不是所有的发展中国家能够跟上全球化的步伐,从中搭上顺风车。发展中国家在经济全球化的浪潮中成为西方发达国家转嫁污染的场所。西方发达国家将本国的污染再次转嫁给发展中国家,加剧了发展中国家生态环境恶化的趋势:一是将具有污染的产品和垃圾等有害物质直接出口,包括有害的贸易出口,如生活垃圾、工业垃圾,其中一些化学性、放射性的有害品直接倾销给发展中国家,给发展中国家的生态环境带来毁灭性灾难。"据统计 1986—1988 年发达国家约有 350 万吨的有害垃圾运到亚洲、非洲、拉丁美洲,德国一年有六十万吨垃圾运到发展中国家。"[①]二是发达国家为保护本国生态环境,利用不平等的国际经济秩序和发展中国家求发展的需求,廉价购买发展中国家的自然资源,这造成发展中国家自然资源被过度消耗进而引发生态环境失衡。"工业、技术和城市失控的增长趋势不仅摧毁各个局部的生态系统中的任何生命,而且是毒化生物圈,从而最终威胁着生命存在本身(包括人类),因为生命构成生物圈的一部分。"[②]

发达国家工业化过程中的工业污染转嫁是造成发展中国家生态环境破坏的重要外因。21 世纪以来,西方发达国家对发展中国家的工业污染

---

① 《读者参考丛书》编辑部:《读者参考 47:谁失去了俄罗斯》,2002 年,学林出版社,第 7 页。
② [法]埃德加·莫兰:《人本政治导言》,陈一壮译,商务印书馆,2010 年,第 155 页。

转嫁的危害逐渐爆发出来。"据英国《卫报》15 日报道,英国基督教援助组织公布的一份题为'非自然灾害'的报告指出,在发展中国家发生的、造成成千上万人丧生的与气候有关的灾害大多数是由于西方工业国污染环境造成的。"①在全球化的背景下,"全球的统一性优势被撕裂和不断痉挛的。相互共存中充满了冲突;而所有的冲突又互相关联"②。

4. 国内冲突、战乱频发引发政局动荡,制约生态治理的实施

生态治理的有序、有效,无疑离不开稳定的国内政治环境。但是二战结束以来的发展中国家内部政局动荡依然不停, 冷战的结束依然没有制止战争的发生,战乱、冲突、动荡依然笼罩在发展中国家的上空。索马里战争是冷战后最先爆发的国内战争之一,大卫·拉廷写道:"到 1991 年晚期,不只有控制索马里的党派之争,还有控制加迪沙的党派之争。整个南部,特别是在莫加迪沙,军阀……声称控制了拥有良好武器装备的青年队伍,他们拥有装备了武器的越野车……盘踞在城市和道路上抢劫、勒索、杀人。到 1992 年末。因为内战,整个国家的基础设施都被摧毁,许多人被杀害,剩下的人饱受饥荒的折磨。没有一个中央政府能够代表整个国家,而国际救援人员几乎和索马里人一样容易受到攻击。"③ 1992 年,塔吉克民族与党派之间发生内战。除了战争之外,各种冲突的频发也成为发展中国家的噩梦。中东地区是冲突频发的重灾区,20 世纪 80 年代末 90 年代初因苏东剧变引发新一轮的国家和地区冲突。1990—1992 年,格鲁吉亚发生政府和南部奥塞梯赞成独立武装力量之间的冲突,1994—1995 年再次

---

① 汤民国:《发达国家污染环境、发展中国家受其害》,《新闻晚报》,2000 年 5 月 17 日。

② [法]埃德加·莫兰:《人本政治导言》,陈一壮译,商务印书馆,2010 年,第 154 页。

③ David Laitin,Somalia:Civil War and International Intervention,in Civil Wars, *Insecurity, and Intrevention*,Columbia University Press,1999,p.148.

发生政府与阿布哈兹西亚分离主义政体的激烈冲突。"国内冲突与其说是双方利益的冲突,不如说是价值观(宗教、种族)的冲突。就此达成妥协是不可能的。"①"应该说,在国内,尤其是在旷日持久的冲突条件下,不仅中央政权,而且地方本身对局势的控制都削弱了。"②"现代冲突产生于正在发展的地区或尚处在从专制的管理体制中过渡出来的地区……冲突也是在较不发达的国家发生的。从整体上说,现代武装冲突首先集中在非洲和亚洲国家。"③发展中国家内部的冲突、战乱的发生往往恶化了国内的自然生态环境,极有可能产生生态灾难,导致中央和地方政府的控制能力弱化,严重制约了对生态治理的实施。

5. 城市化、工业化的综合发展给生态治理增加压力

城市增长失控和工业布局的盲目性使得发展中国家对自然环境实施生态治理的难度进一步加大。当今发展中国家已经进入工业化发展阶段,其城市化增长的速度远超曾经的发达资本主义国家。据统计,发达国家城市化水平以每年0.5%~3.5%的速度增加, 而在发展中国家却以3.5%~7.0%的速度增加。④世界上发展最快的十五个大中心城市都位于发展中国家:万隆、拉格斯、卡拉奇、波哥大、曼谷、德黑兰、首尔、利马、圣保罗、墨西哥城、孟买、雅加达、加尔各达和北京。对发展中国家而言,迅速发展的城市化缺乏综合的规划和生态环境的治理措施, 带来的影响却是大量的资源和产品从郊区流向城市,大量人口从农村涌入城市,结果城市中贫困人口和生活在拥挤低矮住宅区的人们给城市带来更加严重的环境恶化问

---

① [俄]M.M.列别杰娃:《世界政治》,刘再起、田园译,武汉大学出版社,2008年,第161页。
②③ 同上年,第162页。
④ 参见博诺特:《发展中国家的环境问题》,张弘芬译,《水土保持情报》,1993年第2期。

题，使得城市环境的生态治理愈加艰难。

6. 贫困是实施生态治理的主要瓶颈

经济欠发达使得发展中国家的政府很难提供民众所需要的基本商品和服务，更不要说提供良好的生态环境了。"如果一个政府没有足够的资源满足人民需要，它通常会求助于高压政治手段。比如，海地这个西半球最贫穷的国家也是世界上破坏环境最厉害的国家……海地曾被誉为'安的列斯群岛的珍珠'，而现在，它几乎完全没有森林，面临着严重的水土流失问题……海地的环境恶化可能越过了不可逆的门槛，这个悲哀的国家在未来可能还将被迫面对独裁的政府和更多的不稳定"①。"据联合国调查，发展中国家的贫困人口由 1990 年的 10 亿增加到目前的 13 亿，这些人生活在世界贫穷的国家。"②在非洲，贫困发生率不断提高。贫困使得政府不得不把主要的资源、资金、技术等用于解决民众的基本生存需要，从而不能关注对自然环境的生态治理。

四、发展中国家实施生态治理方面的思考

王雨辰教授认为："生态问题与生态治理事关人类的整体利益和长远利益，发展中国家的生态治理属于全球生态治理的内在组成部分，这在客观上要求发展中国家一方面应当积极参与到全球环境治理中，承担人类共同的责任；另一方面由于当代生态问题的根源在于资本主义工业文明的

---

① ［美］康威·汉德森：《国际关系：世纪之交的冲突与合作》，金帆译，海南出版社、三环出版社，2004 年，第 392 页。

② 赵晓晨：《中国和发展中国家的贫困根源及其消除》，《生产力研究》，2002 年第 5 期。

兴起、发展,以及资本的殖民掠夺和资本的全球化。""发展中国家的生态治理必须立足于捍卫自身的发展权、环境权与承担全球环境责任二者辩证统一的基础上,并以此作为制定环境政策的根据。"①

目前,越来越多的发展中国家意识到自然生态环境的重要性,并开始采取措施实施保护,进行生态治理。但是发展中国家发展的水平差距较大,有的国家自然生态环境得到比较好的修复和保护,有的国家的自然生态环境非常糟糕。多数发展中国家目前在自然环境的生态治理中面临着双重压力:一方面是来自国家自身的自然环境生态压力,需要进行自身生态环境治理;另一方面是来自全球自然环境生态压力,需要进行国际生态治理合作。在目前的全球自然环境生态治理框架下,发展中国家既要处理好发展中国家之间的合作关系,又要处理好与发达资本主义国家之间的合作关系。发展中国家的自然环境生态治理是全球自然环境生态治理的重要构成部分,直接影响全球自然环境生态治理的发展趋势和走向。

(一)利用国际机制,趋利避害,促进本国生态治理发展

目前,国际社会加强对全球生态治理的关注,通过国际机制推进全球生态治理的发展。发达资本主义国家与发展中国家之间在全球环境的生态治理中存在很大分歧与争议,发展中国家在经济、技术、资金、经验等方面处于相对的劣势,再加上本身的自然环境生态问题重重,因此在与发达资本主义国家在全球自然环境的生态治理中存在巨大差距,在双方的斗争与较量中比较艰难。但是发展中国家也可以利用自身的国家数量优势和团结精神来维护自身的生态利益,在国际生态问题上利用国际机制争

---

① 王雨辰:《论发展中国家的生态文明理论》,《苏州大学学报》,2011年第6期。

取有利的外部条件,抓住机遇,减轻压力,因势利导,促进本国自然环境的生态治理。发展中国家在国际机制的规则下可以趋利避害,推进本国生态治理的发展。

全球气候治理问题成为发达资本主义国家与发展中国家之间最具代表性的一个争议性议题。在全球气候治理这个议题上,双方的生态治理任务和目标存在严重分歧,在达成的共同规则机制上,发展中国家面对的是既有机遇也有压力。抓住机遇是发展中国家的应有之道。以《京都议定书》为例,发展中国家可以利用其中相关规则促进本国的环境保护,进而推动本国环境的生态治理。《京都议定书》中规定的"排放权交易机制""清洁发展机制""联合履约机制"等是对"共同但有区别原则"的具体化,这些机制对发展中国家来说, 可以通过借助国际社会对环境保护的共同努力这一外部动力来促进本国环境的保护, 抓住环境保护的历史机遇推进本国生态治理。

具体体现在:一是"清洁发展机制"为发展中国家提供了保护环境和发展经济的机遇。《京都议定书》中规定,2012年前发展中国家不承担具体的减排义务, 因此发展中国家境内所有的温室气体排放量都可以按照《京都议定书》中的规定转变成有价商品向发达国家销售,同时利用这一机制大力发展本国的"清洁发展机制"的项目、机构、管理和实施,完善本国的"清洁发展机制"。二是排污交易机制为发展中国家提供了科学和可持续性的环境保护方法。《京都议定书》中规定的排污交易机制在实施中要确保一定特殊区域的环境质量,规定一定时期的污染物的排放总量,通过发放许可证,分配排污指标,然后在市场进行交易。这种规定对发展中国家来说,通过积极构建本国的排污交易制度能推进本国的污染治理,提高本国的生态环境质量。三是联合履约机制为发展中国家提供了一个生态治理的良好合作模式。这一机制允许国家之间或这些国家内部的企业均可联合执行限制或减少排放、增加碳汇项目、共享排放量减少单位等活动。这种机制的核心是扩大责任单位,实现区域治理。发展中国家借助这一机制不仅在本国可以加强对国内企业之间的联合污染治理,还可以实现与周边区域的国家联合污染治理,从而可以在内外共治的条件下加快对自然环境的生态治理。减轻压力是发展中国家的必要选择。同样在《京都议定书》中也包含着对广大发展中国家治理环境的巨大压力。尽管《京都议定书》中对发展中国家的减排给出了一个时间上的设定,但是最终会逐渐与发达资本主义国家的温室气体排放形成一个趋近的标准,这其中的压力是可想而知的。再有,要完成国际机制中规定的任务也并不轻松,这需要发展中国家投入资金、技术,甚至要牺牲一些短期经济效益好的发展项目。总体上来说,发展中国家在国际机制的规则面前要趋利避害,抓住机遇,促进生态治理,保护本国自然环境,维护自身的生态利益。

(二)支持联合国环境署,加强国际合作,推动全球生态治理

发展中国家在对自然环境的生态治理中面对着来自内外的双重压力与挑战:一方面,从本国自身来看,主要是发展经济与保护环境处于两难处境,既不能重复西方发达资本主义国家牺牲环境发展经济的旧路,也不能为了保护环境而不发展经济。因此,如何在二者之间实现平衡是一个历史性的难题。另一方面,从国际环境角度来说,主要面临着来自发达资本主义国家提出的不合理的国际生态环境保护义务的要求。对此,发展中国家还要与此进行国际斗争,将本国的生态治理与国际社会的生态保护义务有机地统一起来并非一件容易的事情。

联合国环境署是世界上各国参与的重要国际环境保护组织。目前,广

第十二章　发展中国家生态治理：问题与应对

大发展中国家在自然环境生态治理中面对着巨大的压力与挑战，完全依靠自己来解决简直是痴人说梦。根据环境库滋涅茨曲线，只有当人均收入达到五千美元时，才有能力保护环境。从这个定律来看，目前大多数发展中国家的人均收入是远远达不到这一标准的，发展中国家完全依靠自身的实力是无法完成对本国自然环境的生态治理的。那么有效的方式就是国际合作。国际合作是一种互利共赢的国际行为方式，发展中国家既可以与发展中国家合作，也可以与发达资本主义国家合作，在联合国的框架下积极构建各种合作机制、合作组织、合作机构，推进发展中国家对自然环境的整体保护。以自然资源为主的产品发展为例。在这个产品的国际贸易链条中，发展中国家向发达资本主义国家出口的是资源密集型产品，在这个国际贸易的价格体系中，自然资源的环境成本并没有包含在产品价格中，价格偏低。如果单个发展中国家想要采取征收环境税等方法进行自行内部化成本，这样必然影响该国产品的竞争力。可见，单个发展中国家的自我行为在国际贸易的链条中是极其不利的。因此，比较可行的办法就是相关领域的发展中国家联合起来，加强国际合作，建立统一的国际合作组织或机构，通过缔结条约或协议，形成统一的价格，在与发达资本主义国家的国际贸易中协同一致，共同应对。

发展中国家是全球生态治理的主力军，在推动全球生态治理中应从全球自然环境的整体出发，做出应有的国际贡献。发展中国家在实施生态治理过程中，既要提高本身的国家收益，改善贫困，为本国民众提供更加丰富的产品；同时在社会经济发展中要减少对自然资源的过度依赖，调整产业结构，减少自然资源产品的出口，保护本国自然环境。发展中国家应通过组织多种国际组织保护野生动植物，合作开发生态资源、建立河流海岸自然区保护等措施，从区域、全球层面推动自然环境的生态治理。

(三)提高生态认知,积极有为,创新生态治理模式

对发展中国家而言,自然环境的生态治理是一项长期的艰辛工作,需要持之以恒、坚持不懈。对大多数发展中国家来说,不论是政府还是民众,对生态治理的作用和紧迫性认识还是不足的,不能形成一种人类与自然命运一体的生态观念,这对发展中国家在未来的发展中是一个至关重要的问题。发展中国家自身不仅存在极为严重而复杂的生态环境问题,同时还面临着贫困、人口增长、城市化和工业化综合征等问题,因此发展中国家生态治理的道路是艰难又漫长的。为此,发展中国家首先必须提高生态认知。一方面,政府要以身作则,加大对生态环境的保护力度,制定完备的生态环境法律法规,设立专门的管理机关或部门,使用专业管理人员,形成政府为主导的生态环境保护格局。政府利用权力、法律、资金、人力、机制等资源从上到下,协调统一对国内生态环境的综合治理并控制环境恶化的程度与过程,通过管理和教育,控制对资源需求过度的地区的生态质量和人口数量的增加。对发展中国家而言,在承受能力有限的条件下,人口的增加将对脆弱的生态系统产生更大的损害。在人类—自然的相互作用生态系统中,一旦生态系统失衡将很难恢复,也必将对人类自身带来不可估量的危害。另一方面,民众要提高生态保护意识,增强对自然生态环境保护的认知。民众是自然生态环境中的主体,民众的自身行为直接作用于自然环境,产生直接影响。因此,民众在生态环境治理中要发挥主力军作用,从自身做起,在生态环境治理中发挥正面效应和正面影响,为自然生态系统平衡做贡献。"今后将需要由生态意识建立起来的双重引领术:其中一种是由我们自觉的理智实施的引领,另一种引领更加深刻,他来自

生命和人的所有无意识的情感源泉。"①

　　发展中国家在生态治理中要迎难而上,积极作为。发展中国家在经济发展规划中应将生态效益、生态财富、生态赤字、生态利益、生态安全等生态因素纳入经济发展的政策和过程中, 制定发展经济和保护生态的双赢战略。发展中国家要转变经济发展思路, 将经济效益与生态平衡协调起来, 将经济规划与自然系统的生态性联系起来, 制定长期发展规划和目标, 兼顾经济利益和生态效益, 强化自然生态与社会经济系统之间的联系,化解社会经济系统中存在的政策变化短期和长期结果之间的冲突。发展中国家在生态治理中要处理好多重关系和多元问题, 处理好摆脱贫困与保护资源之间的矛盾,处理好发展经济与保护自然环境之间的矛盾,处理好城市化发展和生态环境之间的矛盾, 处理好人口增长与环境承受之间的矛盾。

　　对自然环境的生态治理已经成为国际社会发展的新趋势和新方向。发展中国家应该抓住这一新的历史发展机遇,创新本国生态治理新模式,提高在国际社会中的地位和作用。历史上的悲惨命运和历史遭遇像一个沉重的枷锁一样牢牢地套在发展中国家身上,使其艰难地向前挪动。当今的世界,历史进入一个生态时代,它为发展中国家带来一个机遇。这个生态时代, 自然环境与人类命运的共同体成为世界发展的新趋势和社会发展的新航标。在这样一个时代里, 发展中国家要敢于创新自己的发展模式,在对自然环境的生态治理中走出一条适合自己的新路径。尽管现在的发展中国家也经历着发达国家的工业化污染、自然环境破坏等一系列的生态问题, 但是发展中国家却不能照抄照搬发达国家对污染的治理措施

---

① [法]埃德加·莫兰:《人本政治导言》,陈一壮译,商务印书馆,2010 年,第 137 页。

和方案,必须走一条适合自己的生态治理创新之路。目前,发展中国家中已经有很多国家率先跨入生态治理的先进行列中,并形成了自己的特有模式。如古巴的生态农业、严令禁止塑料的肯尼亚、民间环保组织的巴西、设立环境法庭的印度等,八仙过海,各显神通。发展中国家已经着手治理各种污染,保护本国的自然环境,走上加强本国生态治理的特色道路。古巴是目前生态农业发展闻名世界的发展中国家,拥有全球规模最大的生态农业。古巴在 20 世纪 60 年代开始放弃土地对化肥的依赖,走出一条种养一体化的农业自我循环的生态之路。这对大多数还依靠化肥发展农业,使用大量化学药物污染土地的国家来说是一个非常有益的启示。民间环保组织——"亚马逊人类与环境研究所"(简称 IMAZON)是巴西第一个保护亚马逊热带雨林的非政府组织,工作范围跨越整个巴西亚马逊热带雨林地区。南非、印度等国家设立环境法庭打击破坏环境的犯罪分子,从法律上加强对本国生态环境的保护。

　　尽管发展中国家在努力采取措施保护环境,治理污染,但是由于资金匮乏、技术缺乏、公民的参与度低等多种因素的影响,还不能形成鲜明有效的生态治理模式。对发展中国家来说,在自然环境生态治理的道路上依然是任重而道远。

第十三章
社会主义中国生态治理：演进与启示

    生态治理在社会主义国家的治理中是一个曲折而多元的发展。对自然环境实施的生态治理在不同国家是有差异的。从苏联忽视生态环境引发的生态环境问题，到中国缓步推进实施生态文明建设，以及古巴、越南、缅甸等国家的环境治理，无不说明自然环境生态治理的艰难。任何事物都不是一帆风顺的。社会主义国家尽管有着社会制度的优势，但是由于缺乏对自然环境问题进行生态治理的经验，也难免会走弯路、错路、歪路。认识到事物的复杂性，有克服困难的决心和毅力，再难的问题也能找到解决的方案。目前，社会主义中国等国家在对国内的自然环境生态治理中取得了独特的成效，再次为社会主义制度的优越性提供了有力的佐证。新中国成立后，历经波折，为探究自然环境的生态治理不懈努力，走出了一条颇具中国特色的社会主义生态治理之路。

一、社会主义中国实施生态治理存在先天不足

(一)薄弱的经济基础和恢复、发展经济艰巨的任务

新中国成立后,国内经济基础一穷二白。从 1840 年鸦片战争开始,连年战争严重破坏了中国经济发展的基础设施与稳定环境,中国的国民经济已经到了崩溃的边缘:一方面,基础设施严重受损。抗日战争结束后,紧接着又发生了三年的内战,在内战后期,国民党败退之前对国内基础设施进行大量的人为破坏,严重影响了经济的正常发展。另一方面,旧的经济基础相当脆弱。长达百年的半封建半殖民地状态致使中国关税不能自主,自由贸易受到严重限制;农业生产方式落后,生产力下降;工业基础薄弱,生产能力不高,服务业严重滞后;在国民经济的整个产业结构中没有形成完整的经济体系。这些问题严重制约了新中国经济的发展布局。

对新中国来说,最迫切的任务就是尽快恢复国内的基础经济,为人民提供基本的生活需要。但是新中国成立初期,国内的自然灾害加剧了发展经济的严峻性和艰难性。1950 年是中国的灾荒之年,"约有一亿二千万亩耕地和四千万人民受到轻重不同的水灾和旱灾"[①]。在天灾面前,"人民政府组织了对灾民的大规模救济工作,在许多地方进行了大规模的水利建筑工作……帝国主义和国民党反动派的长期统治,造成了社会经济的不正常状态,造成了广大的失业群。革命胜利以后,整个社会的旧经济结构在各种不同程度上正在重新改组,失业人员又有增多。这是一件大事,人

---

① 《毛泽东文集》(第六卷),人民出版社,1999 年,第 69 页。

民政府业已开始着手采取救济和安置失业人员的办法，以期有步骤地解决这个问题"①。在当时的社会状况下，新中国还没有获得有计划进行经济建设的条件，还有一些任务需要完成，主要包括加快完成土地改革，合理调整工商业的结构，大量节减国家机构所需的经费等。因此，新中国成立初期，人民政府面临的工作和任务是沉重而复杂的：不仅要继续完成解放任务，与各种危害人民的土匪、特务、恶霸及其他反革命分子和敌对势力做斗争，还要加快完成一切旧社会的改革工作，解决广大人民的失业问题，团结各界民主人士，巩固财政经济工作的统一管理和统一领导，把控财政收支平衡和物价平稳，有序推进土地改革工作。

（二）周边复杂的国际安全形势使得国家安全占据重要战略地位

新中国成立不久，以美国为首的西方国家在中国周边引发了朝鲜战争，给中国领土带来直接而严重的安全威胁。对此，毛泽东号召"全国和全世界人民团结起来，进行充分准备，打败美帝国主义的任何挑衅"②。对于美国挑起的战争，我们并不害怕，周恩来指出："我们主张和平解决，使朝鲜事件地方化"，"朝鲜事件地方化的意见，就是不使美军的侵略行动扩大成为世界性的事件"。③中国热爱和平、追求和平的努力被以美国为首的西方国家的疯狂战争破坏了。正如毛泽东所说的那样，原子弹吓不倒中国人民。在如此严峻的国际环境下，国家安全成为新中国压倒一切的任务，必须集中力量保卫国家安全。安全问题成为国家的主要问题，环境问题则是

---

① 《毛泽东文集》（第六卷），人民出版社，1999年，第69页。
② 《中华人民共和国对外关系文件集（1949—1950）》，世界知识出版社，1957年，第130页。
③ 中华人民共和国外交部、中央文献研究室编：《周恩来外交文选》，中央文献出版社，1990年，第25页。

国家的次要问题,在主要问题和次要问题的选择上,毫无疑问,国家的首选和重心当然在国家安全问题的解决上。因此,国家对环境的生态治理只能放在次要位置上。

(三)政治制度、生存压力影响了生态环境建设

新中国成立后所面临的政治生存环境是极其恶劣的。一方面,从制度性质上来说,社会主义与资本主义之间在本质上就是对立的。从第一个社会主义国家——苏维埃社会主义共和国联盟建立开始便遭到现存的资本主义国家的集体攻击与打压。不论是苏联,还是中国、越南、朝鲜等国家都因为其选择社会主义制度而遭到资本主义世界的封锁、禁运、孤立甚至战争。以美国为首的西方资本主义国家对新中国的敌视、不承认,给中国造成极大的政治生存压力。另一方面,从国际政治格局的状态来说,社会主义和资本主义两大阵营之间对抗的政治格局使得新中国与资本主义世界不能正常相处。在巨大的政治制度压力下,社会主义中国的政治制度将生存放在第一位,自然环境的生态保护暂时得不到应有的重视,"皮之不存,毛将焉附"? 如果社会主义中国的国家实体不存在了,国家自然生态环境的治理也就失去了意义。社会主义中国的政治生存是第一位的,因此新中国成立后,中国外交采取了"打扫干净屋子再请客""另起炉灶""一边倒"等外交政策,通过选择倒向社会主义苏联的外交战略改变中国孤立的外交局面,确保社会主义中国的生存。

（四）自然环境的历史性破坏导致生态治理的空白

历史上的中国是一个以农业经济为主的国家。封建时期，长期的农业生产模式和自给自足的生活方式造成对自然资源的严重依赖和天然环境的严重破坏。古代中国的生产和生活方式是以从自然界获取资料为生的。随着人口的增长，人们对土地资源的需求不断增加，于是出现毁林开荒、填湖造田、削山填壑等破坏自然环境的行为。从鸦片战争到新中国成立的百年历史加剧了中国自然环境的恶化，在此期间最主要的是连年的内外战争。战争是破坏自然环境的罪魁祸首，战争的发生毁坏了房屋田舍，烧毁了森林草木，污染了河流空气，在短时间内造成严重的环境破坏和污染。此外，政府的不作为是自然环境恶化的加速器。清政府晚期，军阀政府、革命政府、国民党政府等几乎没有把对环境的生态治理作为政府的一项任务。对这些政府来说，环境问题根本没有被纳入国家的关注范围之内，更谈不上对环境的生态治理。另外，民众的主要精力在于维持生计，生存下去，对环境的生态保护意识是不足的。由于农耕的生产方式，民众的主要任务在于如何寻求从自然界获得生存资料，尽管有时也会考虑环境资源的持续性和稳定性，但是维持生存是第一位的。

在一百多年的动荡年代，政局动荡、战乱不已，内忧外患，无论是政府还是民众都不能对自然环境给予保护，更谈不上进行生态治理了。从某种程度上来说，在这一百多年的历史中，中国的自然环境不但没有得到应有的保护和合理利用，反而遭到了前所未有的破坏，更有甚者，日本侵华战争中使用的化学武器给中国自然环境带来了长期的隐性破坏。中国自然环境破坏的历史是沉痛的、长期的，生态治理是空白的。从环境自身的生态系统平衡角度来看，如果想要恢复生态系统平衡，绝非是一个简单的短期行为,它需要一个长期的战略的生态治理。

二、社会主义中国实施生态治理的过程

社会主义苏联已经成为历史,其生态治理的失败也是导致其国家灭亡的原因之一。现存的几个社会主义国家在本国自然环境的生态治理中各有特色,在几十年的生态治理实践中探索适合自己的方法和措施。中国制定生态文明建设的新战略,全面推进生态治理;古巴在全国的农业、海滩环境、人民教育、医疗卫生领域等方面实施的生态治理举世闻名;越南、老挝等国家生态治理任务比较艰巨。新中国成立后,中国历代领导人都不同程度推进国家自然环境的生态治理,采取一定措施,取得一定进展。主要分为三个阶段:政治主导下保护环境的生态治理初期、改革发展主导下自然环境生态治理的发展阶段、新时代绿色发展主导自然环境生态治理的成熟期。由于在不同时期,国家面临的国内外形势和任务不同,生态治理的重点与措施也不尽相同。

(一)1949—1978 年,中国环境生态治理的初期阶段

毛泽东所面对的自然环境状态是历史上前所未有的。此时的自然环境受到来自多方面的压力:一方面,自然环境要继续为民众提供基本的生存资源,包括耕地、森林、草原、渔业等基本生产生活资料。历史上已经被破坏的自然环境不能继续为新中国民众提供基本的资源和和谐的居住环境,需要国家积极作为、合理修复受损的自然环境和科学使用自然资源。这是新中国不可回避的现实问题。另一方面,自然灾害影响甚至制约了国内的经济发展和民众的生存,需要新中国采取有效的生态治理举措。新中

国要恢复基础经济需要最基本的自然资源和生态的自然环境,但是由于自然环境缺乏长期的保护和管理,从而导致环境的生态系统受到严重破坏,再加上自然灾害的发生影响了经济的正常发展。

20世纪50年代,中国的自然环境问题主要表现在水患、鼠患、生活环境恶劣、水土流失等直接关系民众基本生活、基本生产的问题。中国的水域生态问题主要集中在淮河、黄河、长江等主要水域,淮河、黄河、长江的河流出现决堤、洪水泛滥等水灾对沿河百姓的生命财产造成严重的破坏,不仅如此,水灾过后的疫情也威胁百姓的生命健康。因此,对这些河流水域的治理成了环境生态的主要内容,具体就是解决对人民群众的生命财产安全有重大威胁的大江大河的治理,以及为了快速恢复国民经济实施的农田水利建设。50年代,国家开始加强对主要水域环境的生态治理。毛泽东在对《征询对农业十七条的意见》中所写的意见是同流域规划相结合,大量地兴修小型水利,保证在七年内基本上消灭普通的水灾旱灾。从1950年12月开始,治淮工程陆续开工,淮河上游、中游、下游共有八十万民工参加治淮,奋战八十天,建成了一条长达一百六十八千米的苏北灌溉总渠,取得了治淮工程初步成效。此外,荆江分洪工程、引黄济卫灌溉工程、官厅水库等重大水利工程顺利建成,这些工程的完成都体现了对水域治理的综合性和协调性,体现了生态治理的基本理念。从1953年开始,全国各地普遍开展了以农田灌溉为主要内容的小型水利建设,重点是在华东、中南等农田水利建设所占比重较少的地区。同时,对水域的环境治理开始从单一治理发展到综合开发利用,逐步实行"旱、洪、涝兼治,蓄、引、提结合"的综合治理措施,以小型为主,大、中、小相结合,建设了多种多样的农田水利设施。

20世纪50至70年代,全国进行植树造林,实施消灭荒山,进行绿化祖国的环境治理运动。1949年,毛泽东主持制订的《中国人民政治协商会议共同纲领》中就提出"保护森林,并有计划地发展林业"的方针。1950年,中华人民共和国政务院发布了《关于全国林业工作的指示》,确立了"普遍护林,重点造林"的方针。毛泽东在1955年12月21日的《征询对农业十七条的意见》中指出,"在十二年内,基本上消灭荒地荒山,在一切宅旁、村旁、路旁、水旁,以及荒地上荒山上,即在一切可能的地方,均要按规格种起树来,实行绿化"①。1955年10月11日,毛泽东在扩大的党的七届六中全会上所作结论中指出:"农村全部的经济规划包括副业,手工业……还有绿化荒山和村庄。""我看特别是北方的荒山应当绿化,也完全可以绿化。""南北各地在多少年以内,我们能够看到绿化就好。这件事情对农业,对工业,对各方面都有利。"②1958年1月4日,毛泽东在中央工作会议上指出:"绿化。四季都要种。今年彻底抓一抓,做计划,大搞。"③1958年8月,毛泽东在中央政治局扩大会议上指出:"要使我们祖国的河山全部绿化起来,要达到园林化,到处都很美丽,自然面貌要改变过来。""各种树木搭配要合适,到处像公园,做到这样,就达到共产主义的要求。""农村、城市统统要园林化,好像一个个花园一样。"④1963年5月27日发布了《森林保护条例》。1967年9月23日,毛泽东批准下发了《中共中央、国务院、中央军委、中央文革小组关于加强山林保护管理、制止破坏山林、树木的通知》。1973年11月发布的《国务院关于保护和改善环境的若干规定(试行草案)》提出了"全面规划,合理布局,综合利用,化害为利,依靠群众,大家动手,保护环境,造福人民"的方针。

---

①② 《毛泽东文集》(第六卷),人民出版社,1999年,第513页。

③ 《毛泽东论林业》(新编本),中央文献出版社,2003年,第44页。

④ 同上,第51页。

在中国环境生态治理的初级阶段,主要集中在与民众生产生活相关的层面,解决最迫切的环境问题,治理最主要的环境问题。基于当时中国面临着严峻的国际形势,国内环境的生态治理受到影响,不能得到长期的关注与重视,对环境的生态治理只能停留在初级阶段。到 20 世纪六七十年代,由于国内政治局势的影响和大生产运动的展开,环境的生态治理受到制约甚至停止,一些人为的破坏因素反而增加,环境的生态治理已经难以为继。

(二)1979—2012 年,中国环境生态治理的发展阶段

党的十一届三中全会的召开开启了中国改革开放的新历程。邓小平针对国内自然环境的恶劣现状开始实施生态保护措施。党的十一届三中全会调整了中国经济发展的方向和路线,提出实施改革开放的基本方针,全国的重心转移到发展生产力上面来。从 20 世纪 80 年代开始,国内日益恶化的自然环境受到国家领导人的高度重视,采取措施实施生态治理,进行生态补偿与生态优化,开始修复生态环境。主要表现在三个方面:

一是国家把保护环境当作一项政治任务,并制定保护环境的基本国策。1982 年,党的十二大开始把环境保护的理念贯穿到政治报告中去,提出经济发展要提高经济效益、节约资源、降低消耗。1982 年 12 月召开的第二次全国环境保护会议明确规定,环境保护是我国的一项基本国策。1987 年,党的十三大报告提出必须转变生产理念,指出人口控制、环境保护、生态平衡是关系经济和社会发展全局的重要问题。此外,国务院通过三个重要决定,即 1981 年 2 月 24 日的《国务院关于在国民经济调整时期加强环境保护的决定》、1984 年 5 月 8 日的《国务院关于环境保护工作的决定》、1990 年 12 月 5 日的《国务院关于进一步加强环境保护工作的决

定》,确定了中国环境保护的三个基本政策思想,即环境问题"预防为主"的政策,"谁污染、谁治理"的政策与强化环境管理的政策。

二是突出加强对森林植被的重建,修复森林生态环境。20世纪70年代,国内的森林环境生态遭到严重破坏,危及民众的生活环境和生产条件,国家开始加强对森林环境的生态治理,为此全国开展植树造林、绿化祖国运动。1978年11月,国务院决定实施"三北"防护林建设工程,开创了我国生态建设的先河。1981年,第五届全国人民代表大会第四次会议通过了《关于开展全民义务植树运动的决议》,1982年11月国家召开全军植树造林总结经验表彰先进大会。国家林业部1990年5月在长江中上游开始全面实施防护林建设工程。

三是构建环境法制监管体系,生态治理规范化、制度化。在对环境的生态治理中,局部的、分散的、孤立的治理措施很难解决环境的生态系统问题,于是国家开始出台法律法规从整体上统一治理。1978年,邓小平提出:"应该集中力量制定刑法、民法、诉讼法和其他各种必要的法律,例如工厂法、人民公社法、森林法、草原法、环境保护法、劳动法、外国人投资法等等,经过一定的民主程序的讨论通过,并且加强检察机关和司法机关,做到有法可依、有法必依、执法必严、违法必究。"[①] 1978年开始实施的"三北"防护林工程建设范围包括东北、华北、西北地区的13个省(区、市)的551个县(旗、市、区),现已进入第四期。我国49%的规划造林地、83%的荒漠化土地、85%的沙化土地都在"三北"地区。1979年2月颁布的《中华人民共和国森林法》是新中国成立后第一部关于森林保护的法律。在20世纪80年代,国家通过诸多法律加强对环境的生态治理。从1988年

---

① 《邓小平文选》(第二卷),人民出版社,1994年,第146~147页。

开始,先后在青海、西藏、江西、湖北等 18 个省(区、市)的 1035 个县启动实施长江流域防护林体系建设工程。1989 年正式通过《中华人民共和国环境保护法》《中华人民共和国大气污染防治法》《中华人民共和国水污染防治法》《中华人民共和国海洋环境保护法》《中华人民共和国森林法》《中华人民共和国草原法》《中华人民共和国水法》《中华人民共和国水土保持法》等。在这些法律基础上为环境的生态治理建立了相关的具体制度,包括环境影响评价制度、"三同时"制度①、排污收费制度、环境保护目标责任制度、城市环境综合整治定量考核制度、排污许可证制度、污染限期治理制度、污染集中控制制度等。总的来说,在改革开放前十年,我国环境生态治理的主要重心在于环境生态治理的制度建设,通过制度的制定与实施,将环境的生态治理纳入有计划的框架中,实现治理与预防的相结合。

江泽民实施环境生态治理的建设阶段。20 世纪 90 年代,中国面临着发展生产与资源环境之间的严重矛盾, 环境生态治理的主要任务是如何协调发展与环境之间的关系,实现人与自然的和谐。对此,国家从三个方面采取生态治理措施:

一是通过制度措施修复生态环境。国家实施退耕还林工程,全国范围实施森林环境生态治理。从 21 世纪开始,国家通过一系列的退耕还林政策,对全国的森林生态系统进行全方面治理,先后通过《关于进一步做好退耕还林还草试点工作的若干意见》(国发〔2000〕24 号)、《关于进一步完善退耕还林政策措施若干意见》(国发〔2002〕10 号)、《退耕还林条例》

---

① "三同时"制度,是指对环境有影响的一切基本建设项目、技术改造项目和区域开发建设项目,其防止污染和生态破坏的设施必须与主体工程同时设计、同时施工、同时投产使用的法律规定。

《关于完善退耕还林政策的通知》(2007 年 8 月),《退耕还林工程规划》(2001—2010 年),退耕还林 1467 万公顷。退耕还林工程从 1999 年试点启动至 2008 年年底,全国累计实施退耕还林约 2700 万公顷,工程造林占同期全国六大林业重点工程造林总面积的 52%,相当于再造了一个东北、内蒙古国有林区。退耕还林工程范围涉及全国 25 个省(区、市)及新疆生产建设兵团的 2279 个县级单位,3200 万农户 1.24 亿农民从中受益。这个工程的实施在一定程度上改善了国家的森林生态系统,对水土流失、防治风沙、动物植物生存环境等有了一定的改善。

二是将环境治理与保护上升为国家的主要任务,指出社会全面和可持续发展的战略地位和生态环境的重要性。党的十四大首次提出将环境治理和保护作为 20 世纪 90 年代改革和建设的主要任务,强调认真执行控制人口增长和加强环境保护的基本国策,"要增强全民的环境意识,保护和合理利用土地、矿藏、森林、水等自然资源,努力改善生态环境"①。1995 年,党的十四届五中全会将可持续发展战略纳入"九五"和 2010 年中长期国民经济和社会发展计划,要求把社会全面发展放在重要战略地位,大力推进经济与社会相互协调和可持续发展。1996 年 7 月 16 日的第四次全国环境保护会议指出可持续发展战略要做好"五个方面"②的工作,强调要改变"两高两低"③,突出了环境问题的重要性和紧迫性。

三是加强环境资源有效利用和管理,突出生态环境治理问题,促进人

---

① 常健:《中国经济体制改革四十年与人权事业发展》,《理论探索》,2019 年第 1 期。

② "五个方面"是指:第一,坚持节约利用各种自然资源,协调发展第一、第二、第三产业;第二,控制人口增长,提高人口素质;第三,消费结构和消费方式不能脱离生产力发展水平,要有利于环境和资源保护;第四,加强环境保护的宣传教育,增强环保意识;第五,遏制和扭转一些地方资源受到破坏、生态环境恶化的趋势。

③ "两高两低"是指高投入、低产出,高消耗、低效益。

与自然的和谐。2000年3月,江泽民在中央人口资源环境工作座谈会上反复强调,要在全国实行最严格的资源管理制度,坚持"在保护中开发,在开发中保护"的总原则不动摇;要努力提高资源利用水平和效率,走资源节约型的经济发展之路。2003年4月,又成立了国家林业局营造林质量稽查办公室,负责对全国造林质量实施监督等各项工作。围绕"质为先"的工作要求,国家林业局先后颁布了《造林质量管理暂行办法》《营造林质量考核办法》《造林质量事故行政责任追究制度的规定》《造林质量举报工作管理的暂行规定》等一系列制度和管理办法,相继规定了造林作业设计审批制,种苗"一签两证"制,营造林工程项目法人制、招投标制、监理制、报账制等。2003年年底,在收集整理全国森林培育技术标准的基础上,国家林业局出版了《全国森林培育技术标准汇编》,2009年又发布了《人工造林质量评价指标》。2002年,党的十六大报告提出加强生态环境建设,建设小康社会要实现"促进人与自然的和谐,推动整个社会走上生产发展、生活富裕、生态良好的文明发展道路"。在此阶段,中国的环境生态治理从认识到措施都有了提高,国家社会经济发展方式开始转变,把生态问题摆到经济社会发展的突出位置,意识到生态环境对社会经济发展的重要性,意识到对环境问题进行生态治理的必要性。

胡锦涛实施环境生态治理的发展阶段。进入21世纪,中国社会的经济发展与环境资源之间出现新的矛盾和问题,国家环境生态治理需要应对这些新问题。主要采取以下措施:

一是提出科学发展观作为生态治理的基本指导理论。对环境实施生态治理本质上就是要解决人的发展问题与环境生态之间的矛盾,要实现人与自然之间的和谐发展。《中共中央关于完善社会主义市场经济若干问题的决定》提出要树立新的发展观,实现"以人为本"的全面、协调、可持续发展。在具体的实施上,先后提出了"五个统筹"①和"三个统筹"②,这八个统筹体现了统一协调的新观念,也就是科学发展,为环境生态治理提供科学的理论指导。

二是通过构建新型社会关系和经济发展方式,实现对环境资源的减压。2004年,党的十六届四中全会通过的《中共中央关于加强党的执政能力建设的决定》中提出构建新社会要体现出人与自然和谐相处。2005年3月,中央人口资源环境工作座谈会正式提出建立资源节约型、环境友好型社会发展目标。2005年7月的《关于加快发展循环经济的若干意见》提出:"调整经济结构和转变经济增长方式是缓解人口资源环境压力的根本途径",必须大力发展循环经济。2006年3月,全国人大十届四次会议通过落实资源节约和环境保护基本国策,建设"资源节约型+环境友好型"的社会。2006年10月,党的十六届六中全会把解决危害群众健康和影响可持续发展的环境问题作为重点,从源头上控制污染,强化企业和全社会节约资源保护环境的责任。

三是实施生态文明建设将对环境生态治理提升到国家战略高度。环境的生态治理需要国家进行战略层面的规划,从宏观上作出整体战略部署,从根本上解决资源环境与社会经济发展之间的矛盾。"建设生态文明,实质上就是要建设以资源环境承载力为基础、以自然规律为准则、以可持续发展为目标的资源节约型、环境友好型社会。"③资源环境与社会发展是相辅相成的,进行生态文明建设就是要协调环境资源与社会发展之间的

---

① "五个统筹"是指"统筹城乡发展、统筹区域发展、统筹经济社会发展、统筹人与自然和谐发展、统筹国内发展和对外开放"。

② "三个统筹"是指统筹中央和地方,统筹个人利益和集体利益、局部利益和整体利益、当前利益和长远利益,统筹国内和国际两个大局。

③ 《胡锦涛文选》(第三卷),人民出版社,2016年,第6页。

矛盾。党的十七大明确提出："建设生态文明，基本形成节约能源资源和保护生态环境的产业结构、增长方式、消费模式，循环经济形成较大规模，可再生能源比重显著上升。"党的十七届四中全会将生态文明建设提升为国家"五位一体"建设目标之一，作为国家建设的五大战略目标之一。党的十八大报告明确提出生态文明建设的具体措施。①生态文明建设为环境生态治理提供了发展的目标与方向，促进了环境生态治理的大发展。

（三）2013 年至今，中国推进生态治理的阶段

党的十八大为中国环境的生态治理制订了宏观战略，党的十九大加速推进中国环境生态治理的实施。习近平担任国家领导以来，大力推进生态文明建设，创新生态治理举措。从制度、法规规章到体制，实施顶层设计、全面部署、严格监督，全面深入推进，中国环境生态治理进入历史性推进阶段。

进行顶层设计，实施战略部署。对环境的生态治理需要国家自上而下的统筹部署，统一安排。党的十八大、十九大先后从国家战略高度出发，对生态文明建设提出了具体的实施路径，明确了环境生态治理的具体路线图，推进了中国环境生态治理的历史进程。

设立示范园区样本，发挥生态治理带动效应。根据自然环境的整体性、系统性、外溢性，国家在对环境的生态治理中遵循自然环境的规律和生态属性设立长江经济带，京津冀协同治理区，自然环境保护区，野生动植物保护区、生态县和生态城等，为美丽中国建设提供样本和范例。

生态理念制定环境生态治理机制。河长制、湖长制等新的生态治理机

---

① 具体措施主要是指：第一，优化国土空间开发格局；第二，全面促进资源节约；第三，加大自然生态系统和环境保护力度；第四，加强生态文明制度建设。

制是从生态环境的自身属性出发,制定科学的管理责任机制。环境保护贵在长效,如何确保生态环境在保护和治理后能够长期得到维护和稳定发展是至关重要的问题,因此制定一个负责任的长效机制极为重要。根据河流、湖泊等自然环境的生态领域设立监管机制是一个创新机制,河长制、湖长制的制定对维护河流、湖泊等自然生态的系统平衡有着重要的作用。2017年年底,沿江十一省市完成生态保护红线的划定工作,全面建立生态保护红线制度。2018年4月24日,习近平到长江沿岸考察调研长江生态环境修复工作,强调长江经济带建设要共抓大保护、不搞大开发,不是说不要大的发展,而是首先立个规矩,把长江生态修复放在首位,保护好中华民族的母亲河,不能搞破坏性开发。通过立规矩,倒逼产业转型升级,在坚持生态保护的前提下,发展适合的产业,实现科学发展、有序发展、高质量发展。

建立严格的监督制度,设立生态底线和生态红线,加大生态治理监管的力度。生态修复是一个持久的工作,需要重点监督考察把关。长江是中国的母亲河,习近平高度关注长江流域的生态环境。2016年1月5日,习近平在重庆召开推动长江经济带发展座谈会强调,当前和今后相当长一个时期,要把修复长江生态环境摆在压倒性位置,共抓大保护,不搞大开发,要让中华民族的母亲河永葆生机活力。2013年,中国施行了"绿篱行动",要求所有进口废弃塑料瓶必须清洗干净、处理成碎片,未经处理的废弃塑料瓶禁止入境。2017年年底之前,中国将紧急禁止四类共二十四种固体废物入境。

实施区域联合生态治理战略。从2014年9月,"长江经济带"发展正式上升为国家战略;到2014年12月,"长江经济带"与"一带一路""京津冀"一起列为新时期优化我国经济发展空间格局的"三大支撑带战略";再到 2017 年 2 月颁布的《全国国土规划纲要（2016—2030）》，再次明确"长江经济带"发展肩负谋划我国区域发展新格局、拓展区域发展新空间的重大历史使命，"长江经济带"对我国的经济发展越来越重要。在生态保护方面，2016 年 9 月，《长江经济带发展规划纲要》印发，这是我国首个把生态文明、绿色发展作为首要原则的区域发展战略。2017 年 7 月，多部门印发《长江经济带生态环境保护规划》，"从水资源利用、水生态保护、环境污染治理、流域风险防控等方面提出更加细化、量化的目标任务，要努力把'长江经济带'建成中国经济版图上的'绿腰带''金腰带'"①。

加强法律机构的建设，组建生态环境部，加强环境生态治理的统一管理。2018 年 1 月，中国正式启动新法规，禁止进口所谓的"洋垃圾"②，2018 年 1 月 1 日起施行《中华人民共和国环境保护税法实施条例》。中国政府进行机构重组，取消环境部，组建生态环境部，这一机构的调整与设置表明国家在环境问题的解决上将生态理念纳入国家的整体规划之中。

制定路线图和时间表，明确生态治理的具体任务指标。2018 年 5 月 18 日—19 日，习近平在全国生态环境保护大会上确定了建设美丽中国的"时间表"和"路线图"。一个时间表就是 2035 年美丽中国目标基本实现。具体的路线图就是六个原则和十三个具体指标，重点解决损害群众健康的突出环境问题。"一是坚持人与自然和谐共生，坚持节约优先、保护优先、自然恢复为主的方针。二是绿水青山就是金山银山，贯彻创新、协调、绿色、开放、共享的发展理念。三是良好生态环境是最普惠的民生福祉，坚持生态惠民、生态利民、生态为民，重点解决损害群众健康的突出环境问

---

① 《推动长江经济带高质量发展》，《中华环境》，2019 年第 1 期。

② "洋垃圾"指的是国家明文规定禁止进口的危险废物、生活垃圾和不可再利用的固体废物。

题。四是山水林田湖草是生命共同体，要统筹兼顾、整体施策、多措并举。五是用最严格制度最严密法治保护生态环境，加快制度创新，强化制度执行。六是共谋全球生态文明建设，深度参与全球环境治理。"①在这次会议上，习近平提出了具体工作的十三个指标。②这个"原则+指标"的环境生态治理的路线图具有重要的现实意义和实践价值。

三、社会主义中国生态治理面临的困境与问题

社会主义中国在世界发展的道路上属于后发国家，尽管在社会经济发展中意识到环境污染问题的严重性，也采取了一些措施，但是环境生态

---

① 《建设"美丽中国"，习近平提出这么干》，http://news.cnr.cn/native/gd/20180520/t20180520_524239887.shtml，2018 年 5 月 20 日。

② 十三个具体指标是：1)要以空气质量明显改善为刚性要求，强化联防联控，基本消除重污染天气，还老百姓蓝天白云、繁星闪烁。2)要深入实施水污染防治行动计划，保障饮用水安全，基本消灭城市黑臭水体，还给老百姓清水绿岸、鱼翔浅底的景象。3)要全面落实土壤污染防治行动计划，突出重点区域、行业和污染物，强化土壤污染管控和修复，有效防范风险，让老百姓吃得放心、住得安心。4)要持续开展农村人居环境整治行动，打造美丽乡村，为老百姓留住鸟语花香、田园风光。5)优化国土空间开发布局，调整区域流域产业布局，培育壮大节能环保产业、清洁生产产业、清洁能源产业。6)推进资源全面节约和循环利用，实现生产系统和生活系统循环链接。7)倡导简约适度、绿色低碳的生活方式，反对奢侈浪费和不合理消费。8)要把生态环境风险纳入常态化管理，系统构建全过程、多层级生态环境风险防范体系。9)要加快推进生态文明体制改革，抓好已出台改革举措的落地，及时制定新的改革方案。10)要充分运用市场化手段，完善资源环境价格机制，采取多种方式支持政府和社会资本合作项目，加大重大项目科技攻关，对涉及经济社会发展的重大生态环境问题开展对策性研究。11)要实施积极应对气候变化国家战略，推动和引导建立公平合理、合作共赢的全球气候治理体系，彰显我国负责任大国形象，推动构建人类命运共同体。12)要建立科学合理的考核评价体系，考核结果作为各级领导班子和领导干部奖惩和提拔使用的重要依据。对那些损害生态环境的领导干部要真追责、敢追责、严追责，做到终身追责。13)要建设一支生态环境保护铁军，政治强、本领高、作风硬、敢担当，特别能吃苦、特别能战斗、特别能奉献。各级党委和政府要关心、支持生态环境保护队伍建设，主动为敢干事、能干事的干部撑腰打气。

治理的任务依然艰巨。对于社会主义中国来说,面临着发展经济与保护环境的双重任务,存在着博弈困境。关于生态治理问题,我国公众普遍认为,为了更好地推进生态治理,需要着重采取举措:包括应该明确政府、市场、社会的关系与职责,进一步建立健全考核机制、考核体系,构建系统科学的生态文明评价体系,加大区域间的联治联控力度,拓宽公众参与渠道,鼓励公众参与,鼓励和支持企业社会责任的健全,加大节能环保、资源循环利用等技术的研发和投入,建立健全生态补偿机制等方面。可见,我国环境生态治理中还存在多方面的问题与不足。

(一)历史生态治理赤字难以短期消除

在某种程度上,中国古人是比较注重生态环境治理的。从现存的资料中不难发现,中国历史上存在过生态治理的成功典范,如大禹治水、修建都江堰等。但是进入 19 世纪中期以后,清朝统治的腐败与经济生产的落后使得中国生态环境向着不良的方向发展。西方资本主义国家的战争侵略和对中国资源的掠夺性开采加剧了中国生态环境的恶化。日本对中国的侵略更是残忍、残酷,对中国资源的掠夺更加触目惊心。连年不断的战争将中国的生态环境推入一个艰难的境地。森林的任意砍伐,矿藏的胡乱开采,土地的肆意使用,污水、气体的随意排放,中国农村环境、城市环境都遭到严重的破坏,生态负债严重。尽管新中国成立以来,历届国家领导人都采取了生态治理举措, 但是依然不能在短期内消除历史上长期形成的生态治理赤字,不能在短时间内改善生态环境的恶劣困境。

(二)环境污染和二次污染给生态治理带来严峻考验

环境污染与发展相伴而行的现实是不容忽视的。新中国成立以来,尽管采取了措施对环境污染问题进行预防、管理、控制以及治理,但是污染问题依然很严峻。工业化生产的污染问题并没有因为制度的选择而自然回避。对环境污染问题的解决依然需要法律、科技、政策、财政等措施多管齐下,对任何一个方面的忽视都有可能导致环境污染的不期而至。事实表明,中国的环境污染问题并没有自动回避。中国的环境污染尽管得到一定程度的重视和治理,但是污染的后遗症依然很严重。化学工业的二次污染、土地肥料的转嫁污染等成为生态治理的新问题。目前,中国环境生态治理中的污染问题依然很突出,"环境污染突出,环境状况总体恶化趋势还没有根本遏制,一些重点流域水污染严重,部分城市灰霾现象凸显,环境群体性事件增多;生态系统退化,全国水土流失面积占国土面积百分之三十七,沙化土地面积占百分之十八,百分之九十以上的草原不同程度退化,地面沉陷面积扩大,生态系统破坏带来的自然灾害频发"①。中国环境生态治理之路依然充满荆棘。

(三)环境资源短缺与社会经济发展之间的矛盾依然比较突出

资源与环境是社会经济发展的前提与基础,如果资源不足、环境失衡将严重制约社会经济发展。中国是一个资源短缺的国家,在工业化发展的进程中,有限的资源很难继续支撑现有的经济发展方式,尤其是工业资源出现的"资源约束收紧,我国石油对外依存度已上升到百分之五十六点七,重要矿产资源对外依存度也在快速上升,我国年均缺水量达五百三十六亿立方米,三分之二的城市缺水,耕地已近十八亿亩红线"②,资源短缺已经影响到社会经济的可持续发展。我国的环境问题压力很大,水污染、

---

① 《胡锦涛文选》(第三卷),人民出版社,2016年,第609~610页。

② 同上,第609页。

空气污染、土壤污染、噪音污染等众多环境问题也已经严重影响人们的生产与生活。社会经济发展离不开充足的资源与和谐的环境，但是环境资源已经不能担负社会经济发展的需要了。

(四)环境生态系统严重受损,生态治理的法规机制还不健全

中国环境的生态系统依然存在不均衡，尤其是一些偏远的地区和农村，一些地方干部依然为了自己的私利伙同不法牟利企业继续与国家的生态文明建设背道而驰,继续破坏自然资源,对生态政策法规置之不理,中国环境的整体生态状态并不乐观。尽管,从党的十八大以来,国家加大了对生态环境治理的顶层设计和法制建设，但是法规机制存在的落实困难、监督不力,导致一些机制形同虚设,致使生态系统的恢复和修复周期漫长,效果缓慢。

(五)公民生态环保意识依然不足

公民生态环保意识是一种对环境生态情感自我认知的潜意识。这种意识是公民生态素质的组成部分，是一种对人与自然关系认知的内化素养。公民生态环保意识不足表现为,公民在日常的行为中不能用生态理念对待环境,不能有意识地保护环境。公民生态环保意识不足的危害是严重的,它导致诸多"公地悲剧"的形成,环境的恶性发展,制约对环境的科学保护,严重破坏环境的生态系统和生态平衡。公民不能将生态保护纳入自己的意识中,不能将生态意识纳入日常的生产生活中。

公民生态环保意识不强是有多种原因的:一是传统文化中的生态保护理念不足。中国传统文化强调的是儒家文化的伦理道德理念,对自然界的保护尤其是生态系统方面的观念比较淡薄。传统文化中生态观念的淡

薄影响公民生态保护意识的形成。二是国家的教育体制与内容中,对环境保护的生态知识比较淡薄。从幼儿园到大学的教育系统中,几乎没有专门的体制倡导生态保护的意义,几乎很少内容涉及对生态保护的基本知识。这种淡薄将影响公民生态保护意识的养成。三是社会媒体的生态责任意识不强,影响公民生态保护意识的形成。公民生态环保意识的养成离不开外部环境的熏陶和影响。从媒体广告、企业文化、影视作品到大众意识,生态环保是稀缺产品,是非主流意识,公民很难从社会媒体的环境氛围中受到生态环保的感染。

(六)中国环境生态治理中的行为主体协调不足

生态治理产品作为一项公共物品,不仅需要政府的大力提供,也需要公民(享受生态治理成果的人)以及企业(第三部门)的共同参与。但是在中国环境生态治理中,政府是环境生态治理的主导者,不论是环保政策的制定,环境污染的监督,实施生态治理措施,几乎全部依赖政府来操作。中国政府在对环境的生态治理中占据主导地位,公民的参与、社会的监督、企业的自律在环境生态治理中是比较欠缺的。中国环境生态治理中的行为主体主要是政府,在对环境问题的生态治理中主要通过行政手段,如区域限批、环境执法和总量控制等。政府在实施生态治理过程中,存在中央与地方之间的不同步问题,一些污染问题的处理机制不能有效落实,价格机制、排污权交易和碳交易市场的运行机制、监督机制存在不健全问题。社会各界力量在环境生态治理中的作用发挥不足,在监督、督促政府和市场的行为中缺乏有力作为。此外,在环境生态治理中,还没有形成一批有影响的致力于生态问题的智库研究机构。在政府、社会各界与研究机构的各自行为中,缺乏一个有机的协调机制,不能形成合力,有效地实施对环境的生态治理。

社会主义中国的环境生态治理中存在的问题是很多的。当然，存在的这些问题是由多种原因造成的。中国自然环境生态治理中的问题既是一个历史问题又是一个发展问题，"一方面是因为我国人口众多、资源短缺、环境容量有限、生态环境脆弱，加之我国发展很快，发达国家几百年发展进程中逐渐显露的问题在我国被压缩到几十年中显现；另一方面是经济发展方式没有根本改变，生态文明理念没有牢固树立，生态不文明的做法还很普遍"①。

四、社会主义中国实施生态治理的启示

社会主义国家中的中国的生态治理成效是较突出的，尤其是中国推进生态文明建设以来所取得的成就引人注目，国际人士给予积极肯定的评价：荷兰阿姆斯特丹商学院教授弗朗索瓦认为，中国在生态文明建设方面积极作为，为世界做出了表率，将惠及世界。墨西哥的中国问题专家阿尔伯特·罗德里格斯指出，大力推进生态保护、恢复绿水青山的重大行动让中国人回到人与自然和谐相处的道路上来。印度德里大学教授拉尔认为，中国的生态文明建设很重视顶层设计，这让中国人民在环保领域持续发力。美国国家人文科学院院士小约翰·柯布博士指出，中国对生态文明建设的重视给世界带来了希望，中国可以成为全球生态文明建设领域的领头者。美国国际问题研究所中国问题专家赛斯·卡普兰表示，对中国积极推进生态文明建设并将取得成功的前景持乐观态度。俄罗斯科学院远

---

① 《胡锦涛文选》（第三卷），人民出版社，2016 年，第 610 页。

中外生态思想与生态治理新论

东研究所首席研究员弗拉基米尔·彼得罗夫斯基表示,中国是全球生态文明建设的重要贡献者和引领者,其加快推进生态文明建设的努力和成果都将惠及周边国家。社会主义中国的环境生态治理中既有问题也有成就,既有经验也有教训,在探索中不断创新自己的治理经验和举措,通过近几年的观察发现,社会主义中国的环境生态治理走出了一条自己独特的道路,对于世界其他国家来说具有一定的启发意义。

(一)政治任务是实施生态治理的基本保障

环境的生态治理是中国的大政治,环境问题也是政治问题。从新中国成立以来,中国坚持社会主义制度不变,为环境生态治理的持续推进提供了制度保障。中国历代领导人在坚持社会主义制度的道路上与时俱进,改革创新,将对国内环境问题的生态治理上升到政治高度,看作一项政治任务,从而确保了环境生态治理的基本路线不动摇。毛泽东不仅注重国内的环境保护与社会建设,就是对当年中国人民志愿军在朝鲜的斗争和战争中也不忘记对朝鲜的环境保护。在 1951 年 1 月 19 日,毛泽东作出指出:"中国同志必须将朝鲜的事情看做自己的事情一样,教育指导员战斗员爱护朝鲜的一山一水一草一木,不拿朝鲜人民的一针一线,如同我们在国内的看法和做法一样,这就是胜利的政治基础。"[1]习近平在十八届中央政治局常委会会议上发表的讲话,强调"我们不能把加强生态文明建设、加强生态环境保护、提倡绿色低碳生活方式等仅作为经济问题,这里面有很大的政治"[2]。习近平 2018 年 5 月 18 日—19 日在全国生态环境保护大会上强调,生态环境是关系党的使命宗旨的重大政治问题。正是因为中国将环

---

[1] 《毛泽东文集》(第六卷),人民出版社,1999 年,第 130~131 页。

[2] 《习近平关于社会主义生态文明建设论述摘编》,中央文献出版社,2017 年,第 3 页。

境的生态治理上升到政治的高度,看作政治任务,才能在不同的时代不同的环境下坚持对环境的生态治理，才能不断取得对环境生态治理的新认识和不断进步。

(二)法规、体制与监督,三管齐下是实施生态治理的有效手段

中国几十年的生态治理的实践表明，环境生态治理是一项长期的复杂工程,它不仅需要国家的统一规划和部署,更离不开健全的法规、体制和相关的监督。从中国生态治理的过程来看,对环境生态治理的措施在不断地调整和完善。根据社会经济的发展变化,环境问题的变化,需要对环境治理的法律法规的细则进行不断的修改、丰富和补充,从《中华人民共和国环境保护法》《中华人民共和国大气污染防治法》《中华人民共和国水污染防治法》《海洋环境保护法》《中华人民共和国森林法》《中华人民共和国草原法》《中华人民共和国水法》《中华人民共和国水土保持法》等法律到具体的实施规则,如《关于进一步做好退耕还林还草试点工作的若干意见》《关于进一步完善退耕还林政策措施若干意见》《退耕还林条例》《关于完善退耕还林政策的通知》《退耕还林工程规划》,以及《中华人民共和国环境保护税法实施条例》等。此外,还需制定加强监督的责任机制,确保生态治理的持续和稳定。

(三)统一领导、顶层设计和宏观指导是实施生态治理的有效办法

中国是共产党领导的社会主义国家，党的领导在民主集中的体制下发挥着有效的作用。正是中国共产党的责任感、使命感、危机感、时代感在社会主义中国发展的不同阶段对生态环境的高度关怀和科学规划,才使得中国在几十年的发展中乘风破浪,披荆斩棘,不断前进。社会主义中国

是党中央在全面规划制定生态治理的计划、政策,颁布统一的法令、法规,实现全国一盘棋,上令下行,能够防止地方的各行其是。这符合生态的系统整体性特征。如果没有国家统一的部署和规划,没有自上而下的统一指导,生态环境很难从整体上得到有效的治理。如果全国地方各行其是、各自为政,生态环境将不能从生态系统上保持基本的平衡,生态环境的治理也将不能得到整体的效果。从实质上来说,要想实现生态均衡,环境的质量保障,需要在完整的生态系统内得到保护与维持。因此,国家中央政府的统一部署和安排就能确保全国范围的生态环境得到统一的保护与管理,形成全国范围的有效环境管控。中国的生态环境在一定时间得到快速的改善和提升与国家中央政府的顶层设计、统一规划有着密切的关系。

(四)国际合作是实施生态治理的基本途径

中国的环境生态治理不是单打独斗,不是自我封闭的孤芳自赏,而是携手共建,春芳满园。中国在对环境实施生态治理的道路上不寂寞、不孤独。一方面,中国与邻国以及区域内的国家之间开展区域生态合作治理,突破国界对环境生态系统的制约,实现环境生态的协同治理。如中国与中南半岛上湄公河流域的国家建立水域环境合作治理机制,中国与俄罗斯建立中俄边境野生动物保护区等。另一方面,中国积极参与全球环境生态治理的国际会议、国际组织,积极与联合国中的部门组织和世界各国寻求合作治理,走一条联合协作、携手合作的共建共享之路。2017 年 12 月 5日,联合国环境署携手中国、肯尼亚政府建立中非环境合作中心,以促进中非之间的绿色技术转移,分享绿色发展经验,为中非交流合作搭建新平台。同时,联合国环境署与中国环保部共同签署一份战略合作框架协议,双方将加强相互支持,提高发展中国家应对环境问题的能力,促进经济的可持续发展,在"南南合作"框架下开展合作应对环境挑战。2017 年 6 月,中国环境生态治理的库布其模式获得联合国认可,通过"一带一路"沙漠绿色经济创新中心的揭牌, 联合国环境署希望进一步加强与亿利公益基金会的合作,把"库布其模式"推广到非洲、中东、南美洲等饱受沙尘暴肆虐的国家。

(五)创新治理模式是推动生态治理的不懈动力

中国对环境的生态治理经过了几十年的探索,不断在实践中前行。从新中国成立初期的注重对环境的治理和保护,侧重于环境的为人民服务;到改革开放四十年期间的环境保护与发展经济的二元并举, 到发展绿色的生态环境为先,这些不同阶段的生态治理举措都是以创新为动力,通过创新在不同时代的环境问题中推进生态治理。在几十年的生态治理实践中,中国在对环境问题的认识和措施上不断推陈出新,从政策调整、机制建设、区域治理、联合协作到跨国合作,在环境问题的生态治理上永不止步。在几十年的植树造林活动中,中国提出每年的"义务植树"对增加森林植被具有重要作用。中国提出的长江经济带、库布其模式、沙漠绿色经济创新中心、安吉模式等不同的生态治理模式,有效地实现了对环境的生态修复和治理。生态环境是一个综合系统,不同区域不同物种的环境生态治理并没有固定的模式,只有根据区域、环境的具体情况进行创新才能有效地解决环境问题。

第十四章
全球生态治理：困境与前景

　　2017年7月19日美国研究人员警告，人类迄今已生产超过九十一亿吨塑料，其中大多数都被堆入垃圾填埋场或乱丢在自然环境中。照此速度发展，2050年，地球上将有超过一百三十亿吨塑料垃圾，蓝色的地球可能最终变成"塑料星球"。塑料垃圾又称白色污染，大量的废弃塑料给人类生存的自然环境带来的危害触目惊心：海洋里到处是废弃的塑料制品、空气中飞舞着塑料废品、土壤里掺杂着塑料废品……堆积如山的塑料废品到处可见。这只是工业污染的冰山一角。实际上，整个人类星球到处都留下了工业污染的痕迹，人类的自然环境已经恶化到令人发指的程度。怎么办？我们的希望在哪里？值得欣慰的是，世界各国和全球人民开始共同行动起来，积极治理我们共同生存的家园，让我们看到了一个崭新的未来。

一、全球生态治理是一条新路

　　今天的世界已经处于一个关键的时期。对于全球生态治理的意义，一

些国家已经清醒,一些国家正在清醒,还有一些国家没有清醒。"如果人类
不能理智地控制自己的行为,并尽快改弦更张,调整文明发展的目标和方
向,采取一切有效措施对现有文明疾病进行根治,人类的集体灭亡不过是
早晚的事情,这种集体灭亡其实是人类慢性的集体自杀。"①全球生态治理
不仅是我的责任,你的责任,他的责任,更是每一个人的责任。南非前总统
纳尔逊·曼德拉说过,没有行动的愿景只是一场梦,没有愿景的行动只是
浪费时间,被付诸行动的愿景才能改变世界。人类社会进入 21 世纪以来,
面临的生态危机愈加严重也愈加紧迫。世界各国在发展和关注本国经济
社会的同时也不得不思考人类共同生存的家园——地球的生态环境。生
态危机的出现已经越来越密切地将世界不同地区、不同发展水平的国家
联结在一个同生死、共命运的链条上。现在世界各国已经不仅仅是对生态
危机的认识与思考,而是如何采取正确、科学的方法和途径共同解决。全
球生态治理不是一场单独的个体式战斗,而是一场集体活动。全球自然和
社会环境的生态治理是一个系统工程,涉及各国的经济模式、法律政策、
环境管理体制、观念意识等多种因素,需要各国政府部门以及政府与生产
者、公民之间协调合作,共同合作治理。全球生态治理不是过去时,不是将
来时,而是现在进行时。

(一)人类处在关键的十字路口

　　首先,人类中心主义的思想是绝对要不得的,因为这种主义是引起生
态问题的根源,必须剔除这种思想。还有一点需要说明的是,对以泰勒为
主的物种平等主义者提出的思想也是不可取的,原因有三:一是物种平等

---

　　① 　陈根法、汪堂家:《人生哲学》,复旦大学出版社,2005 年,第 204 页。

主义认为,在人类利益与非人类利益发生冲突的情况下,非人类的利益可以为了人类的利益而牺牲。换句话说,也就是人类的需求比非人类的需求更重要。这种观点与其提倡的物种平等是不一致的。二是在物种平等主义者看来,生物是没有区别的,尤其是在杀戮的对象上,如杀害一头牛和消灭一根胡萝卜是一样的。关于这一点大卫·施密特认为:"如果我们认为我们对于牛的尊重和对于胡萝卜的尊重是一样的话,我们就没有给予自然应有的尊重。"①三是物种平等主义者认为,所有生物具有同等重要的道德价值的论断是有问题的。这种论断是通过一个存在物的一种属性来为道德地位提供基础的,但事实上,一个存在物是有多个属性的。那么一个存在物的其他属性可能只属于某个生物而不是所有生物,这样的话,这些属性就可能被不同种类和不同程度的道德地位提供基础。因此,依赖存在物的某一属性来确定其道德价值是不完全的。从人类与其他生物的道德地位相比来看,人类具有道德地位的某些基础是其他生物多不具备的。也就是说,从这个意义上讲,人类与其他生物并不能完全平等。因为"在现实生活中,从道德上讲,当研究者本可以使用老鼠时,使用大猩猩就是错误的。在这种意义上,物种主义要比物种平等主义更接近道德真理"②。因此,"我们制定政策时必须依据这样的认识:即萝卜、老鼠、大猩猩和人类是不一样的物种"③。由此可以推断,物种平等主义所提倡的所有生物平等的观点是不能完全论证的。

从全球生态治理的过程与经验来看,发达国家因其率先面临环境污

---

① [美]大卫·施密特:《个人 国家 地球——道德哲学和政治哲学研究》,李勇译,上海人民出版社,2016年,第298页。

② 同上,第301页。

③ 同上,第302页。

染的发展困境,在科学技术、生态认识比较先进的条件下较早地开始了国家层面的生态治理,尽管取得了一定的生态治理效果,但是多数国家并没有彻底地实现全面的生态治理, 甚至一些国家出现了生态治理后的二次污染。随着广大发展中国家相继也走上与发达国家相似的工业化发展道路之后,发展中国家的环境污染问题也随之出现。伴随着全球范围的工业化发展模式的拓展, 自然环境破坏严重, 水域环境和土壤环境的污染加剧、物种持续减少、植被系统紊乱、自然资源的日益匮乏、空气质量的不断下降、异端气候的持续频发⋯⋯全球自然环境亮起了红灯。怎么办? 众所周知,全球自然环境是一个完整的生态系统,人类与所有生物共处在一个星球,无论你是大国还是小国,是富国还是穷国,是有钱人还是穷人,没有例外地不受到自然环境的影响和制约。人类已经到了一个十字路口:是继续放任自己对自然界的无情掠夺和伤害,还是改变自己的错误行为,拯救我们依赖和生存的自然界?因为"已经被破坏的生态系统一旦失去了满足人类基本需求的能力,就很难有机会去实现经济发展和社会公正。一个健康的社会同样需要关注生态可持续性、经济发展和社会正义,因为它们是相辅相成的"①。人类要担负起生态系统可持续平衡的责任。

(二)全球生态治理是人类在特定时空的正向路径选择

全球性生态危机的出现向人类社会提出严峻的挑战, 需要对现存的生活方式、生产方式、消费方式进行改革和调整,重新审视人类生存方式的可持续性,重新确立人与自然的共生关系,重新建立生命体与外部环境

① [英]杰拉尔德·G.马尔腾:《人类生态学——可持续发展的基本概念》,顾朝林、袁晓辉等译,商务印书馆,2012 年,第 11 页。

的正向关系,这些都是在特定的空间和一定的时间中发生的。目前的全球性生态危机确定了时间的范畴和空间的范畴。全球生态治理是人类在特定历史阶段、特定空间的社会实践活动,它是人类社会活动进步的体现,是重新审视人类与自然、生命体与环境之间关系的正向路径选择。这种活动发生在特定的时空之中。

一方面,全球生态治理的特定时间体现在两个层面:"一是线性发展具有自然意义的时间,即自然性时间;二是人类社会实践发展具有社会意义的时间,即社会性时间。"①从自然性时间上看,不论人类如何活动,自然界的时间不以人类的主观变化而发生改变。宇宙、世界万物都是以自己的方式而生生灭灭。但是自然性时间却因为人类社会活动而具有了价值意义。"过去、现在、未来呈现了时间的单向发展特性,通过人的实践活动,时间又具有了价值的意义。"②正如马克思主义哲学认为的,时间作为物质运动的一种状态,具有经历或长或短的一个持续性和先后的顺序性。这说明,"时间的特点是一维性,即时间总是朝着一个方向向前发展,既不是循环,更不能倒退,即具有不可逆性"③。时间的这种不可逆的特性在生态系统中表现得尤为明显。生态特性表明,一切生物的生存轨迹是有时间性的,每一种生物都有自己的繁衍、生长、消亡的过程,一种生物与另一种生物之间的存在和发展变化始终呈现一种不可逆的时间流。系统的结构和功能在受损后经过修复不可能恢复到原先的样态,只能是重新产生一个具有新功能和结构的新系统。全球生态治理是人类社会实践活动的一部

① 靳利华:《时空视域下生态治理的哲学考量》,《长江丛刊》,2017年第12期。
② 袁伟华:《时间与空间:新型国际关系中的时空观》,《世界经济与政治》,2016年第3期。
③ 赵家祥:《历史过程中的时空结构和时间向度——兼评西方历史哲学的两个命题》,《北京大学学报》(哲学社会科学版),2005年第5期。

分,而社会实践构成的时间具有社会性。这种社会性的时间同样表现出线性发展,人类的社会实践是在不断向前发展,甚至出现加速度。人类的生态治理实践活动赋予世间万物的自然性时间特殊的价值意义。

　　另一方面, 全球生态治理的特定空间表现在两个方面："一个是广义的自然性空间,即一切物质存在的宇宙空间。这个空间状态是一切存在物的自然状态。在这个自然空间之中,人类与生物是具有同等重要的空间结构和布局的"①。人类与生物的空间活动是相互联系、相互影响、相互制约、相互作用的。人类与生物的自然存在状态维持了系统的动态平衡和健康功能。在这个自然空间之中,人类的空间与生物的空间是有界域的,这个界域是彼此安全存在的关键阀,一旦突破,人类与生物界都将受到损害。另一个是人类社会实践活动的社会空间, 这个空间是因人的活动而构建的。人类社会活动总是具体的,发生在一定的范围内。空间的自然性与社会性统一在人类的社会活动之中。"自然空间其本身也许是原始赐予的,但空间的组织与意义却是社会变化、社会转型和社会经验的产物"②。生物存在的生态系统可以划分为不同的区域,生态系统的选取可大可小。生态系统的修复和生态功能的恢复也是发生在具体的领域和范围内, 从这个意义上看,生态治理的自然性空间是自然存在的结构状态。在这个空间结构中,人是空间活动的实施者,人类在生态治理的实践活动中,改变着生物存在的自然存在状态,同时也构建着人类与生物空间的结构状态,形成动态的结构空间,空间的自然性经受着人类实践活动的重构。在人类生态治理的实践活动中,人类的活动将使得空间的自然性与社会性出现统一。

① 靳利华:《时空视域下生态治理的哲学考量》,《长江丛刊》,2017年第12期。
② [美]爱德华·W.苏贾:《后现代地理学——重申批判社会理论中的空间》,王文斌译,商务印书馆,2004年,第121页。

王轩认为:"生态治理是人类生态精神在对自然、社会及自身认识和实践中自我展现与发展的本质力量实现形式,它既是一种实践事实性逻辑,又是一种文化价值逻辑,是基于人类总体性实践运动、变化的生态精神机制、规律的澄明、重构与改造。"①全球生态治理就是人类要营造和重构生物存在的健康生态状态。实施全球生态治理是人类重新思考人与自然的关系的历史性选择,也是人类在重新塑造与自身息息相关的生态环境的关键选择。人类必须选择生态治理这种特殊的社会实践活动,只有这样才能扭转生态危机的状况,也才能使得人类的持续生存成为可能。全球生态治理将成为人类社会实践活动的一次理性选择的转折,将实现"自然、生命、人"三位一体的生态过程平衡。

二、全球生态治理的公共性困境

(一)全球生态治理的公共属性

公共产品也称为公共物品(public goods),与私人产品对应,是指具有消费或使用上的非竞争性和受益上的非排他性的产品,一般是由政府或社会团体提供。全球性问题本身就是一种特殊的问题,这种问题的产生是具体的,在某个国家或某个地区,由具体的缘由引起的,它的影响和危害却是全球性的。比如自然环境生态失衡问题、传染性疾病、贫困问题、难民问题、毒品问题等。这些全球性问题一旦得到治理,所产生的生态环境将是全球层面的,无论一个国家是否付出了代价或是参与了对问题的解决,

---

① 王轩:《生态治理的内在伦理与动力机制》,《重庆社会科学》,2016 年第 4 期。

都可以从中获益。因此，全球生态治理的效果具有公共属性，表现出一定的外溢性和公益性。众所周知，作为公共物品的生态环境在市场机制和利益相关者的相互作用下，出现生态环境的破坏和公共资源的"公用地悲剧"。全球环境是所有国家和人类生存发展的共同家园，每一个国家、每一个个体生命都可以不受限制和约束地使用它，对它的破坏可以不负责任，也不受制裁。虽然目前国际社会中存在联合国、国际法院和其他国际组织等全球范围的组织、机构，但是它们对破坏全球生态环境的国家、个人却并没有足够的控制力、强有力的执行力。全球问题的公共物品的外部性特点也影响了民间组织和私人力量，他们也不愿意冒着产权不安全的风险对此进行长期性投资，即使对那种付出多、回报缓慢的投资项目也不积极或者不感兴趣。因此，全球生态治理具有一定的公共物品属性。

(二)全球生态治理面临的问题

全球问题的生态治理是一个长期而艰巨的任务。北京林业大学校长、论坛主席宋维明指出，"全球生态治理面临'公用地悲剧'窘境，其根源在于'生态责任赤字'和'核心价值观分野'"[①]。在全球范围开展生态治理是一个严峻的世界性难题。宋维明认为，现在全球生态治理中面临的问题主要有三个方面："一是谁应该负更大责任？谁应该享有更大权利？谁已经享受了很多权利？过去的权利与责任、与今天乃至未来的权利和责任如何分配如何协调？二是理念强于实践的行动；三是全球生态治理的主体是谁"[②]？

正是由于全球问题的公共物品特性，人类社会发展到今天，面临的生存环境危机越发严峻。不论人类愿意还是不愿意，国家关注还是不关注，

---

①② 铁铮：《在生态治理全球化中发出中国好声音》，《国土绿化》，2015 年第 9 期。

中外生态思想与生态治理新论

全球性问题的生态治理已经到了历史的关键节点。全球环境的生态治理已经成为世界各国不可回避的一个共同话题。尽管人类目前所面临的生态环境日益严峻,人口数量越来越多,资源越来越少,人类所依赖的资源在不断减少,生物多样性急剧下降,我们面临的挑战与难以预测的危机是如此严峻,"然而,世界上许多领导者和技术专家认为这不算什么问题。他们认为,可持续性的关键是通过提高效率,从更少的资源中获得更多的利益,利用我们掌握的技术来弥补人类需求与可利用资源之间不断增大的差距,从而更好地走出自己造成的困境。同样,一些生态环境保护主义者也认为这是人类的前进之路"[①]。

事实上,人类对生态治理重要性的认识还是良莠不齐的,全球生态治理存在着一些困境,主要体现在:一是世界经济发展严重不平衡制约国家对生态环境的关注层面。发达国家与发展中国家在全球生态环境的认识层面上是不同的。发达国家在解决了基本生存问题后,开始更多地关注社会经济的持续发展,强调自然环境的生态平衡,人与自然环境的依存关系。发展中国家重点关心的是居民的温饱问题,是社会层面的和谐关系。二是政治因素影响国家在国内问题与全球生态环境的选择。有的国家选择前者,有的国家选择后者。这样就会导致全球生态环境的主体行为者之间产生巨大的不一致,影响合作治理。三是历史与现实问题的双重制约。全球生态环境是一个历史与现实的综合性存在物,人类在这个动态的过程中,离不开这两个特定的环境因素。同时,全球生态治理中还存在不可避免的冲突。这主要是由于国际社会的无政府状态和全球生态治理的公共产品属性所导致。国际行为主体利益的自我属性与全球生态环境的公

---

① [美]沃克、索尔克:《弹性思维:不断变化的世界中的社会—生态系统的可持续性》,彭少麟、陈宝明、赵琼等译,高等教育出版社,2010年,第136页。

共属性之间存在对立，再加上国际社会行为体在解决全球生态问题的生态治理中存在众多的矛盾与分歧，引发冲突已成为国际社会不可避免的现象。全球生态治理冲突产生的内在根源主要在于行为体之间利益上的差异和分歧。

三、推动全球生态治理的多维路径

目前，国内外学者研究了众多国家生态治理模式和经验举措，提出了有益的见解。曹荣湘在《生态治理》一书中提出："在目前全球范围内的生态治理实践中，一般而言存在两种可供选择的治理模式，一是民主主义的，二是统合主义的。两种模式在生态治理中各有优劣势，尤其是自由民主在面对生态议题时因其先天不足的局限性而力有不逮，使得我们有必要重新客观认识生态治理中的不同制度安排。"[①]洪富艳在《生态文明与中国生态治理模式创新》一书中提出目前生态治理中的几种模式，它们是政府管治模式、市场机制模式、公共治理模式、政府主导-利益相关治理模式。[②]在现实的国际社会，体现了一种理念，即人类拥有一个共同的、相互依赖的环绕地球的自然环境，由于担心地球资源被过度攫取造成环境破坏。国家、国际政府（非政府）组织都在保护环境问题上积极努力，但是由于没有一个真正的全球性权威机构，没有统一的强有力的法制和规则，全球生态治理的现实还是言辞多于行动。在学界的探索中，存在多元的路径。对于全球问题的生态治理，一般采取四种不同路径。

---

① 曹荣湘：《生态治理》，中央编译出版社，2015年，第116页。

② 参见洪富艳：《生态文明与中国生态治理模式创新》，吉林出版集团股份有限公司，2016年，第154页。

中外生态思想与生态治理新论

(一)制度路径

生态危机爆发于资本主义生产方式的作用下，在其制度框架下依然没有找到有效的解决之策，并演化为全球性的问题。许多国内外学者为此从资本主义制度本身出发，揭示生态危机产生的根源及其替代的新制度方案。他们认为，全球性问题的根源在于资本主义制度的弊端和本质，因此要想解决全球性问题应该从制度上解决。笔者在《生态文明视域下的制度路径研究》一书中提出，目前国际社会中资本主义国家、社会主义国家、发展中国家等在应对本国环境问题的解决中采用了不同的方式方法，通过从理论和实践两个维度的比较性分析来看，社会主义制度将成为人类化解生态危机的一种必然选择。余维海在《生态危机的困境与消解——当代马克思主义生态学表达》一书中立足于马克思主义理论，提出在判断生态危机根源和消解生态危机路径的两大问题上，从政治制度选择角度来看，社会主义与资本主义存在替代联系。徐艳梅在《生态学与马克思主义研究》一书中从生态学马克思主义的产生背景及演变逻辑、理论前提和哲学方法等层面上，系统分析了资本主义生产方式必然产生生态危机，从而指出生态社会主义是其可能有效的替代方案。

此外，国外众多学者也揭露了资本主义制度的本质，提出其替代的制度。生态马克思主义者主要代表人物加拿大的本·阿格尔(Agger Ben)和威廉·莱易斯(Leiss William)、法国的安德列·高兹(André Gorz)等认为，科学技术的资本主义使用及资本主义社会制度是造成资本主义世界的生态危机的根本原因，他们明确提出生态社会主义是未来选择。印度学者萨拉·萨卡在《生态社会主义还是生态资本主义》一书中对生态环境危机进行了深刻的剖析，指出资本主义的生态化根本上不能解决资本逻辑本身的问题，只有将生态与社会主义相结合，即生态社会主义才是人类未来的出路，因为"人类比以往更加迫切需要做出的抉择就是——借用罗莎·卢森堡的话——要么生态社会主义，要么蛮荒主义"①。

（二）多元主体合作

全球问题属于全球公共产品，在全球无政府的状态下，要治理全球问题是需要各国政府、国际组织、公司企业甚至公民个人等共同参与合作治理。在不同的生态治理主体上，各自发挥的作用不尽相同。国家政府中的中央政府因其掌握的权力、外交、军事、经济等特殊资源在国际社会中发挥着重要的主体作用，各国的领导人则是直接的实施者。全球生态治理中的合作主要是通过领导人领导下的政府合作来实现。国际组织在国际社会中的数量是庞大的，但并非所有的国际组织都能发挥一定的主体作用，政府间国家组织和部分民间国际组织在一定领域中能够发挥特定的作用。此外，还有一些专门性公司和企业以及具有特殊身份和能力的个人也能在全球生态治理中发挥作用。在全球生态治理中，国家中央政府、国际组织、公司企业以及公民个人都是全球社会环境的组成部分，他们在社会环境中的功能与作用是不同的。

全球问题的生态治理目前主要集中体现在自然环境领域，也就是人与自然的关系层面。自然环境问题产生的公共效应尤为明显，自然环境问题的生态治理更需要国际行为主体的合作。因为"已经被破坏的生态系统一旦失去了满足人类基本需求的能力，就很难有机会去实现经济发展和社会公正。一个健康的社会同样需要关注生态可持续性、经济发展和社会

---

① ［印］萨拉·萨卡：《生态社会主义还是生态资本主义》，张淑兰译，山东大学出版社，2008年，第340页。

正义,因为他们是相辅相成的"①。地球作为一个人类存在的大系统,已经将人类社会环境系统和自然环境系统涵盖在一个息息相关、相互依存、相互影响的统一体内,现实的全球自然环境问题已经威胁了人类的生存与发展的底线,人类有责任、有义务在人类社会与自然界之间搭建一座共生共存的桥梁。这一桥梁的搭建需要国际社会共同努力,志同道合,相互支持,合作才能成功。"生态危机的爆发促使各国政府、国际组织以及普通民众高度关注自身的生存环境,生态合作意识不断提高,生态合作逐渐成为常态"②。事实上,人类社会已经发展到一个"命运共同体时代",全球生态治理已经成为人类社会生存与发展的必要的选择,"鉴于合作失败会导致战争或经济衰退,一个重要的结论是多合作比少合作好,合作比不合作好"③。

(三)构建全球生态治理协作机制

全球生态治理协作机制,是专门用来协调推动全球不同行为主体之间在全球生态治理问题上合作的机制。对此,法国学者辛西娅·休伊特·德·阿尔坎塔拉认为:"在考虑国际社会在全球化背景下如何才能建立必要的制度以推进秩序和公正方面,它越来越具有重要意义。"④全球生态治理协作机制主要发挥调节和控制作用,其构建是国际社会的新任务。世界资源研究所认为,体制的基本要素主要包括三个方面:一是政府间国际组

---

① [英]杰拉尔德·G.马尔腾:《人类生态学——可持续发展的基本概念》,顾朝林等译,商务印书馆,2012 年,第 11 页。

② 靳利华:《生态与当代国际政治》,南开大学出版社,2014 年,第 212 页。

③ [美]威廉·汉得森:《国际关系:世纪之交的冲突与合作》,金帆译,海南出版社,2004 年,第 12 页。

④ 转引自俞可平:《治理与善治》,社会科学文献出版社,2000 年,第 16 页。

织的集合,二是国际环境法,三是资金机制。①在全球生态治理机制的构建
中,权力设置的状况、共同利益、期望与实践等都会影响机制的构建。现阶
段,全球生态治理机构的构建处于一个初期阶段,面临众多的任务与难
题。首先,主权国家的参与和影响是关键因素。全球生态治理的主体依然
是以主权国家为主,不同国家对全球生态治理的态度与支持度直接影响
机制的作用范围和对象,影响全球生态治理的效果。其次,国际社会的参
与和支持力度是基础。全球生态治理所应对的问题是来自全球的现实问
题,与国际社会中的每一个个体、组织都直接相关,如果离开国际社会的
直接参与和大力支持,那么全球生态治理也将失去现实意义。最后,大国
的担当与责任意识。全球生态治理的实施离不开大国的特殊作用和积极
担当。在目前的国际社会状态下,国家中的大国具有独特的作用,比如资
金的支持、政策的执行等。

(四)建立统一的国际生态组织或国际生态机构

由于全球的行为体复杂而多元,实现对全球问题的生态治理需要建
立统一的世界组织或国际机构。全球生态治理机构或组织可以发挥这些
功能:一是搜集治理中相关的信息、资料进行评估和解析。这种组织信息
可以减少行为体获得信息不对称的弊端,促使各方的合作,推动生态治理
的信息合理共享。二是提供论坛平台,发挥协调作用。国际组织或国际机
构能够为各类行为主体提供表达自己主张和意愿的场所,促进各类行为
主体之间交流彼此的看法和意见,减少摩擦,加强沟通协调。三是促进各
种协议的达成、履行和遵守。国际组织或国际机构的第三方身份对各类行

---

① 参见靳利华:《生态与当代国际政治》,南开大学出版社,2014年,第277页。

为主体具有相同的约束力和公信力,容易获得各类行为主体的信任;制定的各类规章制度也具有一定的公正性、公开性,容易获得各类行为主体的遵守和执行,从而确保生态治理的实施具有规范性。四是筹集、管理、分配资金的使用。国际组织或国际机构统一筹集、管理、支配资金,能够集中财力解决生态治理中的困难,能够完成单一国家无法完成的生态治理任务,能够较好地解决生态治理中的问题。五是调节矛盾与分歧,减少冲突与争斗。国际组织或国际机构在化解各类行为主体的矛盾和冲突中具有很好的调节功能。国际组织或国际机构的国际性特征能够比较公平地判决行为主体之间的矛盾与分歧,不受任何力量的影响与支配,起到调节和缓和的作用。

四、全球生态治理的前景

全球生态危机的出现给人类提出了一个严峻的问题。人类应该如何看待地球上的其他生物呢?如何对待地球上其他的生命和自然界呢?人类与非人类、人类与生物、人类与自然是一个恒久的课题,是人类作为地球上的特殊物种、特殊生命体的一个不断延伸的命题。一批又一批、一代又一代古今中外的智者先贤从不同视角、不同思维、不同层次上提出众多的思想火花,为人类社会的发展和世界文明进步贡献着精神大餐和文化盛宴,启迪人类的智慧,警醒人类的愚蠢,为的是人类世界的存续发展。

(一)全球生态治理是人类修复人与自然关系的可行性选择

澳大利亚哲学家彼得·辛格在其所著的《动物解放》中首次提出"动物解放"的概念,美国哲学家汤姆·里根在其所著的《为动物权利辩护》中强调了动物拥有生存权利。两人作为动物解放主义者，尽管观点有所不同，但共同表达了动物权利的主张。生物中心主义的核心信念包括四层含义，即"(a)人类是地球生命家园的成员，其他生物也是这个家园的一部分，二者的含义是相同的。(b)人类和其他物种一起，是相互依存体系的构成部分。(c)所有的生物都是生命的目的中心，每一个都是独特的个体，以自己的方式寻找自己的目标。(d)人类并非内在地优越于其他生物"[①]。生物中心主义的平等观点的主要代表人物之一的保罗·泰勒在其《尊重自然》中认为，自然万物只要是具有生命的个体，都具有天赋价值，皆为地球生物圈的成员，人类及其他物种相互依存，具有同等价值，均应受到同等肯定和尊重。美国科学家、生态学家和环境保护主义者奥尔多·利奥波德首次提出"土地共同"体这一概念，要求人类改变自身以土地征服者自居的角色，变成这个共同体中平等的一员。美国学者大卫·施密特认为："人类不可能以关心的方式对待传播疟疾的蚊子，至少我们绝大多数人会认为，以关爱的方式对待传播疟疾的蚊子的人是有问题的。所有生物都有道德地位，这样的论断是缺乏根据的。"[②]澳大利亚学者查尔斯·伯奇和美国学者约翰·柯布在《生命的解放》一书中提出："把有机体看作机械的观点使许多生命受害匪浅。"[③]"我们承认有的生命体没有感知能力，但我们相信它们仍应当得到尊重……生态系统对这些动物自身的存在以及对我们而言意义非凡。我们不能避免干扰甚至摧毁它们中的某些东西，但如果对生命的理解得到解放，我们至少会克制自己，不再沿着人类中心说的道路不可

---

① Taylor, Paul W, *Respect for Nature*, Princeton University Press, 1986, p.99.

② ［美］大卫·施密特：《个人 国家 地球——道德哲学和政治哲学研究》，李勇译，上海人民出版社，2016年，第307页。

③ ［澳］查尔斯·伯奇、［美］约翰·柯布：《生命的解放》，邹诗鹏、麻晓晴译，中国科学技术出版社，2015年，第2页。

逆地毁灭整个自然界。"①美国生态学家尤金·奥德姆研究发现,各个自然有机体组成的生态系统,有能力调节自身能量从不平衡达到平衡。英国学者杰拉尔德·G.马尔腾提出:"虽然人类是生态系统的一部分,但将人类与环境的相互作用看作人类社会系统与生态系统其他部分间的相互作用是十分有益的。"②罗伯特·艾伦指出:"首先,对生物圈的保护是人类生存与福利的先决条件;其次,生命间的相互依存关系是不可回避的事实。逐渐地,人们将更快,更尖锐,更广泛地意识到由于对地球资源的管理不善所带来的后果。如果自命的'人类'要生存并兴旺发达下去,那么就必须在处理生物圈问题上表现得更机敏,而且要表现的既聪明,又明智。人类确实已经到了一个转折点。"③

1. 全球生态治理是在全球层面上重构人类社会与整个生态系统的健康关系

人类是生态系统的一部分,人类社会与所在生态系统要保持均衡和健康。目前,学界基本达成共识,人类是生态系统构成的一部分,人类的存在与生态系统是息息相关的。"生态系统相互作用的方式是允许他们保持功能的充分完整性以便继续提供给人类和该生态系统中其他生物以食物、水、衣服和其他所需的资源。"④人类社会系统的健康与均衡需要与整个生态系统的均衡健康保持一致。简单来讲,就是一个局部与整体的逻辑

---

① 〔澳〕查尔斯·伯奇、〔美〕约翰·柯布:《生命的解放》,邹诗鹏、麻晓晴译,中国科学技术出版社,2015年,第3页。

② 〔英〕杰拉尔德·G.马尔腾:《人类生态学——可持续发展的基本概念》,顾朝林、袁晓辉等译校,商务印书馆,2012年,第2页。

③ 罗伯特·艾伦:《如何拯救世界》,沈澄如等译,科学普及出版社,1986年,第7页。

④ 〔英〕杰拉尔德·G.马尔腾:《人类生态学——可持续发展的基本概念》,顾朝林、袁晓辉等译校,商务印书馆,2012年,第10页。

关系。对此的论断已经不需要论证。目前，生态治理的界域是人类社会系统存在的地球生态系统，目标是这一系统的健康均衡。

2. 全球生态治理是在全球层面上实现人类对生物的道德重塑

人类与其他生命体是有别的，但不能"唯人类利益"而论。应当承认，人类从自然界衍化以来，就具有了自身独特的属性，使人类与其他物种有了不同。这种属性的存在"在很大程度上，我们必须同意利奥波德的观点，征服生物界是太迟了。我们现在的任务是找到适应的方式"①。这是人类应有的态度与立场。人类是不同于生物界的其他物种，但不是主宰者，而是相互依存的命运共同体。因为"对一个人来说，缺少对生物、美好东西以及很好工作等广泛意义上的尊重，是一种矮化的方式"②。人类在生物界应表现出对其他物种应有的尊重，但是这种尊重不是绝对的平等，而是一种物种之间平衡健康方式的选择，"对生物、美好东西或者很好工作的东西的广泛尊重，并不需要转换成平等的尊重，它也不需要被转换成普遍的尊重。我们作为道德主体责任的一部分，就是去对我们尊重的对象以及尊重的方式进行选择"③。

3. 全球生态治理是在全球层面上重新定位人与自然的关系

人主宰自然的观点不可接受。关于人与自然的关系问题是哲学中的一个根本问题，对此，马克思和恩格斯已经给出了确定的回答。这种哲理性的论断在国家政策的具体实施中呈现出来并非易事。如果每一个国家都能认识到这种关系，也就不会产生生态问题，也就不需要生态治理了。

---

① ［美］大卫·施密特：《个人 国家 地球——道德哲学和政治哲学研究》，李勇译，上海人民出版社，2016 年，第 308 页。

② 同上，第 304 页。

③ 同上，第 305 页。

理论是美好的,现实是残酷的。我们不得不再次强调,人与自然关系的合理定位是多么的重要,人不是自然的主宰者和主人,只是管理者和代理者。"从生物学和生态学的观点看,把人视为自然的一部分并不是贬低人,而恰恰是还人以真实,防止社会以反自然的名义剥夺人的生物学特性。"①从这个角度讲,生态治理就是要尊重自然生命,提高自然对人存在的生命价值。没有自然生命,人的生命也将受到影响甚至是危害。因此,尊重自然生命也就是尊重人的第二生命。自然生命对于人的生命不仅在于它为人类提供的需求和服务上,而自然生命的过程与结果更重要。自然生命的生生不息和有机循环为人类生命带来生活的福利。人的一生,以至整个人类的繁衍始终脱离不了与自然的联系。"实质上,人生与自然的关系首先是一种本身的存在论意义上的关系"②。自然为人类提供了生存空间、必需的生活资料、感官上的愉悦和精神上的资源。③

(二)全球生态治理的主要动力在于"生态人"的养成

何谓"生态人"?学界早已提出"生态人"这一概念。1991年《国外社会科学》上刊登的郑和烈(音译)所著的《马克思主义与后现代性中的深层生态学:从经济人到生态人》一文中首先提到"生态人"这一术语,它指出"经济人的终结就是生态人的开始",但并没有给出详细的解释。徐嵩龄较早地提出"理性生态人"这一概念,指出"这种理性生态人同样具备两个特征:第一,他以生态学原则作为衡量与评价一切与环境问题有关的事物的

---

① ② 陈根法、汪堂家:《人生哲学》,复旦大学出版社,2005年,第188页。
③ 中国新儒家贺麟在《文化与人生》(商务印书馆,1989年版,第118页)中说,自然是人生一切的表现,是人类精神的象征。自然是人类内心宝藏之外的记号。

标准；第二，他有足够的智慧制定既合法又符合生态学原理的策略以求得解决环境问题的最大环境—经济—社会综合效益。理性生态人在国际层次上可以指国家，在国家层次上可以指政府、企业、团体及个人"①。2002年之后，国内学界对"生态人"的研讨开始连续起来。胡军、蔡学英认为："'生态人'是针对'经济人'提出的一个对等的概念，它是以生态意识、生态良心、生态理性为内涵的一种人性假设。具体来看，'生态人'首先应该具有一种生态意识。其次，'生态人'具有生态良心。最后，'生态人'还应有生态理性。"②李贵炳指出："'生态人'是继'经济人''社会人''复杂人'之后对人性假设的发展。"③学界关于"生态人"的探讨大多是在哲理层面，包括社会生态人、理性生态人、德性生态人和现实生态人等方面。简言之，生态人就是具有生态意识、生态良心、生态理性、生态理念的新人。

全球生态治理的实践活动归根到底需要落实到具体的行为中。只有每个人都具有了关于生物与环境的生态意识，养成保护环境、热爱环境、珍惜环境的生态素质，从自我做起、将爱护环境看作自身行为的基本义务，保护环境就是保护自己，爱惜生物就是爱惜自己，人人都是生态环境的守卫者，全球生态治理就能得到积极推动，人类的生存环境也就能够实现长效均衡的健康状态。

目前，生态危机和生态安全意识促使人们关注生态治理，作为治理主体的人的生态素质和生态活动直接关系问题领域治理的成效。在全球问

---

① 徐嵩龄：《生态意识 生态伦理学·理性生态人》，《森林与人类》，1997 年第 2 期。

② 胡军、蔡学英：《"经济人"与"生态人"的统一》，《湘潭大学社会科学学报》，2002 年第 6 期。

③ 李贵炳：《"生态人"的人性假设在管理学中的价值》，《中国煤炭经济学院学报》，2002 年第 2 期。

题生态治理的新纪元,人类在生态意义上要发展成为对"人类生态"①有益的新生主体——生态人。何谓养成生态人?如何养成?按照马克思主义的观点,人的全面发展是共产主义社会的新人。在现阶段,全球生态问题危及人类生存,人的全面发展的使命更为迫切,而生态人是人的全面发展的重要阶段。人的全面发展不单是社会意义的发展,还是人与自然关系的和谐永续发展。"人是自然界的一部分"的自我意识要在人的发展社会存在意识上得到发展和进化,也就是人对人类与外界的关系认识发展成为自我意识的组成部分,人的社会存在发展为人的生态存在,人不仅是社会存在、自然存在更是生态存在。简单来讲,生态人就是具有生态存在意识的人。生态人的养成是一个长期过程,需要制度、教育、政策、经济等多个方面的共同作为。全球生态治理的实施最终是需要通过个体的生态人来完成的,因此生态人的培育和养成是人类解决全球生态危机的根本出路。

---

① 关于人类生态,袁伟希教授认为,人类生态应包括自然生态、社会生态、生命存在形态这三种生态。

参考文献

一、中文著作

1.毛泽东:《毛泽东选集》(第四卷),人民出版社,1991年。

2.邓小平:《邓小平文选》(第二卷),人民出版社,1994年。

4.江泽民:《江泽民文选》(第三卷),人民出版社,2006年。

5.胡锦涛:《胡锦涛文选》(第三卷),人民出版社,2016年。

6.习近平:《告别贫困》,福建人民出版社,2014年。

7.习近平:《之江新语》,浙江人民出版社,2013年。

8.中共中央文献研究室编:《习近平关于社会主义生态文明建设论述摘编》,中央文献出版社,2017年。

9.《十八大以来重要文献选编》(上),中央文献出版社,2014年。

10.安乐哲等主编:《道教与生态》,江苏教育出版社,2008年。

11.北京大学哲学系外国哲学史教研室编译:《古希腊罗马哲学》,商务印书馆,1961年。

12.毕润成:《生态学》,科学出版社,2017年。

13.曹前发:《毛泽东生态观》,人民出版社,2013年。

14.曹荣湘主编:《生态治理》,中央编译出版社,2015年。

15.陈食霖:《知晓生态治理的国际话语》,湖北人民出版社,2012年。

16.陈业新:《儒家生态意识与中国古代环境保护研究》,上海交通大学出版社,2012年。

17.[丹]S.E.约恩森:《生态系统生态学》,曹建军等译,科学出版社,2017年。

18.[丹]S.E.约恩森:《系统生态学导论》,路健健译,高等教育出版社,2013年。

19.[德]古斯塔夫·施瓦布:《古希腊罗马神话》,湖南文艺出版社,2011年。

20.丁圣彦:《现代生态学》,科学出版社,2017年版。

21.董强:《马克思主义生态观研究》,人民出版社,2015年。

22.杜秀娟:《马克思主义生态哲学思想历史发展研究》,北京师范大学出版社,2011年。

23.[法]克洛德·阿莱格尔:《城市生态,乡村生态》,陆亚东译,商务印书馆,2003年。

24.樊阳程、邬亮、陈佳、徐保军:《生态文明建设国际案例集》,中国林业出版社,2016年。

25.方勇:《庄子生态思想研究》,学苑出版社,2016年。

25.傅华:《生态伦理学探究》,华夏出版社,2002年。

26.戈峰主编:《现代生态学》(第二版),科学出版社,2016年。

27.[古罗马]普罗提诺:《九章集》,石敏敏译,中国社会科学出版社,2009年。

28.[古罗马]亚里士多德:《尼各马可伦理学》,廖申白译,商务印书馆,2005年。

29.[古罗马]亚里士多德:《亚里士多德全集》(第九卷),颜一译,中国人民大学出版社,1994年。

30.[古罗马]亚里士多德:《政治学》,吴寿彭译,商务印书馆,1983年。

31.[荷]阿瑟·莫尔、[美]戴维·索南菲尔德:《世界范围的生态现代化——观点和关键争论》,张鲲译,商务印书馆,2011年。

32.[荷]巴鲁赫·德·斯宾诺莎:《神学政治论》,温锡增译,商务印书馆,1982年。

33.洪富艳:《生态文明与中国生态治理模式创新》,吉林出版集团有限责任公司,2016年。

34.胡安水:《生态价值概论》(生态哲学丛书),人民出版社,2013年。

35.胡建:《马克思生态文明思想及其当代影响》,人民出版社,2017年。

36.胡荣桂主编:《环境生态学》,华中科技大学出版社,2010年。

37.胡志红:《西方生态批评史》,人民出版社,2015年。

38.[加]彼斯瓦斯等:《发展中国家水资源开发保护与管理》,毛文耀、曹正浩、李雪松等译,黄河水利出版社,2009年。

39.江山:《德国生态意识文明史》,学林出版社,2016年。

40.姜春云主编:《中国生态演变与治理方略》,中国农业出版社,2004年。

41.解保军:《马克思生态思想研究》,中央编译出版社,2019年。

42.解保军:《生态学马克思主义名著导读》,哈尔滨工业大学出版社,2014年。

43.解保军:《生态资本主义批判》,中国环境出版社,2015年。

44.金岚主编:《环境生态学》,高等教育出版社,1992年。

45.靳利华:《生态文明视域下的制度路径研究》,社会科学文献出版社,2014年。

46.靳利华:《生态与国际政治》,南开大学出版社,2014年。

47.雷立柏:《古希腊罗马与基督宗教》,社会科学文献出版社,2002年。

48.李博主编:《生态学》,高等教育出版社,2000年。

49.李宏伟:《马克思主义生态观与当代中国实践》,人民出版社,2015年。

50.李捷主编:《毛泽东思想研究》(第1、2、3辑),中国社会科学出版社,2014年、2015年、2016年。

51.李军等:《走向生态文明新时代的科学指南:学习习近平同志生态文明建设重要论述》,中国人民大学出版社,2015年。

52.李明宇、李丽:《马克思主义生态哲学:理论建构与实践创新》,人民出版社,2015年。

53.李巧慧:《环境、动物、女性、殖民地:欧美生态文学的他者形象》,人民文学出版社,2014年。

54.李世书:《生态学马克思主义的自然观研究》,中央编译出版社,2010年。

55.李欣广:《生态文明与马克思主义经济理论创新》,中国环境科学出版社,2011年。

56.李振基:《生态学》(第四版),科学出版社有限责任公司,2016年。

57.廖小明:《生态正义——基于马克思恩格斯生态思想的研究》,人民出版社,2016年。

58.林红梅:《生态伦理学概论》,中央编译出版社,2008年。

59.林育真、付荣恕:《生态学》(第二版),科学出版社,2015年。

60.刘春伟:《20世纪西方文学作品中的生态伦理思想分析》,世界图书出版公司,2015年。

61.刘国华:《中国化马克思主义生态观研究》,东南大学出版社,2014年。

62.刘仁胜:《生态马克思主义概论》,中央编译局,2007年。

63.刘玉安等:《西方政治思想史》,山东大学出版社,2003年。

64.刘增惠:《马克思主义生态思想及实践研究》,北京师范大学出版社,2010年。

65.柳劲松、王丽华、宋秀娟编:《环境生态学基础》,化学工业出版社,2003年。

66.罗顺元:《中国传统生态思想史略》,中国社会科学出版社,2015年。

67.[美]保罗·沃伦·泰勒:《尊重自然:一种环境伦理学理论》,雷毅、李小重、高山等译,首都师范大学出版社,2010年。

68.[美]菲利普·克莱顿·贾斯廷·海因泽克:《有机马克思主义——生态灾难与资本主义的替代选择》,孟献丽、张丽霞等译,人民出版社,2015年。

69.[美]肯尼斯·W.汤普森:《国际思想之父》,谢峰译,北京大学出版社,2003年。

70.[美]斯图尔特·R.施拉姆:《毛泽东的思想》,田松年、杨德等译,中国人民大学出版社,2013年。

71.[美]唐纳德·沃特森:《自然的经济体系——生态思想史》,侯文蕙译,商务印书馆,1999年。

72.[美]威利斯顿·沃尔克:《基督教会史》,中国社会科学出版社,1991年。

73.[美]约翰·贝拉米·福斯特:《马克思的生态学:唯物主义与自然》,高等教育出版社,2000年。

74.[美] 约翰·贝拉米·福斯特:《生态革命——与地球和平相处》,刘仁胜、李晶、董慧等译,人民出版社,2015年。

75.[美]詹姆斯·奥康纳:《自然的理由——生态学马克思主义研究》,

唐正东译,南京大学出版社,2003年。

76.苗启明、谢青松、林安云、吴茜编:《马克思生态哲学思想与社会主义生态文明建设》,中国社会科学出版社,2016年。

77.倪瑞华:《英国生态学马克思主义研究》,人民出版社,2011年。

78.聂长久、韩喜平:《马克思主义生态伦理学导论》,中国环境出版社,2016年。

79.[挪]斯泰恩·汉森:《发展中国家的环境与贫困危机发展——经济学的展望》,朱荣法译,商务印书馆,1994年。

80.潘家华:《中国的环境治理与生态建设》,中国社会科学出版社,2015年。

81.钱箭星:《生态环境治理之道》,中国环境科学出版社,2008年。

82.乔清举:《儒家生态思想通论》,北京大学出版社,2013年。

83.[日]山寺喜成:《自然生态环境修复的理念与实践技术》,魏天兴等译,中国建筑工业出版社,2014年。

84.尚玉昌、蔡晓明编:《普通生态学》,北京大学出版社,1992年。

85.尚玉昌:《普通生态学》(第三版),北京大学出版社,2016年。

86.石中元:《治理环境:生态环境改善》,中国林业出版社,2004年。

87.孙儒泳等:《基础生态学》,高等教育出版社,2003年。

88.孙儒泳、李博、诸葛阳、尚玉昌编:《普通生态学》,高等教育出版社,1993年。

89.王豪编著:《生态环境知识读本——生态的恶化与环境治理》,化学工业出版社,2004年。

90.王诺:《欧美生态文学》,北京大学出版社,2011年。

91.王诺:《生态批评与生态思想》,人民出版社,2013年。

92.王艳:《生态文明——马克思主义生态观研究》,南京大学出版社,

2015年。

93.王雨辰:《生态学马克思主义与生态文明研究》,人民出版社,2015年。

94.王子今:《秦汉时期生态环境研究》,北京大学出版社,2007年。

95.韦清琦、李家銮:《生态女性主义》,外语教学与研究出版社,2019年。

96.温晶晶:《19世纪英国女性文学生态伦理批评》,国防工业出版社,2015年。

97.吴宁编著:《生态学马克思主义思想简论》,中国环境出版社,2015年。

98.夏明方、侯深主编:《生态史研究》(第一辑),商务印书馆,2016年。

99.肖建华等:《走向多中心合作的生态环境治理研究》,湖南人民出版社,2010年。

100.肖显静:《生态哲学读本》,金城出版社,2014年。

101.徐焕编:《当代资本主义生态理论与绿色发展战略》,中央编译出版社,2015年。

102.杨莉:《中国特色社会主义生态思想研究》,红旗出版社,2017年。

103.杨丽:《安妮·普鲁的生态思想研究》,复旦大学出版社,2012年。

104.杨鹏:《为公益而共和:阿拉善SEE生态协会治理之路》,中信出版社,2012年。

105.杨启乐:《当代中国生态文明建设中政府生态环境治理研究》,中国政法大学出版社,2015年。

106.杨通进:《观念读本:生态》,生活·读书·新知三联书店,2017年。

107.姚燕:《生态马克思主义和历史唯物主义》,光明日报出版社,2010年。

108.[意]托马斯·阿奎那:《阿奎那政治著作选》,马清槐译,商务印书馆,1963年。

109.[英]贝根、[新西兰]汤森、[英]哈珀:《生态学——从个体到生态系统》(第四版),李博等译,高等教育出版社,2016年。

110.[英]查尔斯·罗伯特·达尔文:《人类的由来》,潘光旦、胡寿文译,商务印书馆,1983年。

111.[英]查尔斯·罗伯特·达尔文:《物种起源》,周建人等译,商务印书馆,1995年。

112.[英]托马斯·霍布斯:《利维坦》,黎思复译,商务印书馆,1996年。

113.[英]约翰·洛克:《政府论》,叶启芳、瞿菊农译,商务印书馆,1964年。

114.余谋昌:《环境哲学:生态文明的理论基础》,中国环境出版社,2010年。

115.俞可平:《治理与善治》,社会科学文献出版社,2004年。

116.曾建平:《自然之思:西方生态伦理思想探究》,中国社会科学出版社,2004年。

117.曾文婷等:《"生态学马克思主义"与马克思主义比较研究》,社会科学文献出版社,2015年。

118.张进蒙:《马克思恩格斯生态哲学思想论纲》,中国社会科学出版社,2014年。

119.张卫国、于法稳:《全球生态治理与生态经济研究》,中国社会科学出版社,2016年。

120.赵成、于萍:《马克思主义与生态文明建设研究》,中国社会科学出版社,2016年。

121.赵麦茹:《先秦诸子经济思想的生态学阐释》,社会科学文献出版社,2010年。

122.赵杏根:《中国古代生态思想》,东南大学出版社,2014年。

123.朱波:《高兹生态学马克思主义思想研究》,黑龙江大学出版社,

2017年。

124.朱伯玉:《生态法哲学与生态环境法律治理》,人民出版社,2015年。

二、外文著作

1.Gabriela Kütting,*Global Environmental Politics*,Routledge Press,2016.

2.Jacob Park,*The Crisis of Global Environmental Governance*,Routledge Press,2008.

3.Jenny Reese,*Environmentalism in the 1990s:Greenpeace,the Chernobyl Disaster and Global Warming*,Webster's Digital Services,2010.

4.John Barry,Robyn Eckersle,*The State and the Global Ecological Crisis*,MIT Press,2005.

5.Olivia Woolley,*Ecological Governance:Reappraising Law's Role in Protecting Ecosystem Functionality*,Cambridge University Press,2014.

6.Paul Burkett,*Marx and Nature:A Red and Green Perspective*,Macmillan Press LTDS,1999.

7.Prasad Modak,Asit K.Biswas,*Conducting Environmental Impact Assessment for Developing Countries*,United Nations University Press,1999.

8.Timo Myllyntaus,*Thinking Through the Environment:Green Approaches*,White Horse Press,2012.

后 记

　　写作这样一本书,经过了长期的积累与思考,三年的时间终于完成了《中外生态思想与生态治理新论》这部论著的写作。

　　"生态思想与生态治理"是我长期研究生态问题的一个新领域。自从2014年开始专注研究生态文明和相关问题以来,一直围绕生态领域展开不同论题的相关研究。2014年出版了《生态文明视域下的制度路径研究》和《生态与当代国际政治》,2015年开始承担并完成天津市哲学社会科学项目"生态文明建设中生态治理的国际冲突与合作研究"的研究任务。

　　三年前,我在天津外国语大学欧美文化哲学研究所所长佟立教授的鼓励和支持下,开始为该所的研究生讲述关于"生态思想与生态治理"这门课程,开始着手相关的研究,经过不断的探究和反复的研讨,对相关论题完成初步的研究。

　　拙作的完成,是对这几年生态问题思考研究的一个阶段性总结。作者水平有限,其中的错误和不足之处,希望得到大家的批评指正。书中还有很多不成熟的地方有待深入研究,诚恳期望学界同仁和广大读者的赐教,期待今后能够在生态问题的研究上有新的进展。

后　记

　　本书属于"天津外国语大学外国哲学前沿问题研究与文献翻译"(TD13-5082)创新团队的科研成果,得到"天津市高等学校创新团队培养计划资助",表示感谢。

　　本书的出版,得到佟立教授的大力支持和无私的帮助。著作的修订过程中,佟教授不遗余力给予指正,并提出诸多宝贵意见,对此,深表敬意和感谢。

　　本书的出版,得到天津外国语大学科研处的大力支持。科研处通过组织和邀请校内外专家对本书提出宝贵的建议,严把科研质量关,对他们的敬业和辛劳深表感谢。

　　本书的出版,感谢天津人民出版社的编辑们,他们的高度责任心和敬业精神令人敬佩,对他们工作中付出的辛勤汗水表示衷心的感谢。